地球危机

中国的应对

主　编◎雷仕湛　屈　炜
副主编◎俞伟国　丁宇军　李沙沙

復旦大學出版社

序 言

近些年来，一些学者包括著名科学家，在议论地球面临的两件大事，一件是第六次全球生物大灭绝已经在路上，另一件是人类在探索移民到新星球去生活的技术可能性，以使人类文明得以长久延续。至于这两件事发生的原因，普遍认为主要是地球现在出现了危机，即气候危机、水资源危机、食物危机、能源危机和小天体撞击威胁等。显然，生物、人类的生存需要适宜的气候条件，需要水、食物和能源，这些条件如果得不到满足，生存当然就会受影响，或者自然消亡，或者迁徙到别的地区乃至其他星球。但是，分析地球先前出现的生物大灭绝原因，以及现在地球出现危机的原因，我们会发现采取适当的对应措施，境况或许会有转变，第六次全球生物大灭绝可以避免，人类也不必移民到其他星球。

我们知道，5 亿年来地球上的生物先后经历了许多次劫难，其中大规模的有 5 次，学术上称为 5 次大灭绝事件，它们分别是 4. 4 亿年前的奥陶纪大灭绝，损失了 85％的物种；3. 65 亿年前的泥盆纪大灭绝，所有海洋生物灭绝；2. 5 亿年前的二叠纪大灭绝，95％的物种消失；2 亿年前的三叠纪大灭绝，大部分爬行动物灭绝；6500 万年前的白垩纪大灭绝，让称雄地球 1 亿年之久的恐龙全部消失。灭绝的原因主要是天灾，如小天体撞击地球、火山频繁爆发、地球板块下沉或剧烈碰撞等。而如今地球出现的危机主要是人为因素，如人类生产和生活排放的大量温室气体导致气候变暖，影响生物多样性和农业、渔业以及畜牧业生产；排放的大量有毒物质污染了环境和水源，导致水资源短缺，也让农业生产蒙受影响而导致食物短缺。我们这本书比较详细地介绍了出现的危机和产生的原因。既然是人为因素，通过加强管理，制止人类对大自然的贪婪索取行为和危害行为，就可以消除地球危机或者减轻危机程度。

这本书让我们知道和了解地球出现的危机，以及其发生原因和应对办法。希望读过这本书以后，我们会自觉爱护地球，约束我们的行为，并且积极参与到应对地球危机的行动中来。

联合国有关组织、各国政府和科学家在积极行动，应对地球的危机。利用先进的科学技术，加上齐心协力，我们从现在开始保护地球，那么第六次全球生物大灭绝和地球危机必能避免。地球将会永远是我们的家园，可以长居的幸福家园！

中国科学院院士

2021 年 5 月

前 言

近些年来，地球出现的问题（危机）越来越明显：降水异常、气温升高、气候反常。由此引起一系列问题，例如海平面上升、生态环境恶化、农业生产萎缩、人类健康状况变坏等。

预计到 2025 年，全球将会有 10 多亿人口面临水资源短缺问题。据联合国教科文组织统计，非洲因水资源缺乏每年直接致使 6 000 人死亡，约有 3 亿非洲人口因缺水过着贫苦生活。据世界银行预计，到 2025 年将有 36 个国家大约 14 亿人口因粮食短缺而挨饿。同样，金属矿物、能源资源等也出现缺乏。此外，地球还可能遭受近地小行星撞击，那将给世界带来毁灭性的灾难。

这些问题正在影响人类的生活、生产乃至生命安全，已经引起联合国有关组织、各国政府的重视，他们正积极组织力量进行应对。

出现这些问题的原因有自然因素和人为因素两种，尤其是人为因素——人类的责任更大。为了引起大众的关注，并积极参加到应对危机的行动中来，我们总结了地球 4 个问题，探讨了发生的原因以及可采取的应对办法等，并整理、分析写成了这本书。我们人为，如果人类能积极努力，团结应对，将成为破除危机的重要力量，地球还会是我们的幸福家园。

在本书编写过程中得到了多方面的支持和帮助，薛慧彬、沈力等提供了宝贵资料，王晓峰、石江波等绘制了其中一些图表，使本书能够得以顺利出版，在此对他们表示真诚感谢！

作者

2021 年 6 月 30 日

目　录

第一章

气候变化

全球气候变化不仅仅是现实“挑战”,未来更可能成为“末日威胁”!

受气候变暖的影响,全球暴雨飓风、高温热浪此起彼伏,层出不穷;洪灾、旱灾发生频率加快。20 世纪 80 年代初期,全球平均每年发生自然灾害为 120 起,而现在一年发生的数量已增至 500 起。1985～1994 年,全球平均每年受灾人口数量为 1.74 亿,而 1995～2004 年,平均每年受灾人口则增至 2.54 亿。自然灾害使农业生产受损失,粮食短缺,物种绝灭数量增加,世界面临饥荒和物资匮乏的威胁。

一 全球气候变化

气候是人类赖以生存的自然环境的重要组成部分,是指某一地区在某一段时期内(月、季、年、数年到数百年及以上)的气象要素(如温度、雨水、风等)和天气过程的平均或统计状况,它通常由某一时期的平均值和距此平均值的离差值(距平值)来表征。气候变化就是指气候平均状态和离差两者中的一个或者多个一起出现统计意义上的显著变化。近年来,全球气候变化的显著特点是气温持续升高、气候反常频发,由此而引起一系列问题,例如海平面上升、一些地区旱涝频率增加、自然灾害加重、生态环境恶化以及人类健康状况变坏等。

（一） 气温持续升高

近百余年来，全球平均气温呈上升趋势。自 1860 年以来，全球平均气温升高了(0.6±0.2)℃，北半球气温上升趋势更加明显，增温达 1℃以上，如图 1-1-1 所示。自 1880 年以来，全球平均气温最高纪录出现在 2016 年，排在高位二、三位的年份分别是 2017 年和 2015 年。2018 年是自 1880 年有全球平均气温纪录以来气温最高的年份。2018 年的全球平均气温比 1951～1980 年的平均气温高 0.83℃，这一数据是根据全球 6 300 个气象站测量的结果得出的。这些气象站持续测量了包括南极大陆在内的地表气温，同时也通过浮标和船舶测量了海面气温。从 20 世纪 80 年代以来增温最为迅速，上升幅度为 1.5～4.5℃。如果按最大上升幅度计算，21 世纪末地球的平均气温将接近 2.5 亿年前的气温，地球上 90%以上的动植物会灭绝。

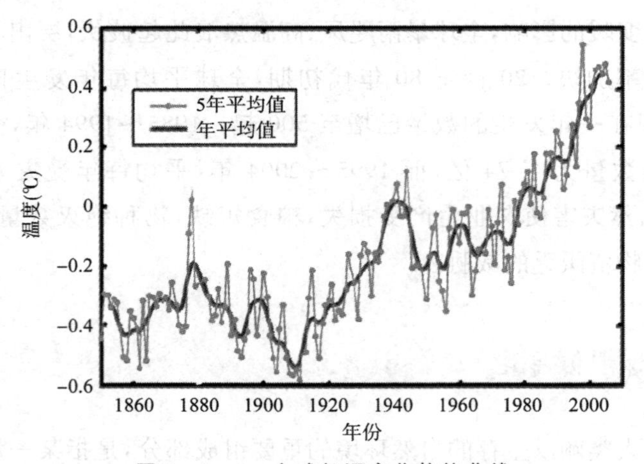

图 1-1-1 全球气温变化趋势曲线

在地球漫长的 46 亿年历史演变中，曾有过 5 次生物灭绝事件。有关科学家指出，目前地球已进入第六次生物灭绝期，几乎每 1 分钟就有一个物种灭绝。现有 1/4 的哺乳类动物、1/8 的鸟类、1/3 的两栖类动物濒临绝种，生物物种的死亡率快于自然死亡速度 1 000 倍。造成生物集体灭亡的可能原因有很多，目前仍未有完全定论。但是气温继续上升，地球上大片地区将不再宜居，将会加速第六次生物灭绝的速度。

不同季节气温上升幅度不同，冬季增幅高(大约增加0.8℃)。例如，近51年来，西秦岭地区，冬季增温最显著，气温变化倾向率为0.39℃/10a；其次为春季与秋季，为0.22℃/10a和0.25℃/10a；夏季增温较小，为0.18℃/10a。不同国家、地区的气温增幅也不同，北极地区正出现最强烈的变暖趋势，冰盖消失导致海平面的上升。南非当前的升温速率高于世界上大多数国家。到2050年，南非沿海地区的温度将升高1～2℃，内陆将升温2～3℃。

我国近一个世纪以来，年平均气温上升趋势明显，变暖幅度约为1.3℃，增温倾向率达0.25℃/10a。温度变化也具有比较明显的季节差异。冬季增温最明显，增温倾向率为0.3℃/10a；而夏季气温实际则以0.23℃/10a的倾向率降温；春、秋季气温也趋于增高，但幅度相对较小，分别为0.3℃/10a和0.2℃/10a。中国不同地区增温幅度和增温速率也不同。增温幅度随纬度自南向北递增，尤其是长江以北地区的增温幅度均在0.5℃以上；西北、华北及东北冬季气温上升1.0℃以上，其中东北北部、新疆北部、黄河中下游升温幅度达2.0℃以上。由西北地区171个气象站纪录的年平均气温对比分析显示，1987～2003年的年平均气温比1961～1986年平均升高0.7℃，升高幅度为0.6～2.4℃，增温幅度明显高于20世纪后期，全国年平均增温幅度为0.35℃。气温升高最明显地区在北疆西北部、准噶尔盆地、柴达木盆地，这些地方的年平均气温升高了1.0～1.3℃；其次是西北区东部和青海高原其余地方，升高0.6～1.0℃；塔里木盆地和天山西段是升高幅度最小的地方，大多升高0.2～0.6℃。

长江上游受季风气候影响，是气候脆弱地区，年平均气温呈现上升趋势，倾向率为0.195℃/10a，如图1-1-2所示。多年平均气温最高的地区集中在长江上游的南部和东部。

虽然全球冬季气温升高并不是很多，但关键问题是气温升高的速度，而非气候变暖的绝对值。在几百年或1千年里，如果气温上升几度，对商业、农业和基础设施不会造成重大威胁。然而，集中在一个世纪之内的全球气候转暖，便将造成严重的人类与生物适应性问题，特别是对于一般在几十万年或几千万年的历程中缓慢进化的生态系统而言，气候变暖将使地球上所有物种面临适应性挑战。数据表明，21世纪气候变化的速度与严重性将达到人类

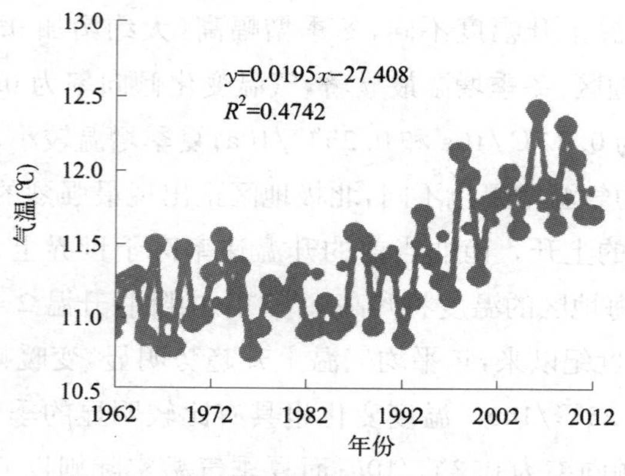

图 1-1-2 长江上游多年平均气温变化

从未经历的程度，会给这个星球上的所有物种造成严峻的适应性挑战。

如果缺少有效的缓解与适应对策，全球气候快速变暖会给所有国家造成明显的地缘政治风险，加剧国家的脆弱性及国家间的关系紧张，甚至危及某些国家人民的生存。

（二） 气候异常

近年来世界许多地区的气候出现异常。一些地区夏天不热，甚至降雪；而冬天不冷，甚至高温；一些地区冬天异常寒冷，暴风雪连连；抑或暴雨成灾、洪水泛滥；干旱严重、土地干裂，庄稼枯萎。

1. 气温异常

正常情况下，不管在北半球或者南半球，气候大致是，冬天气温低，河流、海面结冰，下雪；夏天气温高，雨水充沛、适量。这是人类长期生活见证的气候规律。

然而，1980 年夏天，中国三大火炉（南京、武汉、重庆）出现“凉夏”的反常天气，打破近百年来夏季气温的低温纪录；广州市在 1997 年的 6 月中旬至 9 月上旬，除 8 月底出现闷热外，其余大部分时间的气温均比常年同期低。尤其是 6 月中旬，凉风习习，平均气温比常年偏低 2.6℃，其中 6 月 17 日最低气温 21.8℃。

2004 年 7 月，欧洲许多地区正在受高温天气困扰时，而德国却遭遇了反季节的严寒天气，巴伐利亚山区上演了 7 月飞雪奇观。在 7 月 11 日，该地区的暴风雨突然转变成了大雪，德国海拔最高的山峰变成了雪山，降雪量达到10 cm，气温也急剧下降(图 1-1-3)。

图 1-1-3　德国上演7月飞雪奇观

2018 年，日本初冬大部分地区出现异常高温。12 月初，东京正常气温在10℃左右，但这一年出现超过 26℃以上的温度，最高达到 26.5℃。岛根和福冈以北地区的气温也达到 25℃。

1989 年冬，罗马尼亚各地的气温都不高，布加勒斯特市最高气温也不超过 0℃。但 12 月 14 日之后，气温便由零度骤升至 20℃以上，创近四五十年来气温的最高纪录。

1994 年，欧洲各地出现暖冬，暴雨连绵，洪水泛滥。德国、比利时、荷兰等国许多地方一片汪洋；这一年，北美东部地区也出现持续数周的暖冬，本来的严冬大雪天气被暴雨打断，加利福尼亚州不断受到暴雨的侵袭。

伊拉克冬季气温通常为平均 13℃，最低气温也就 0℃；希腊全年气温变化不大，冬季气温在 6～13℃之间。然而，2008 年 1 月份，伊拉克和希腊经历了特大暴风雪(图 1-1-4)。位于热带的越南北部地区，1 月份的气温通常也不低，然而，在这一年气温降低至－2.2℃，而且寒冷时间延长；往年冬季风和日丽的西班牙，也遭遇了 40 年未见的严冬；在波兰通常 12 月下旬才会出现－10℃的低温天气，但在这年 11 月中旬许多地区的平均气温却已降到－22℃，造成 20 多人死亡。

图 1-1-4 2008 年初暴风雪袭击了气候温暖的雅典

此外，四季的开始时间以及长短也发生了变化。河南在 1957～2009 年，春、秋季开始时间呈提前趋势，每 10 年分别提前 1.8 天和 0.9 天；而夏、冬季开始时间呈推后趋势，每 10 年分别推后 0.8 天和 0.4 天。春、秋季延续时间在变长，夏、冬季延续时间在缩短。春季每 10 年延长了 2.7 天，冬季每 10 年缩短了 2.8 天。

冬季气温变化规律也发生变化，在我国长江中下游一些地区，通常冬季 12 月至次年 2 月的平均气温值先降后升，但 2013～2014 年冬季却与之相反，先升后降；2014 年 12 月到 2015 年 1 月，又出现了类似的反常现象。

2. 降雨异常

以干燥的草原气候和沙漠气候为主的西亚，出现反常的大雨天气。1996 年上半年，阿拉伯联合酋长国的雨季降水为 30 年来最强，几个月的大雨，迫使学校停课，国际体育赛事中断；迪拜进入雨季以来，降水达 352 mm，至少是常年的 4 倍以上；科威特的降雨量前所未有，1996 年 3 月 22 日晚上 1 小时的降雨量达 4 mm，为其全年降雨量的 10%；伊朗在 3 月下旬和 7 月发生两次洪水，导致数十人死亡；这年的 4 月中、下旬，阿富汗发生了几十年未遇的特大洪水，全国大约有 1/4 的地区受灾，至少有 100 人丧生，70 多人失踪；也门中部和东部在这年 6 月中旬出现罕见的连续倾盆大雨，造成 30 年来最严重的洪水，300 多人死亡，100 多人失踪，300 多万人的生活受到严重影响；一直被干旱蹂躏的津巴布韦，在这年的 1 月中旬也受到洪水的袭击，一些道路、房屋及谷物被洪水冲毁。印度、孟加拉国、尼泊尔和巴基斯坦也发生严重洪水灾害。印度共有 1 152 人在水患中丧生，孟加拉国有 691 人死于洪水，尼泊尔和巴基斯坦分别有 124 人和 5 人死亡。

我国广东省常年 10 月份的强降雨主要由台风环流和北方冷空气相遇所形成，极少出现强烈的锋面降雨。1997 年 10 月上、中旬，降水量异常偏多，大部分地区雨量比常年同期增多 2～5 成，其中粤北和肇庆市增多 1～3 倍，中旬大部分地区增多 2～8 成，其中广州、南海、新会、封开、肇庆增多 2～5 倍；广州市区仅在 10 月 14 日这一天，降雨量就达 64.3 mm，仲秋出现如此强烈的锋面降雨，在历史上也是罕见的。

3. 极端气候事件频发

极端气候事件是气候反常的集中表现，是指某一特定时期内发生在统计分布之外的罕见气候变化，通常分布在统计曲线两侧 10%的范围内，具有破坏性大、突发性强和难以准确预测等特点。随着全球气温升高，在某些地区，极端高温、干旱和大雨出现的概率大幅度上升。20 世纪 50～80 年代，高温热浪天气出现的概率低于 1/300，而现在则已接近 1/10。

20 世纪中叶以来，特大干旱、持续性强降水、超强台风、强寒潮、区域性高温热浪等极端气候事件，造成了巨大的经济损失。近 50 年来，每年许多地区都频发极端气候事件。

(1) 突发暴雨　气温每升高 1℃将导致大气中的含水量约增加 7%。因此，如果气温持续上升，将会导致大气中水分不断增加，区域性和局地的极端气候将增多，出现强降雨、干旱和洪涝等自然灾害。

据日本气象厅(JMA)报告，由于气候变化的影响，极端强降雨天气(雨强达到 50～100 mm/h 降雨)呈现了逐年增长趋势。中国的气象部门监测结果显示，中国北部和西部以及沿海地区的降雨量将会增加，长江、黄河等流域的洪水爆发频率会更高，东南沿海地区台风暴雨天气将更为频繁。在全球变暖的大背景下，中国极端气候事件均呈现不同的时空演变特征。

2017年8月1～14日，非洲塞拉利昂遭遇强降水袭击，累计降水量1 459.2 mm，超过历史同期4倍以上，首都弗里敦及周边地区因强降雨引发洪水和泥石流灾害，造成500余人死亡，超过2 000人无家可归。

1998年这年的1月上旬，美国西北部也发生了近30多年来罕见的洪水灾害，2万多人逃离家园。亚洲的越南、柬埔寨和泰国遭受罕见的大暴雨袭击，导致湄公河流域洪水泛滥，发生大面积洪灾；在南亚地区，印度、尼泊尔、巴基斯坦、孟加拉国、阿富汗等国也遭受不同程度的洪涝灾害。

1998年，中国南方地区连续出现大范围的暴雨，长江流域暴雨过程连绵不断，长江干流先后出现8次洪峰，发生了继1954年来又一次全流域性的洪涝灾害；东北地区的嫩江、松花江流域雨季来得早，暴雨多，不少地区6～8月降水量超过了常年的全年降水量，引起江河水位上涨，出现了该地区有纪录以来的最大洪水。

(2) 超常高温热浪　中国一般把日最高气温达到或超过35℃称为高温天气，连续数天(3天以上)的高温天气过程称为高温热浪(或高温酷暑)。近年来，包括中国在内，热浪几乎席卷了整个北半球，亚洲、欧洲、北美洲和非洲北部同时出现了极端高温天气，一些地区仿佛跌进了火炉。气候变暖将进一步导致极端气温出现的概率上升，预测结果表明，2018～2022年，出现异常高气候的概率为58%。

2011年6月，美国东部地区经历了异常高温天气，2/3的地区遭遇高温热浪，而且大部分地区持续到了8月份，有78个观测站显示的最高气温打破纪录，209个观测站显示的下限最低气温也打破纪录。

南亚地区的印度、巴基斯坦、孟加拉国和尼泊尔部分地区，在2005年最高气温达45～50℃，新德里和安拉阿巴德的最高气温分别达到42.0℃和46.1℃，创历史新纪录；巴基斯坦南部出现51.6℃的极端高温，创下了1929年以来的新纪录，高温热浪造成巴基斯坦许多人因曝晒而猝死街头。日本也遭受高温热浪袭击，极端最高温度达40.9℃，创下了日本新的最高气温纪录。

欧洲90%的人口居住在北纬40～56°之间，夏季时间短，而且相对凉爽，但同样也经历罕见的高温干旱天气，很多国家均出现了打破历史纪录的高温天气，最高气温普遍超过40℃。其中，意大利最高气温高达45℃；希腊接连遭遇高温热浪袭击，一度出现41℃的高温天气；向来以冷和冰封著称的北西伯利亚地区，在2018年7月的气温也达到了32.2℃。2020年6月，北极圈附近的一个小镇，气温居然高达38℃。

2017年月中下旬，中国南方地区出现大范围持续高温天气，浙江、江苏、安徽、重庆、陕西、湖北、湖南的部分地区最高气温超过40℃。7月21日上海徐家汇最高气温达40.9℃，打破了徐家汇1873年以来的历史纪录。

高温热浪超过人体的耐受极限，导致疾病发生或加重。在气温过高的环境下，体温调节机制会暂时发生障碍，体内热蓄积会导致中暑，甚至死亡。高温热浪也影响植物生长发育，使农作物减产。高温热浪过程还会加剧干旱的发生、发展，容易引发森林大火（图1-1-5）。

图1-1-5　高温热浪容易引发森林大火

高温热浪天气不只是给陆地带来灾难，海洋也未能幸免。2017年，一场海洋气候热浪袭击澳大利亚海岸，大堡礁的珊瑚经历了灾难性死亡事件。

(3) 暴风雪　与极端高温相反，全球许多地区遭受暴风雪袭击。暴风雪是伴随着强风寒潮出现的暴雪天气，发生时寒风凛冽，道路被掩埋，水平能见度低（小于1 km）。

2011年冬天，暴风雪席卷了从美国西部落基山向东北到大西洋的广大地区，跨度达3 000 km，都被厚厚积雪覆盖，其中包括至少13座人口密集的

大城市。纽约和佛蒙特降雪达 76 cm，累积雪深 176 cm，打破了历史纪录（图 1-1-6）。俄克拉荷马州的诺瓦塔的气温降至零下 35℃，创该州历史上的最低纪录；阿拉斯加州的费尔班克斯国际机场最低气温降至零下 41℃，打破 1969 年零下 39℃的纪录。

图 1-1-6 受暴风雪影响的美国州际公路被迫关闭，各种汽车滞留

以此同时，北欧和西欧遇到了 20 年乃至 50 年来最严重的特大暴风雪，超乎寻常的寒冷。乌克兰经历了几十年来最寒冷的冬季，一些地区气温低至 -30℃，46 000 km 长的公路被深达 1.5 m 的积雪阻断；塔吉克斯坦部分地区的积雪深达 2 m，随之引发的上百次大雪崩，导致道路被封闭，交通瘫痪。

暴风雪也让亚洲跌入“冰窟”，在阿曼、俄罗斯等地区出现了异常寒冷的天气，最低气温降至 -45℃；2006 年，印度首都新德里遭遇 70 年来最低气温，一天之内数百名流浪汉被冻死在街头。克什米尔地区积雪深 2 m，造成至少 890 人死亡。

（4）超强飓风　热带气旋是发生在热带、亚热带海面上的气旋性环流，强度达到一定程度后，在西太平洋一带称作台风，在大西洋及东北太平洋上称作飓风。它们边高速旋转边移动，平移速度从每小时几千米到几十千米不等。全球气候变暖，海洋表面温度的上升，便会导致大气风力场和循环改变，导致更多更强烈的飓风。1998 年，安德鲁飓风横扫美国佛罗里达和科勒尔盖布尔斯，Naranja 湖区满地狼藉（图 1－1－7）。2012 年 10 月 29 日晚飓风“桑迪”登陆美国新泽西州大西洋城，随后横扫整个东部海岸。飓风带来的暴雨造成洪水泛滥，许多地区一片汪洋，新奥尔良成了一座水城（图 1－1－8）。

图 1－1－7　美国佛罗里达和科勒尔盖布尔斯飓风过后

图 1－1－8　飓风“桑迪”后的新奥尔良市

与以往相比，飓风持续的时间平均延长了 60%，风速提高了 15%。飓风能量惊人，典型的飓风一天持续释放 10^{15} 焦耳的能量，相当于 100 万颗投在日本广岛的原子弹释放的能量。

二 气候变化的危害

气候变暖、气候反常将给地球带来灾难。

（一） 海平面上升

气候变暖导致冰川消融、海水体积膨胀，海平面升高。1961～2016年，冰川融化超过9 625亿吨，导致全球海平面上升了27 mm，超过预期。影响最大的是阿拉斯加的冰川，其次是巴塔哥尼亚正在融化的冰原和北极地区的冰川。如果全球气温上升4℃，那么在21世纪末，日本沿海的海平面最高将上升60 cm；格陵兰岛冰川全部融化，足够使全球海平面上升约7 m。在未来，由于冰川的融化，世界上最大的城市中有90%将受到洪水的影响。

海平面上升有绝对海平面上升和相对海平面上升两种。绝对海平面上升即理论海平面上升，是指海洋表面与地心之间距离的变化，通常指全球性的海平面绝对上升量。相对海平面上升是指某一地区的实际海平面变化，在数值上为全球海平面上升加上当地陆地升降值（即当地当期地壳升降量和局部地面沉降量）之和。其中，绝对海平面上升是不可逆的过程，而相对海平面上升的过程是可以控制和减缓的。

全球海平面观测系统（GLOSS）的数据表明，海平面以每年数毫米的速度在悄悄地上升。全球海平面观测系统通过全球的海平面观测网长期连续观测，获取标准化的水位观测数据，经过消除波浪、潮汐和短周期气象因子的影响，得到的平均海面高度。1993年10月，来自95个国家的科学家交流研讨认为，到2025年，全球海平面将升高30～50 cm，2100年全球海平面将平均上升80～100 cm。全球海平面变化呈现出明显的区域性特征。北半球（纬度20～50°N）海域较快，高纬度（>50°N）海域相对较慢；而在南半球的中、高纬度海域（20～60°S）的海平面上升速率都很快。南大洋的大部分海域都呈上升趋势，太平洋西部、印度洋东部和大西洋海域的海平面上升，而太平洋东部、印度洋西部以及大西洋小部分海域的海平面下降。

中国沿海海平面上升速率高于同期全球平均水平，其中1980～2017年的上升速率为3.3 mm/a，1993～2017年的上升速率为4.1 mm/a，是受气候变化和海平面上升影响的敏感区域。到2100年，中国近海平均海平面将上升0.52～1.09 m。沿海海平面变化呈现出显著的年际和年代际特征，典型周期包括2～7年、11年、19年等。2001～2010年，中国沿海的平均海平面总体处于历史高位，比1991～2000年的平均海平面升高25 mm，比1981～1990年的平均海平面升高55 mm；1980～2012年，中国沿海海平面上升速率为2.9 mm/a。沿海海平面变化存在区域差异，其中西沙群岛周边海域海平面上升速率较高，为6～7 mm/a，广西北部湾、台湾海峡海平面上升速率相对较低，为2～3 mm/a。海平面上升带来各种灾难主要有以下几个方面。

1. 淹没土地

预计到2100年，在地中海周边49个城市和古迹将从地球上消失。冰川融化将导致伊斯坦布尔、科孚岛、以弗所、帕福斯、叙拉古、罗得岛和希贝尼克等城市以及地中海地区多个历史古城消失在海洋中。海平面上升也会直接威胁部分海岛国家的生存。人口多数集中在沿海或河岸下游地区的亚洲国家，以及地势低的国家如孟加拉国等，也都将面临海水淹没的危险。印度尼西亚大约有1.8万座岛屿，其中2 000座在2030年前将被海水淹没。图瓦卢将会成为因海平面上升而被迫离弃家园的第一个国家。图瓦卢位于中太平洋的南部，是个典型的热带岛国，每逢二三月份大潮期间，图瓦卢都有30%的国土被海水淹没（图1-2-1）。目前，图瓦卢陆地面面积仅剩26 km^2，地势最高的地方也仅比海平面高出4.5 m。海平面上升1 m，孟加拉国17.5%的地区和恒河三角洲大片地区将会被淹没。低地国家如荷兰，1/5国土是由围海造陆得到的，随着海平面的不断上升，又有可能被海水淹没。中国沿海经济发达的珠江三角洲、长江三角洲、苏北、华北环渤海地区，特别是处于低地的沿岸城市也将受到严重威胁，沿岸的滩涂、平原地区将被海水淹没。

2. 促成飓风、干旱、热浪等自然灾害

全球变暖促使冰川融化加快，高纬度地区的降雨量和河流流量一直在增加，更多的淡水注入海洋，减少人类可用水。1965～1995年，共有1.9×10^4 km^3的增量淡水流入北大西洋海域，稀释该海域的海水。含盐分较少的海水密度较小，因此海洋的淡水量增加，可能影响海洋深层大循环——北极地区

图 1-2-1 海平面上升威胁大洋中的小岛国

冷热水交换的洋流系统。海洋深层大循环系统的表层水是温暖的洋流，在海洋表面向北流动。抵达高纬度时海水温度降低，往下沉入海底。在这个过程中，热量是向大气释放，导致北欧地区气候变得比较温和，而一部分沉入海底的冷水又回流到南方。海洋深层的这种大循环影响到飓风、干旱、热浪等自然灾害的形成。

全球气候变暖也影响整个海洋水循环过程，海水蒸发加快，因而改变了区域降水量和降水分布格局。降水量增加会发生极端异常事件，如洪涝、干旱灾害出现的频次和强度等。北半球高纬度和中纬度大部分地区的降水量增加，这是因为全球变暖，海洋蒸发加强，输送到陆地的水汽增加，同时陆地主要湿润区域的蒸发也加强，相应地增加了大气中的水汽含量，这就为降水量增加创造了条件。中国长江流域平均气温在 20 世纪后期升高了约 2.5℃，随之降水量增加了 10%左右，导致长江流域出现暴雨、洪涝的次数增加；而那些干旱、半干旱地区，则因为水蒸发强烈，变得更加干燥；中国的西北地区，中亚和非洲的干旱、半干旱地区，更干旱。

3. 改变海岸带自然系统

（1）海岸侵蚀　海岸侵蚀包括岸线后退和海滩面下蚀两种方式。海平面在上升的过程中淹没了一部分海滩，导致海岸线后退。海平面每上升 1 cm，海岸被侵蚀而退 2.8 m；海平面上升 1 m，将导致海岸线后退大约 280 m。

（2）海水入侵地表　海平面上升将引起海水入侵地表河流与地下含水层。

(3) 引发洪涝灾害　海平面上升，感潮河道的高低潮位相应抬高，且愈往上游潮位变化愈明显，潮流顶托作用加强，导致低洼地向外排水能力下降，加剧洪涝灾害。中国长江三角洲及邻近地区，海平面上升 40 cm，低洼地区自然排水能力将下降 20%～25%；在现有水利工程状况下，海平面上升 80 cm，低洼地排水能力平均下降 40%～52%。

(4) 风暴潮加剧　海平面上升使平均海平面及各种特征潮位提高，海水深度增大，波浪作用增强，导致风暴潮频率和强度增加。潮差相对较小的海岸段，其频率增大高于潮差相对较大的岸段。表 1-2-1 列出了长江三角洲及邻近地区不同海平面上升量的最高潮位值。

表 1-2-1　长江三角洲及邻近地区海平面上升量与风暴潮频率、最高潮位值

频率(%)	海平面上升量(cm)	最高潮位(cm)							
		燕尾港	新洋港	小洋口	大洋港	芦潮港	金山嘴	乍浦	澉浦
2	0	531	516	827	667	515	583	691	793
	20	548	532	843	685	532	600	708	809
	50	574	556	868	711	557	625	732	831
	100	616	597	910	753	599	667	773	870
1	0	546	539	873	688	531	596	716	824
	20	563	554	887	706	548	613	733	840
	50	589	579	914	732	573	639	757	862
	100	631	620	956	776	615	686	800	901
0.1	0	587	613	966	756	586	640	797	935
	20	604	629	982	774	603	657	814	951
	50	630	653	1 007	800	628	682	838	973
	100	672	696	1 049	946	670	724	879	1 012

(5) 潮滩湿地损失　包括面积损失和生态服务功能损失。海平面上升将引起潮滩湿地损失，表 1-2-2 列出了长江三角洲及邻近地区海平面上升引起潮滩湿地的损失量。海平面上升 50 cm 和 100 cm，全地区的潮滩损失面积分别达 550.4 km^2 和 1 054.4 km^2，约分别占潮滩总面积的 10.5% 和

20.2%。而湿地损失面积分别为246 km^2 和344 km^2，损失率分别超19.6%和27.5%。潮滩湿地具有重要的经济与生态价值，可供围垦、养殖、捕捞与芦苇生产等多方面利用。

表1-2-2 长江三角洲及邻近地区海平面上升引起潮滩湿地的损失量

岸段	海平面上升50 cm				海平面上升100 cm			
	潮滩损失		湿地损失		潮滩损失		湿地损失	
	面积/km^2	损失率/%	面积/km^2	损失率/%	面积/km^2	损失率/%	面积/km^2	损失率/%
废黄河三角洲	171.9	54.6	120	100	278.8	88.6	120	100
苏北中部平原	302.8	8.1	100	31.3	624.2	16.7	176	55.0
长江三角洲	64.8	1.7	25	10.8	134.3	3.6	47	20.3
杭州湾北部	10.9	24.2	1	100	17.1	38.1	1	100
总计	550.4	10.5	246	19.6	1 054.4	20.2	344	27.5

(6) 加大汛期排水压力　沿海地区海拔一般较低，海平面上升势必会对洪水起顶托壅高的作用，而增加洪水的威胁。

(7) 水质变坏，水污染加重　海平面上升将使沿海城市的市政排污工程效率降低，使城镇污水排放困难，甚至倒灌，使沿海地区的水质变坏，水污染加重。

(二) 病虫害加剧

病害是药用植物、经济作物在栽培过程中，受到有害生物的侵染或不良环境条件的影响，正常新陈代谢受到干扰，从生理功能到组织结构，发生一系列的变化和破坏，以至在外部形态上呈现反常的病变现象，如枯萎、腐烂、斑点、霉粉、花叶等。引起发病的原因包括生物因素和非生物因素，生物因素如真菌、细菌、病毒等，它们侵入植物体引起病害；非生物因素如干旱、洪涝、严寒、养分失调等，影响或损坏生理功能而引起病害。

虫害是由有害动物诱发的病害（图1-2-2）。诱发病害的动物种类很多，主要是昆虫，另外有螨类、蜗牛、鼠类等。气候变暖，病虫害的危害将加剧10%～20%。按加剧10%计算，中国每年将损失粮食近864万吨，棉花近30

图 1-2-2　受虫害的植物叶子

万吨。

病虫害的发生、发展与周围环境条件有着十分密切的关系,病虫害发生时间、发病流行程度尤其与气候条件关系密切。气候变暖,冬季温度高,不利于冻死病原物,而有利于病菌越冬或繁殖,使病原基数增加,增加了田期的初始菌量,为病害的发生提供有利条件。气候变暖将会使害虫的发育速度加快,繁殖代数增加,更有利于病虫害的越冬、越夏。

气温升高很可能造成某些地区虫害与病菌传播范围扩大,昆虫群体密度增加,多世代害虫繁殖代数增加,导致一年中虫害危害时间延长。气候变暖,温度低于 0℃的日数将会减少,这将促使黏虫越冬的北界向北移动。气温升高 2.69℃,黏虫越冬北界将由 33°N 地区向北移到 36°N 一带。

气候变暖可使大多数病虫害发生地理范围扩大,界限北移、海拔界限增加,危害程度加重。20 世纪 90 年代以来,小麦蚜虫、小麦条锈病由低海拔地区向高海拔地区迁移扩展,危害加重,这是病虫害为了适应气候变暖所产生的一种自适应调节行为。例如中国的小麦白粉病,在 20 世纪 70 年代以前,一般年份仅在西南地区的滇、黔、川等省的一些山区发生较重,发生程度及范围也都比较小;而到 70 年代末 80 年代初,这种小麦白粉病便扩展到江淮小麦区的湖北、江苏、安徽及浙江等省的山区和沿江河地区,而且一度成灾;80 年代中期以后,小麦白粉病进一步向北扩展,成为黄淮小麦区的冀、豫、陕、甘、晋等省小麦生产的主要病害;到 1990～1991 年便全国大流行,发生范围不仅遍及黄淮、江淮流域，且波及辽宁、吉林、黑龙江等省的春小麦区，目前已成为中国小麦产区20多个省的小麦生产重要常发病害。

气候变暖可加快昆虫各虫态的发育，导致其首次出现期、迁飞期及种群高峰期提前，使虫害发生期提前，因而一年中发生为害性的总时间因此会增加，造成危害性加重。根据黄羊川监测点的监测结果，该地区小麦蚜虫始见期，在1993～1996年，平均出现在6月21日；2000～2002年，平均提前到6月5日，提前了16天。高峰期也提前发生，由原先的7月27日提前到7月20日前后，提前了7天。小麦蚜虫数量最多的时期提前到小麦孕穗或者是拔节期，这增加了对小麦生产的危害。

中纬度地区生物进化中从未遇到过许多热带病菌，因此对这些病菌没有任何抵抗力。气温升高会使热带虫害和病菌向较高纬度蔓延，中纬度地区会面临热带病虫害的威胁，受病虫害的影响严重，影响农作物生长。一些病虫害的生长季节加长，使多世代害虫繁殖代数增加，一年中的危害时间延长，作物受害可能更加严重。

冬暖不利于冻死病原物，有利于病菌越冬或繁殖，从而使病原基数增加，即增加了本田期的初始菌量，这为病害的发生提供了有利条件。在感病寄主和菌源数量具备的前提下，气象条件往往是决定病害流行程度的关键因子。中国关中和黄淮流域是小麦条锈菌潜育越冬地区，春季流行主要是当地越冬菌源引起的。气候变暖，尤其是冬季气温增高，有利于条锈菌越冬，使菌源基数增大；春季气候条件适宜，将会促使小麦条锈病的发生与流行。

（三） 洪灾、旱灾加剧

洪灾是由于强降雨造成江、河、湖、库水位猛涨，堤坝漫溢或溃决，水流入境而造成的灾害（图1-2-3）；旱灾是因气候不正常，降雨量大幅减少，导致土地干旱、土壤水分不足、土地发生干旱龟裂（图1-2-4），农作物水分平衡遭到破坏而减产或歉收，人类及动物因缺乏足够的饮用水而致死亡的气象灾害。

全球平均气温升高，大气环流分布发生变化，相应地，全球的降水量及其地域分布也发生变化。不同地区年降水量的变化也不同，一些地区降雨量增

图 1-2-3　洪水淹没

图 1-2-4　躺在港口干旱、开裂泥土上的帆船和船坞

加，而一些地区的降雨量减少。降水量增加的地区将发生洪涝，而那些降雨量减少的地区将发生旱灾，例如中国西北地区。1987～2003 年的年降水量与1961～1986 年相比，西部地区呈增多趋势，北疆和山区的年降水量增加 20～90 mm，是降水量增加最明显的地区；南疆、青海中北部、甘肃河西中东部增多5～40 mm；而东部地区的年降水量则呈减少趋势，青海南部、甘肃的河东（黄河以东）、宁夏、陕北等地区降水量减少 5～80 mm；陕西中南部减少 50～180 mm，是西北地区年降水量减少最多的地方。降雨增多区域与减少区域的

分界线(差值为0 mm的等值线)与黄河走向基本平行。在全球气候反常变化背景下,重大洪涝、旱灾事件正呈现明显增加趋势,灾害风险在不断增大。

1. 洪涝加剧

全球性的气候变暖会给一些地区带来更多的暴雨,而且往往集中发生,以致发生洪灾。2017年8月,塞拉利昂发生非洲20年来最严重的洪涝灾害(图1-2-5),仅首都弗里敦就有300人死于洪灾,这也是非洲历史上单一城市死亡人数最多的洪水灾害。2018年7月,日本大部分地区发生了超历史纪录的特大降雨,引发的洪水灾害是自1982年长崎水灾以来因洪灾死亡人数最多、影响范围最广、给日本造成经济损失最大的灾害。

图1-2-5 洪水后的塞拉利昂

20世纪80年代末以来,受气候变暖的影响,中国的洪涝灾害与成灾面积增加趋势明显(图1-2-6)。2003～2012年,平均农作物受灾面积逾1.2×10^7 hm^2,是1950～1979年(年平均受灾面积约为7.14×10^6 hm^2)的1.7倍,1950～2003年(9.56×10^6 hm^2)的1.3倍。80年代的洪涝受灾面积较70年代有明显增加。1980年7月,四川和陕西南部发生罕见的暴雨洪水,仅四川西部和北部就有53个县城、776个镇场被淹,灾民达1 584万人,死亡888人,伤13 010人;受淹农田87.4×10^4 hm^2,倒塌房屋139万间。同时还发生大量滑坡与泥石流。1991年,中国以南方为主、北方次之广泛地发生洪涝灾害,太湖流域和淮河流域发生特大洪涝灾害,灾民1 000多万人转移安置,死

亡 3 074 人，农作物受灾面积接近 1 000 × 10^4 hm^2，绝收 185 × 10^4 hm^2，倒塌房屋 49 万间，大量企业遭受严重损失，直接经济损失达 800 亿元之巨。2018 年 7 月，四川强降雨频繁，受其影响，绵阳涪江发生新中国成立以来最大洪水。其中广元、绵阳、德阳、成都 4 市大部地方和甘孜州中部南部、阿坝州北部降暴雨或大暴雨；大暴雨造成绵阳市 5 个县市区超过 62 个乡镇 52 564 人受灾，造成直接经济损失 12 270 万元，转移人口 7 265 人。绵阳各江河均发生大洪水，其中涪江等主要江河发生了特大洪水，涪江南坝水位超警戒水位 1.43 m，涪江桥洪峰流量每小时 12 200 m^3，超警戒水位 1.75 m。

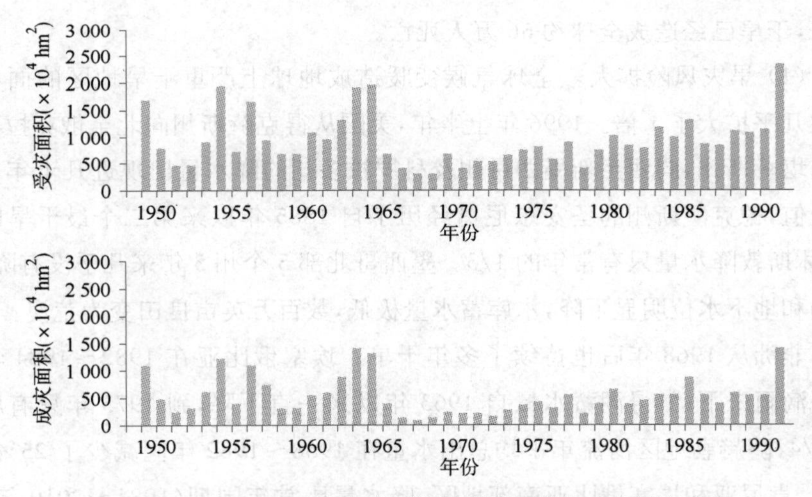

图 1-2-6　1950～1991 年中国洪涝受灾面积和成灾面积变化

2. 旱灾加剧

气候变暖增加了大气的持水能力，改变着大气环流格局，一些地区的降雨量减少而出现了旱灾。标准化降雨指数(SPI)是国际上广泛应用的干旱指标。SPI 指数随着气温升高而减小，表明气候变暖是发生旱灾的主要原因之一(图 1-2-7)。一些地区的干旱正在成为新的气候常态，出现的频率高，持续的时间长，波及范围广。与洪水等自然灾害相比，旱灾对国民经济，特别是对农业生产造成的影响更为严重。重大干旱灾害会引起大量的人员死亡，迫使大规模人群背井离乡，甚至还会造成文明消亡。有关资料显示，自 1980 年

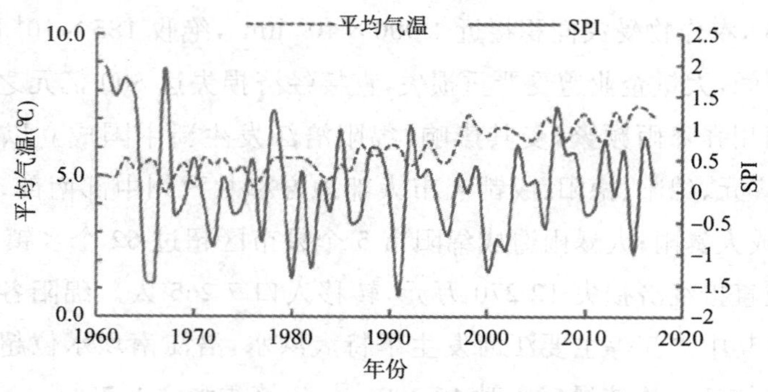

图 1－2－7　标准化降水指数(SPI)与气温关系

以来，干旱已经造成全球约 56 万人死亡。

(1) 旱灾风险扩大　全球气候变暖造成地球上严重干旱地区的面积比以往几乎扩大了 1 倍。1996 年上半年，美国从得克萨斯州向北至俄克拉荷马州与堪萨斯州，向西至新墨西哥州及科罗拉多州的降水量出现近几十年来的最低值，德克萨斯州的圣安东尼奥经历了自 1885 年以来第二个最干旱的冬季，休斯敦降水量只有常年的 1/3。墨西哥北部 5 个州 5 年来几乎没有降雨，湖泊和地下水位明显下降，水库蓄水量极低，数百万英亩良田变为荒漠。

非洲从 1968 年后也持续了多年干旱。埃塞俄比亚在 1982～1984 年间几乎滴雨未下；乍得湖蓄水量自 1963 年以来一直下降，到 1973 年只有原来的 1/4；萨赫勒地区河流年平均总出水量在 1968～1982 年间减少了 25%；索马里、肯尼亚和埃塞俄比亚南部地区，降水量比常年同期(1981～2010 年)减少 20%以上。由于降雨急剧减少，干旱导致非洲多国的粮食歉收，水库干涸，大批牲畜死亡，大约 3 200 万人面临饥荒。索马里南部持续干旱引发饥荒和霍乱，仅两天就有 110 人死亡。索马里半数人口面临粮食短缺，约有 670 万人急需粮食援助，每天有超过 3 000 人因旱灾而逃离家园；埃塞俄比亚和肯尼亚分别有 560 万和 270 万人急需救助。

我国一些地区的年降水量自 20 世纪 50 年代以后逐渐减少。2004 年 9 月～2005 年 6 月，宁夏中北部地区区域平均降雨量仅为 55.4 mm，是有气象纪录以来的历史同期最小值，出现了特大干旱。2005 年 11 月～2006 年 2 月上半月，我国西南中西部地区总降水量普遍不足 20 mm，比常年同期偏少

3～8成，其中西藏区域平均降水量仅为5.9 mm，为1967年以来同期的最少值；华南南部降水量普遍不足20 mm，广东西南部、广西南部和西部不足10 mm，其中广东湛江仅1.7 mm，广西百色为0.9 mm。2005年10月至2006年3月，河北省的平均降水量仅20.2 mm，为1951年以来同期最少值(图1-2-8)。

图1-2-8　阳光照耀遭遇干旱的葡萄园

河南省地处中国中东部的中纬度内陆地区，存在着自南向北、由北亚热带向暖温带气候过渡，自东向西由平原向丘陵山地气候过渡的两个过渡性特征，降雨的时空分布极其不均，旱涝灾害发生频繁，并且旱涝灾害的演变具有明显的阶段性特点(图1-2-9)。20世纪50年代以洪涝灾害为主；而60年代旱、涝灾害交替出现；到70年代，初期为旱、涝灾害影响较小时代；70年代后期至今，则主要以旱灾为主，旱灾影响有加重的趋势。

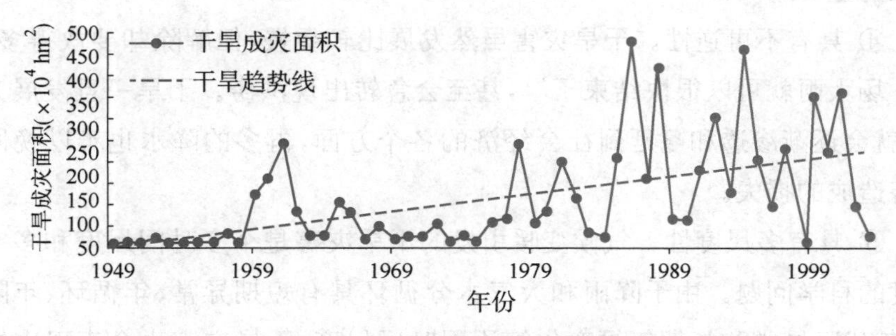

图1-2-9　1949～2003年河南历年干旱成灾面积

中国长江上游区域干旱状况整体呈现加剧的趋势，干旱发生次数和干旱程度均加剧，其中长江上游东部地区的干旱趋势最为严重，西北部地区呈现变湿趋势。就全国而言，近50年来，轻度以上、中度以上和重度以上农业旱灾平均比例分别为14.1%、6.5%和1.0%，与发达国家相比更为严重。

(2) 主要特征　在全球气候变暖的背景下，干旱灾害具有比较显著的特征。

① 具有蠕变性。与地震和暴雨等突发性灾害不同，气候变暖引发的干旱灾害是气候自然波动引起的蠕变性灾害，其发展是一个渐变过程，很难明确区分其时间和空间界限。所以，其灾害性往往难以及时察觉，到发现时一般已十分严重并难以逆转。

② 具有系统性。它涉及致灾因子、孕灾环境、承灾体和防灾减灾能力等几方面因素，而各个因素又包含着一些次级因素。比如，孕灾环境包括空间、时间及人文社会背景等次级因素。而空间因素又可分为大气环境因素、水文环境以及下垫面环境等多个方面，它们之间通过物质、能量和信息的传递转换互相耦合，其整体过程具有比较系统的内在驱动、反馈、发展和变化机制。

③ 具有非线性。从混沌理论来看，系统状态处于分叉点时，即使小的扰动都可能引起非线性变化，放大其效应。由于其随机性、动态性和多层次结构及各子因素之间的关联性，蕴含着多重互动与耦合关系，任意一个子因素的变化都可能逐渐累积、放大和突变，并波及和牵动其他子因素连锁反应，具有明显的非线性特征。这也是气候变暖引发的干旱灾害多样性、奇异性及复杂性的主要原因。

④ 具有不可逆性。干旱灾害虽然发展比较缓慢，但解除却要快得多，也许一场大雨就可以很快结束干旱，甚至会急转出现洪涝。干旱一旦发展为灾害，就会逐渐渗透和蔓延到社会经济的各个方面，再多的降水也难以挽回由灾害造成的损失。

⑤ 具有多尺度性。气候变暖引发的干旱灾害是个多时间尺度和多空间尺度的科学问题。由于降雨和大气水分循环具有短期异常、年循环、年际波动、年代际异常和长期气候变化等不同时间尺度，干旱灾害也会表现出短期

干旱、季节性干旱、干旱年、年代性干旱和干旱化趋势等不同时间尺度特征。一般季节性干旱是周期性发生的，短期干旱经常发生，干旱年会时而出现，年代性干旱则比较罕见。不过，年代性干旱和干旱化趋势的灾害性最强，尤其是多时间尺度迭加在一起的干旱往往是灾难性的。同时，干旱的发生和发展也往往表现在不同空间尺度上，地形和土地利用等局地因素引起的干旱尺度范围往往较小，而气候系统内部变化引起的干旱空间尺度也一般只能达到区域尺度，外强迫引起的干旱往往可以达到洲际空间尺度，而天文因素和全球变暖引起的干旱可能会达到全球尺度。另外，干旱的空间尺度有时也是动态的，随着干旱的发展，其空间尺度可能会由局地尺度发展为区域尺度。不仅如此，干旱往往还随环流异常信号的传递而扩展，或从生态环境相对脆弱的地区开始爆发，而后再向周边扩散。

⑥ 具有衍生性。灾害通常并非独立发生，会诱发或衍生出如沙尘暴、土地荒漠化和风蚀等其他自然灾害。这些自然灾害之间彼此相互作用，会形成复杂的、以干旱为主导的灾害群。

⑦ 具有很强的社会性。干旱灾害损失涉及农业、水文、社会经济以及生态环境等许多方面，社会关联性强，社会影响面大，社会关注度高。

（四） 生态变化

全球气候变化已经或正在对全球的生态系统和生物多样性产生显著影响。高纬度和高海拔地区的生态系统受全球气候变暖影响最明显。每类生态系统中都包含着众多的物种。虽然这些物种生长在同一气候条件下，但对气候变化的适应能力却不同，因而导致物种的种群大小以及生态系统的物种组成发生变化。某些物种可能会因完全不能适应变化而死亡，以致一些种群灭绝，而且物种分布范围也发生变化，物种间的关系发生变化。变化后的气候条件可能更适合某些区域物种的入侵，这便导致生态系统的组成结构发生变化。

1. 生物多样性减少

生物多样性对人类的生存非常重要。生物为人类提供较多的生活必需品，如食物、淡水、燃料、肥沃的土壤、建筑材料、医药以及人们赖以生存的空气。生物只能在一定环境条件下生存,温度和水是决定动植物分布、生长、繁殖率的最关键因素。

气温上升可能会改变浮游生物群落及其相关食物网的组成,进而使鱼类和其他水生生物的分布发生变化。气温升高必定会引起水温升高,而水温升高会改变鱼类的生理功能,如耐热性、生长性能、代谢性能、食物消耗性、繁殖成功率等,从而影响鱼群的数量。水中的溶解氧量与水温负相关,水温越高,水中的溶解氧量会越少。大多数冷血动物的有氧代谢率随温度升高而加强,需要更多的氧气来满足自身生命活动的需要。这种供需矛盾导致气候变暖,使鱼类和冷血动物由于缺氧而数量减少。

气候变化会导致一些物种灭绝。如果全球平均气温在现在的基础上再上升 1.5～2.5℃,大约有 30%的动植物极有可能会灭绝。而降雨量的大小影响着地球上水的质量和动物合适栖息地的范围,也有可能造成某些两栖类动物和水生爬行动物因为不适应环境而死亡。

全球气候变化导致植物物种减少,或者迁移到新的地区并在那里存活,如水葫芦、水浮莲、千屈菜等。如漓江水质富营养化,造成河道中水草丰茂。优势种群发生变化,一些群落减少,一些群落结构变简单化,如金鱼藻等群落已难觅踪迹。

2. 植物生态变化

气候是影响植物及植被分布的主要因素,植物物候对气候变化很敏感。

春季提前到来,一些植物提早开花放叶。1971～2000 年,欧洲 78%的植物物候均有提前趋势。1953～2000 年,植物(如银杏)的生长季提前,衰落季推迟。中国东北、华北以及长江下游地区,随着气温上升春季物候期提前,而西南地区东部、长江中游地区及华南地区则相反,而且物候期随纬度的变化幅度逐渐减小。

物候变化将早春完成其生活史的植物产生不利的影响,甚至有可能使其无法完成生命周期而灭亡。气温升高导致地面蒸散作用增加,土壤含水量减少。植物在其生长季节中水分严重不足,生长受到抑制,甚至出现落叶及顶梢枯死等现象,最后导致衰亡。但是,耐旱能力强的物种竞争处于有利地位,大量繁殖和入侵,即全球气候变化将影响植物物候的变化。

气候变暖造成各地区之间不同的湿温差异，也将造成植物的时空分布发生变化。牧草生长上线将向高纬度、高海拔地区迁移，寒性草原带向温性草原带转化。1982～1991 年，中国西北高原地区植被覆盖度从东部、南部向西部、北部逐渐减小，而 1992～2002 年，中部和西北地区的植被大面积退化，高寒草甸植被退化速率加快。三江源地区牧草生育期缩短，牧草生长高度较 20 世纪 80 年代下降 30%～50%，产草量下降；高寒草原面积减小，多转为温性草原。

气候变化对植被的生长发育、生产力、生物量等都产生很大的影响。中国江河源区草地退化严重，中度以上退化的草地面积达 1 032.3×10^4 hm^2，占该区域草地总面积的35%。其中“黑土滩”面积超 200×10^4 hm^2。与 20 世纪 50 年代相比，单位面积产草量下降了 30%～70%。牧草群落、种类组成也发生了变化，优良的优势牧草种群退化，致使部分草地功能丧失。1987～2004 年，三江源地区和环青海湖地区，中度以上退化草地面积平均以 2×10^5 hm^2/a 的速度递增；高寒草甸由 20 世纪 80 年代以前的年平均退化速率 3.9%上升到 90 年代的 7.6%；高寒草原 90 年代的平均退化速率达 4.6%，比 80 年代平均退化速率 2.3%增加了 1 倍。与 70 年代相比，平均草地产草量下降 20%～60%。

3. 森林生态变化

森林生态系统不仅提供了重要的生物生产力和生物量，而且在水源涵养、气候调节、资源调控和维系生态系统平衡等过程中均发挥着重要的作用。

（1）森林生态结构、组成变化　有的树种不适合变暖后的生长环境，将迁移到其他适合生长地域，或就此停止生长甚至消亡。

一些树种更适合气候变暖后的生长环境，其数量在增加，并逐渐成为这一区域的主要树种。预计，中国江西泰和县树林中的杉木、马尾松、湿地松、木荷等将逐步占据很大比例，而其他树种所占比例不断减少。长白山地区的红松阔叶林地带的红松、阔叶蒙古栎以及松树的品种和数量在减少，有的品种已经消失；而其他一些品种，诸如椴树和白蜡树等的数量则在增加，并逐渐成为这一区域的主要树种。

许多树种在迁移，如向北、向极地继续生长。一些山地系统的森林林线向更高海拔区域迁移。迁移速度远远低于气候变化速度，或者在原生地无法快速适应新的气候条件的森林树种，可能会被那些更适应气候变化的树种所取代，因而面临着较大的灭绝风险。

气温高于25℃时，某些红树林的叶生长速率下降；而气温超过35℃时，红树林根的结构、苗的发育、光合作用等也将受到很大的负面影响，位于赤道附近的红树林将向高纬度迁移。当平均气温增加4℃、降水量增加10%时，中国东部各森林地带将有可能北移3～5个纬度，届时大兴安岭的森林可能完全北移出境，取而代之的是中温性的草原与针阔混交林。

(2) 森林分布范围变化　很多森林树种的最适分布范围也随着气候变暖发生变化。中国主要树种华山松、侧柏、杉木、油松等，总的潜在分布面积逐渐减少，而云杉、马尾松未来总潜在适生区域面积将逐渐增加。

(3) 森林生产力变化　森林和森林生产力是贯穿人类社会发展不可分割的部分。随着极端气候事件的强度和频率不断增加，森林火灾的发生频率和发生特大火灾的可能性也相应增加。森林有害昆虫的生理过程和发育速率加快，缩短了病虫害的周期，提高了频率，并且病虫害适生区域范围不断扩大。同时，气候变化还导致病虫害种类及种群数量增加，森林病虫害极易进入高发期。暖冬有利于病虫害越冬、滋生和蔓延，使病虫害发生期提前，危害期延长，危害程度加重。

(4) 森林生物多样性变化　全球气候变化影响森林生态系统生物多样性，甚至造成森林系统物种的大规模灭绝。特别是温带的高纬度和北温带森林，许多物种60%以上的栖息地将受到严重影响。

生态系统和基因水平的多样性也在不断损失。外来有害入侵物种往往具有较强的适应能力，它们更能适应强烈变化的环境条件而处于有利地位，因此，外来物种更加容易侵入到森林生态系统，并竞争排斥本土物种，从而导致森林生态系统生物多样性水平整体降低。

(5) 森林碳库变化　森林固持着全球陆地总碳储量大约46%，随着植物生长期延长，森林年均固碳能力呈稳定增长趋势。1982～1999年，中国东北地区、鄱阳湖地区的森林生物量碳储量不断增长，特别是长白山和小兴安岭北部增长最大。但在中低纬度地区，温带森林和热带森林表现出了碳少量流

失。同时，森林也固持着巨大的土壤碳库，因此，森林生态系统在调节气候变化中发挥着不可替代的作用。在未来气候变化情景下，中国北方森林土壤有机碳储量将持续下降。

4. 草原生态变化

草原生态系统由草原地区的生物（包括植物、动物）、微生物和非生物环境构成，是物质循环与能量交换的基本功能部分。草原生态系统在其结构、功能过程等方面与森林生态系统具有完全不同的特点，它不仅是重要的畜牧业生产基地，而且是重要的生态屏障。

全球气候变化对草原生态系统中水分、土壤，以及分布在草原上的植被和动物产生重要影响。气温升高对羊草群落的恢复和角碱蓬群落的消失起重要作用，而且不同群落对温度响应的机制不同。矮嵩草原的群落结构中，大多数物种的密度增加，但苔草、雪白委陵菜、双叉细柄茅等的密度减少。主要原因是，前两者处在群落下层，阴湿环境阻碍了植物的生长发育，后者属于疏丛生植物，气温升高后其分蘖反而受到抑制。

气温还影响草原生态系统中凋落物的分解速率。在气温升高 2.7℃、降水基本保持不变的气候背景下，草甸草原、羊草草原和大针茅草原这 3 种凋落物的分解速度分别提高了 15.38%、35.83%和 6.68%。

气候变化还会引起草地碳库和草地的生产力变化。

5. 海洋生态变化

海水表层平均温度上升的速率约为陆地的 50%。从 1979 年开始，地表温度平均每 10 年上升 0.27℃，海水表层温度每 10 年平均上升 0.13℃。海水温度变化会影响海洋生物的生理学过程和海水流体物理过程。海水温度每上升 10℃，生化反应速率提高 1 倍。海面表层温度升高，将导致冷海水下沉以及海冰漂浮。

海洋生物的物种分布会因温度变化而改变。对于一些定栖性生物和一些狭温性的地方物种（例如珊瑚），温度升高的影响可能是致命的。大洋表层海水升温，浮游植物的种类和分布发生改变，一些暖水物种向两极扩展，或者在海区中出现的时间提前。表层海水变暖，致层化加剧，也可能导致一些赤潮藻类丰度异常增加，甚至发生藻华。

未来海洋颜色将由传统的蓝色向更为复杂多变的颜色转变，有些地区甚至变为浓密的深绿色。而颜色变化的程度则取决于海洋里浮游植物或藻类的类型和密集度。浮游生物对海水温度极为敏感，对海洋生态系统中食物网和全球碳循环起着至关重要的作用，是全球气候变暖的天然信号。未来数十年内海洋浮游生物的繁殖能力会大大降低，总量也会越来越小。海洋颜色的变化将成为地球气候灾难的预警信号之一。

海水表面温度接近珊瑚耐热极限，如果出现极端气候，气温升高超过（厄尔尼诺现象）珊瑚耐热极限，珊瑚将产生白化现象。近年来，越来越频繁出现，珊瑚白化事件已经影响了世界上大部分地区，范围已经达几百平方千米甚至几千平方千米。

6. 湿地生态变化

湿地是位于陆生生态系统和水生生态系统之间的过渡性地带。湿地的生物群落由水生和陆生种类组成。土壤浸泡在水中，生长着很多湿地水生植物，具有物质循环、能量流动和物种迁移以及演变，具有较高的生态多样性、物种多样性和生物生产力。湿地动植物资源丰富（图 1－2－10），拥有众多野生动植物资源，是重要的生态系统，很多珍稀水禽的繁殖和迁徙离不开湿地。

图 1－2－10　湿地

湿地植物有 4 220 种，湿地植被 483 个群系；脊椎动物 2 312 种，隶属于 5 纲 51 目 266 科，其中湿地鸟类 231 种，是名副其实的物种基因库。湿地生态系统也是陆地生态系统的重要碳库，约占全球陆地生态系统碳库的 10%。湿地碳循环在全球气候变化中起着重要作用，它与森林、海洋一起并列为全球三大生态系统，被誉为“地球之肾”，在维持区域生态平衡、保持生物多样性和珍稀物种资源等方面有其不可替代的作用。湿地也是氮的重要储存库，氮是湿地土壤中的主要限制性养分，有机氮是湿地土壤氮元素的主要形态，其含量约占湿地土壤全氮含量的 95%以上，而土壤中可以被植物直接吸收和利用的矿质态氮含量所占比例只小于土壤全氮含量的 2%。

全球气候变化造成湿地生态系统中植物群落的物种组成、密度和分布范围产生变化，特别是导致草本植物的丰度和盖度、凋落物、根系质量和根系分泌物化学特性发生变化，促进氮循环和物种间的交互作用，从而直接和间接作用于陆地上与陆地下生物过程。

湿地退化甚至消失，生物多样性减少，有可能引起温室气体的源汇转化，从而对气候系统形成反馈。2003～2013 年，中国湿地面积减少了 339.63×10^4 hm^2，减少率为 8.82%；其中自然湿地面积减少了 337.62×10^4 hm^2，减少率为 9.33%。长江源区的赤布张湖（面积约 600 km^2）已经萎缩解体为 4 个子湖；西金乌兰湖（面积约 300 km^2）已分裂为 5 个子湖，面积缩小近 2/3。

7. 冻土退化消失

冻土是指温度在 0℃及以下并含有冰的各种岩石和土壤。至少连续存在两年的称为岩土层多年冻土，广泛地分布于高纬度地区和高海拔地区，占北半球陆地面积的 1/4 左右。中国境内多年冻土约占 22.3%的国土总面积，冻土层厚度从几米到上百米。

冻土是冰冻圈的重要组成部分。地球上多年冻土、季节冻土和短时冻土区的面积约占陆地面积的 50%。中国的冻土总面积约为 2.15×10^6 km^2，占全国领土面积的 22.4%。冻土存在区域具有丰富的土地、森林和矿藏等资源（图 1-2-11），它的存在及其演变对人类的生存环境、生产活动和可持续发展具有重要影响。冻土的表层温度及冻融状态的变化对冻土与大气之间的物质和能量交换有极其重要的影响；冻土独特的水文特性极大地影响着水分

图 1-2-11　冻土的地貌

循环和水资源平衡；冻土还与其上的积雪相互作用，直接或间接地影响它与雪盖或与上面的大气的能量交换。

气温上升导致冻土退化，多年冻土和季节冻土均有退化的趋势。多年冻土区的活动层增厚；季节冻土区的季节冻结层变薄，范围缩小。俄罗斯冻土退化趋势非常明显，尤其在季节冻土区，季节冻结深度减少了 34 cm。近几十年来，我国西北地区整体最大冻结深度减小，20 世纪 90 年代的平均最大冻结深度均比 20 世纪 60 年代减少了 0.1 m。东北地区冻土自南向北区域性退化，大兴安岭地区多年冻土的南界向北移了 20～30 km。冻土湿地出现了原始湿地萎缩和新生湿地扩张的现象，加格达奇地区部分岛状多年冻土已完全消失；在北部阿木尔地区，多年冻土融化深度加大，融化区域的面积增大，融化深度由 1970 年的 80 cm 增加到 120 cm。一些地区的冻土消失，20 世纪 50 年代在牙克石、加格达奇附近观测到的多年冻土已经消失，60 年代在大杨树观测的岛状冻土也已经不复存在。未来 50 年中国的青藏高原气温可能升高 2.2～2.6℃（气候年增温 0.02℃），多年冻土面积将比现在缩小约 8.8%；100 年后，冻土面积减少 13.4%。如果气候升温率为 0.052℃/a，那么青藏高原在未来 50 年后冻土面积退化 13.5%，100 年后退化达 46%。如果未来 20 年内气温度升高 1℃，青藏高原边缘厚度未超过 15 m 的冻土将消失，中国的冻土面积将减少10%～14%。

冻土退化增加了土壤层中的含水量，土壤长期处在过湿润的环境中，坡体强度降低，遇到降雨天气，容易形成浅表层滑坡，进而形成泥石流灾害。

其次，冻土退化会促进温室气体 N_2O 和 CH_4 的排放，加重温室效应，也会引起地表径流、地下水、河流和湖泊水文的变化。储藏在冻土层的碳量非常庞大，一旦大量暴露在大气中，微生物就会在消耗碳之后排放甲烷和二氧化碳等温室气体，从而加速全球变暖。此外，在这些冻土层中隐藏着数百万年的奇珍异兽和千年病毒，一旦冻土层融化，后果不堪设想。

冻土退化也将影响森林生态系统，如植被物种、生物量、植被覆盖度、植被生产力等。在西伯利亚北部地区，冻土退化使苔原、森林苔原和针叶林面积缩小，南部地区的森林草原和草原面积增加，针叶林向森林草原、草原系统转变。中国大兴安岭冻土退化，导致原始兴安落叶松、樟子松等大兴安岭主要建群树种林线抬升，明亮针叶林逐渐向落叶针阔混交林演替，大杨树原始兴安落叶松林退化为杨桦次生林。

（五） 人类健康受损

极端气候会对人类健康产生重大影响。近40%的疾病源于DNA异常，而环境因素（空气污染和气候变化）至少驱动了25%的疾病。

1. 引发传染病

许多病原性媒介疾病属于温度敏感型疾病，气候变暖会助长某些媒介对传染病的传播。虫媒传播疾病是病原体由虫媒作为中间宿主寄生繁殖，继而传播到人体的疾病。随着全球气温上升，以蚊虫为媒介的疾病，如罗斯河病毒、疟疾和登革热，影响扩大，传播季节延长。

气候变暖引起虫媒疾病传播的地理分布扩大。气候变暖给生态平衡，尤其是微生物生态平衡带来严重影响，改变了某些虫媒病原体的存活、变异、分布，增加了流行病的发病率，一些虫媒疾病得以死灰复燃。登革热在一些地方卷土重来，在已经灭绝的加勒比地区、巴西、秘鲁等国再次出现。在过去几十年间，全球出现了30种所谓新型疾病。

有些环境变化可能产生更适合传播疾病的生物媒介，病菌、病毒、寄生虫更加活跃，传播性疾病的分布范围及其强度扩大，损害了人体免疫力和疾病抵抗力，特别是导致与此相关的心脏、呼吸道系统等疾病的发病率和死亡率增加。

气候变暖会加快大气中化学污染物之间的光化学反应速度，造成光化氧化剂增加并诱发一些疾病，如眼部炎症、急性上呼吸道疾病、慢性支气管炎、肺气肿、支气管哮喘等。大气中的氟氯烃等温室气体增加，会破坏臭氧层，导致地面的紫外线强度增加，特别是UV－B强度增加，将增加白内障、皮肤癌等疾病的发病率。

有些环境变化助长了动物传媒疾病的病原体的存活、变异、传播。随着气候变暖，病原体将突破其寄生、感染的分布区域，形成新的传染病，或是某种动物病原体与野生或家养动物病原体之间的基因交换，致使病原体披上新的外衣，躲过人体的免疫系统，引起新的传染病。感染或携带病原体的啮齿类动物分布区域扩大，危害期延长，传染病扩散。有的病原体或病毒会传染给人类，形成人畜共患疾病。

水体温度升高会导致水媒体传染病和与其相关疾病的发病率增加。沿海和江河、入海口水温升高及与之相关的海藻大量繁殖，促进了霍乱流行，因为浮游植物和浮游动物是霍乱弧菌的天然储存库。河水的水体温度上升，会改变水体中的生物化学过程，促进河流中的废弃物分解，藻类和细菌增长，进而使水质下降，间接地影响人体健康。

随着气候变暖，过敏性疾病增多。空气中的真菌孢子、花粉和大气颗粒物随气温增高而浓度增加，尤其是市郊和农村更为明显，故枯草病、过敏性哮喘等过敏性疾病会随气温变暖而增加。

2. 引发流行疾病

气候异常变化常常是导致某些疾病流行的重要因素，如冬天寒冷反而变暖，夏天炎热反而变凉快，或者暴冷暴热，或者久旱干热，或者多雨水洪涝等，常常是导致流感、流脑、伤寒、痢疾等疾病流行的诱因。

3. 降低抵抗力

气候异常直接影响人的感觉、心理活动和生理活动以及精神状态，包括情绪、脾气以及对外界事物刺激的反应，这些都会影响身心健康和抵抗力。

情绪反常会激起神经系统和内分泌系统一系列反应，影响人的正常生理代谢过程，降低人体的免疫功能，从而导致发病，甚至猝死。

（六） 农业生产受损

农业生产是受气候变暖、气候反常变化影响最大的产业。气温每升高1℃，水稻、玉米、小麦等三大粮食作物的产量可能会下降3%～10%，农作物品质也呈现下降趋势，农作物氮含量、蛋白质含量和微量元素（如Fe、Zn、Mn、Cu等）下降，其中小麦、水稻降低10%～14%，大豆降低1.5%，矿物质含量也有相应程度降低。

1. 影响农业生产的主要因素

（1）病虫害加重　全球气候变暖将改变病虫害的地理分布，提高越冬率和夏季存活率，使多数地区的农业病虫害呈现加重趋势。如果没有相应的防御措施，病害和虫害对主要农作物产量造成的损失分别达到总产量的16%和18%。

东北、华北和西北地区，因气温升高、降雨量减少，刺吸式口器害虫的危害将加重，其传播的病毒病也相应加剧；而其中气温升高、降雨量增加的少部分地区，有利于滋长麦长管蚜、麦红吸浆虫、黏虫、亚洲玉米螟、栗灰螟、华北蝼蛄等，加剧如稻瘟病、小麦锈病、大豆灰斑病等病害的流行。长江中下游地区，气温升高、降雨量增加，则有利于稻纵卷叶螟、褐飞虱、白背飞虱、禾谷缢管蚜、黏虫、棉红铃虫、绿盲蝽等害虫暴发，加重植物病原菌引起的病害流行；西南大部分地区，春夏季气候变凉，但降雨量增加，有利于水稻害虫如稻瘿蚊、稻蓟马、二化螟稻苞虫、稻纵卷叶螟的发生，农作物苗期病害更易流行。

（2）土壤质量下降，耕种环境恶化　气温升高和干旱将促进土壤有机质分解和矿化，加快土壤中养分的流失，限制和降低土壤肥力的发挥。其次，气候变化将对土壤碳库、氮供给等生物化学过程产生综合影响和长期效应。气候变暖也促进土壤呼吸，加快农田土壤养分周转，改变农田土壤碳氮组分，其长期效应将改变土壤微生物群落结构转化；同时也加速了土壤中有机质分解和氮素流失，导致土壤的生产潜力下降。

土壤温度升高，水蒸发加强，土壤水分短缺，并可能导致土地盐碱化；气候变暖导致的风暴潮和强降雨频率增加，则会扩大和加速土壤的侵蚀，减少土地资源。在未来气候变化背景下，旱地比例将更大，低产农田比例可能扩大，耕地的自然生产力将出现降低趋势，并诱发农业生产投入成本加大，降低农业生产效益。

(3) 农业生产布局和结构变化　全球气候变暖对种植业、畜牧业和水产业的生产环境、布局和结构产生影响。年平均气温升高 1℃时，大于 10℃积温的持续日数将增加，中国平均可延长 15 天左右，导致冬小麦的安全种植北界将在目前的长城一线北移到沈阳-张家口-包头-乌鲁木齐一线。预计到 2050 年，由于气候变暖，三熟制的北界将北移 500 km，从长江流域移至黄河流域；而两熟制地区将北移至目前一熟制地区的中部，一熟制地区的面积将减 23.1%。

气候变暖后，中国主要作物品种布局也将发生变化，华北目前推广的冬小麦品种(强冬性)，因冬季无法经历足够的寒冷期而不能满足春化作用对低温的要求，将不得不被其他类型的冬小麦品种(如半冬性或弱春性)所取代，比较耐高温的水稻品种也将逐渐向北方稻区发展。

(4) 改变农作物生长分布　世界各地区降雨量和干湿状况变化，影响农作物的生长和分布，进而导致世界各国的经济结构变化。一些喜温、喜热的农作物种植范围扩大，高纬度地区因为气温上升、降雨量增加，变得适宜温带作物生长。低纬度的大部分国家和处于干旱、半干旱地区的国家，农作物的产量将减少，一些农业发达地区将退化成为草原，造成粮食大幅度减产。

2. 产量减少

持续温暖的气候条件将使一些地区的作物生长过快，从而影响作物的产量和质量。摩洛哥是一个传统的农业国，农业在国民经济和社会生活中占有重要的地位，在国际农业市场上也具有重要地位。但其依靠雨水的农田约占摩洛哥总耕地面积的 90%，所以其农业生成受降雨量波动性的影响比较大。随着平均降雨量的减少，预计到 2080 年，摩洛哥农业减产可能达到 80%。考虑到 2030～2060 年的气候预测，该国的豆类和谷类作物可能减产 15%～40%。

2012 年，俄罗斯受干旱影响的耕地面积达 440 万公顷，占总播种面积的

5%～6%，其中有150万公顷的农作物绝收；在几个重要粮食产区中，伏尔加格勒州有66万公顷农作物受到影响，占播种面积的1/3，粮食产量只能达到年初预计的70%，共230万吨。巴西是世界第二大农产品出口国。持续干旱天气致使大豆减产，2011年6月～2012年6月，巴西的大豆产量为6 550万吨，比上一个农业年度减产大约1 000万吨，同比下降15.3%。

中国农作物受灾面积逐年增加，20世纪50年代为22 580千公顷，60年代为311 146千公顷，70年代为376 699千公顷，80年代为420 995千公顷，90年代495 514千公顷。粮食减产数量也在增加，在1961～1972年，年平均粮食损失789.8万吨；1978～1988年间，年均损失粮食上升到1 797万吨；1994～2001年间，年平均粮食损失进一步升高到3 324万吨；到2000年粮食减产最高值为5 996万吨。预计到21世纪中期(2040～2060年)，中国水稻和小麦的减产大约5%；到21世纪末期(2090～2099年)，气温变化将致使中国水稻单产降低2%～16%，小麦单产降低3%～19%。

如图1-2-12所示，1980～2015年，宁夏由于干旱导致的直接经济损失呈逐年递增的趋势，2004年9月～2005年6月，中北部地区90%农作物面临减产；2005年以后干旱造成的损失增加，受灾面积超过$1.0\times10^9\ hm^2$，有826万人、548万头大牲畜因旱发生临时性饮水困难。

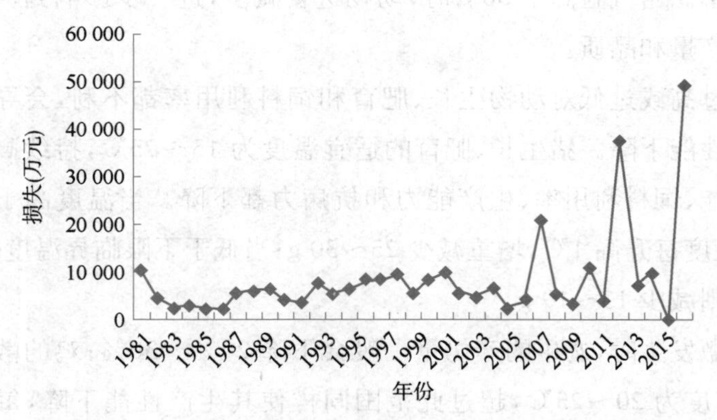

图1-2-12　1980～2015年宁夏干旱损失变化

中国是全球旱灾最频发国家之一，旱灾损失占自然灾害的15%以上，干旱面积更是高达自然灾害受灾总面积的57%，旱灾发生频次约占总灾害频次的1/3，均为各类自然灾害之首。而且，中国还是受旱灾威胁人口最多的国家，近亿人口常年受旱灾威胁。农业生产因旱灾造成的损失也十分严重，据不完全统计，1949～2005年，因旱灾造成每年粮食损失100×10^{8} kg。

(七) 畜牧业、渔业生产受损

持续高温不仅严重影响畜禽的生长、增重、繁殖力、泌乳、肉品质量等生产力指标，而且对畜禽的健康也有很大危害，会导致畜禽发病、死亡。从影响程度而言，损失以规模大户为主；从畜禽种类而言，以牲畜特别是生猪损失大，其次是家禽业。

1. 影响畜禽的主要因素

畜禽、渔业的生产力20%～30%取决于以下环境因素。

(1) 温度　各种动物的每个品种，在不同年龄段有最适宜生长温度，在此温度条件下生长最快，饲料利用率也最高，肥育效果最好，饲养成本最低。

在低温条件下，动物的散热不断增加，体热平衡被破坏，体温开始逐渐下降，严重威胁动物健康和生产力，甚至被冻死。在高温天气条件下，散热随之减少，而代谢和物质代谢反而加强，使产热增多，体热平衡也被破坏，继之产热失去生理控制而迅速增加，这将降低动物的摄食量和生长率，降低产奶率，增加死亡率。当气温高于30℃时，动物进食减少，进一步影响到肉、蛋、奶等畜产品的产量和品质。

气温过高或过低对动物生长、肥育和饲料利用率都不利，会导致多种畜禽的生产性能下降。猪生长、肥育的适宜温度为15～25℃，持续高温将使猪的代谢功能、饲料利用率、生产能力和抗病力都下降。当温度高于上限临界温度时，温度每升高1℃，增重减少25～30 g；当低于下限临界温度时，每降低1℃，增重则减少13～19 g。

热应激发生时，奶牛的产奶量一般会下降20%～30%；鸡的散热性能很差，适宜温度为20～25℃，超过此范围同样使其生产性能下降，每升高或降1℃，8周龄时体重平均减少17～20 g。

高温是畜禽降低繁殖力的主要因素之一。高温影响公畜精子形成和成熟，使精液品质下降，导致母畜受胎率降低；高温影响母猪受胎率和胚胎死亡

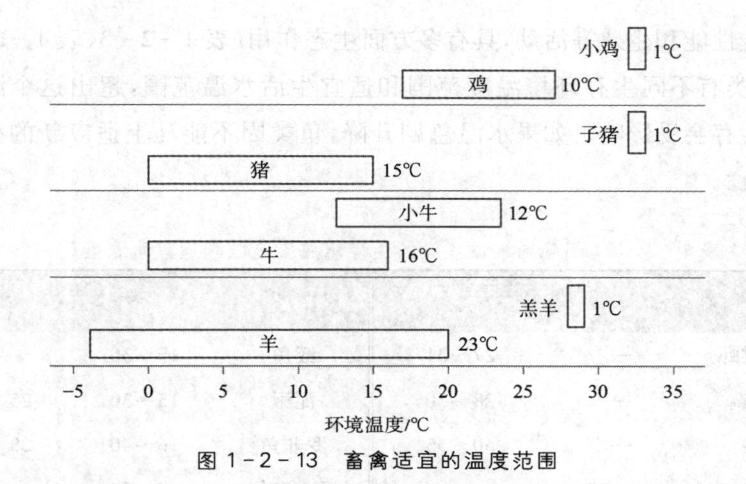

图 1-2-13 畜禽适宜的温度范围

率。牲畜的配种要求一定的温度条件(图 1-2-13)。例如,羊的配种适宜环境气温为 8～12℃,当气温超过 20℃时,羊的性欲受到抑制,受胎率也明显降低;环境气温高于 30℃时配种,胚胎死亡率较正常情况高 25%～85%;环境气温高出 35℃时,公羊的精液质量将发生恶化,基本失去受精能力。鸡的产蛋性能对低温相对较敏感,这是形成季节性产蛋的重要原因;高温应激可导致蛋重降低、蛋壳变薄、蛋破损率增高。

绵(山)羊的毛质也受气候变化影响,比如细毛羊,其被毛的结构、长度、密度、细度、净毛率、产毛(绒)量等,都与气候条件密切相关。

病原微生物是引起动物发病的罪魁祸首,而病原微生物与气候环境因素息息相关,它们在一定的温度、湿度条件下繁衍、传播,致使动物发病。同时,病原微生物在一定的气候条件下还出现变异。气候变暖,冬季气温偏高,则对细菌、病毒的繁殖不能起到有效的抑制作用。

此外,温度变化容易导致动物机体抵抗力和免疫力下降,使动物发生各种疾病,如高温导致病性猪蓝耳病、猪支原体肺炎、猪接触传染性胸膜炎等;在高温特别是极端高温条件下,家畜容易发生热射病,出现昏迷,甚至衰竭而死。

鱼类的生长繁衍与温度、光照、气压等气候因子有密切关系,其中环境温度是鱼类生长发育最重要的气候因子。海水的温度影响着鱼类的摄食、生长、免疫性能和生殖等活动,具有多方面生态作用(表1-2-3、表1-2-4)。不同鱼类有不同生存环境温度范围和适宜生活水温范围,超出这个温度范围,其生存会受影响。如果水温急剧升降,鱼类因不能马上适应新的生活环境而死亡。

表1-2-3 部分温水性鱼类的生存水温度范围和适宜水温度范围

种名	生存范围(℃)	最适范围(℃)	种名	生存范围(℃)	最适范围(℃)
斑节对虾	—	27～31	鲮鱼	15～30	
黄鳍鲷	—	28～30	泥鳅	15～30	25～27
野鲮	—	30～35	罗非鱼	16～40	28～32
鲍	10～25	—	日本对虾	17～29	—
鲫鱼	10～32	—	胡子鲇	18～32	25～30
文蛤	11～30	25～27	锯缘青蟹	18～32	—
淡水鲳	12～35	24～32	银鲃	18～34	—
牙鲆	14～23	19～20	鲶鱼	20～36	—
珍珠贝	15～30	23～25	石斑鱼	22～30	24～28

表1-2-4 部分鱼类繁殖的适宜温度

种名	繁殖温度(℃)	种名	繁殖温度(℃)
虹鳟	9～12	斑点叉尾鮰	22～29
花鲈	14	鳜鱼	22～30
牙鲆	15	许氏平鲉	23
河蚌	15～20	长吻鮠	23～27.5
中国对虾	16～18	斑节对虾	24
鲫鱼	17	罗氏沼虾	25
真鲷	17～19	石斑鱼	25
鲻鱼	17～23	团头鲂	25
鲤鱼	18	中华乌塘鳢	25～28
银鲫	20～22	胡子鲇	26～28

续表

种名	繁殖温度（℃）	种名	繁殖温度（℃）
白鲢	20～23	遮目鱼	26
大口鲇	20～23	淡水鲳	27～30
加州鲈	20～24	日本对虾	27～30
鳙鱼	20～27		

(2) 湿度　高湿情况下容易发生传染性疫病；在低温高湿条件下常患呼吸道病、感冒性疾患，如神经病、风湿症、关节炎等。低湿易引起猪皮肤脱屑、禽啄癖和家禽羽毛生长不良。

在高产品种蛋鸡孵化时，若其湿度过高则会增加雏鸡死亡率，鸡的产蛋量将下降；牛长时间在阴暗且潮湿环境中生活，会导致腐蹄病发病率大大增加；仔猪或者羔羊生活环境较潮湿的情况下，很容易出现痢疾，生猪容易发生霉菌毒素中毒病，常见的有猪玉米赤霉烯酮（F－2 毒素）、脱氧雪腐镰孢烯醇、黄曲霉毒素中毒等。同时，高温高湿气候对猪的生长和乳牛的产乳量有一定影响，相对湿度由 45％升高到 95％时，猪平均日增重下降 6％～8％。

(3) 气流　气流对动物健康和生产力的影响很大。在平均气温 2.4℃，风速由 0.25 m/s 增至 0.5 m/s 时，鸡产蛋量下降 11.9％，平均蛋重减小 2.8 g，饲料转化率降低 16.7％。低温高风速下一些动物常常发生感冒和消化道疫病，特别对幼畜健康不利，使其死亡率增加。

(4) 太阳光辐射　太阳光辐射能促进动物的各种生理活动，尤其表现为影响动物季节性的性活动。光照对鸡的产蛋量影响也非常明显，在冬末春初随日照时间延长，产蛋量逐渐增加。对一些动物的产毛量的影响是，随季节性变化而变化明显。强烈的太阳光对动物体温调节和健康有很大影响，常发生日射病，致使皮肤灼热、脑部损伤，进而昏厥、痉挛，严重时因发生呼吸和循环障碍而死亡。

2. 对畜牧业的影响

(1) 减少畜禽产量　气温升高会使畜产品产量减少，如猪肉、牛肉、羊肉、羊毛。对羊毛产量影响的显著性水平达 1％，对羊肉产量影响的显著性水平达10%，对牛肉产量影响的显著性为2%。年均气温每升高1℃，拉萨地区、林芝地区、那曲地区的牛肉产量分别减少0.233%、0.014%、0.173%；西藏除日喀则以外的6个地区的羊肉分别减少0.082%～0.693%；西林芝、山南地区的牛奶产量分别减产0.217%、0.147%；拉萨、林芝、山南、那曲和阿里地区的羊毛减产0.203%～0.705%。

乳牛泌乳量及乳品质受气候条件的影响是一种普遍现象，只是在不同的天气、气候条件下程度有所不同，如日平均气温大于25℃、相对湿度大于80%的高温高湿天气，或冷暖交替季节冷空气入侵急剧降温天气，大风、降雨(雪)等都不同程度地影响着乳牛的产乳量。

(2) 草原畜牧业面临危机　气候变化对依靠天然草场粗放经营为主的草原牧业造成的损失显得更为严重。草原畜牧业是全球草地分布区土地资源利用的主要方式。从非洲大陆、阿拉伯半岛到亚洲和南美洲的高原地区，25%以上的土地(大多位于干旱或高寒地区)都经营草原畜牧业，它是许多发展中国家的农业主体产业，部分发达国家或地区(如北美西部、澳大利亚、新西兰等)也以草原畜牧业为主。气候变化将严重威胁着草原畜牧业的发展，如非洲萨赫勒地区的草原畜牧业退缩，中国高寒草原畜牧业退化，美国大平原区草原畜牧业退化。

气候变化将影响牧草返青、牧草产量及牧草品质。气候趋于暖干化，使牧区草场产草数量和质量下降，劣等牧草、杂草和毒草的比例越来越高；出现连年干旱时，就会加剧草场退化和草原沙漠化进程，草场生产力进一步下降。这些都会引起牲畜产肉量波动，直接威胁畜牧业的可持续发展。

气候变化对天然牧草高度和覆盖度产生影响。1999～2011年，青海省海南地区牧草生长季最大覆盖度每年分别以0.47%的倾向率减小；与1999～2005年相比，2006～2011年平均覆盖率减小了13%；而牧草高度则以0.78 cm/a的线性趋势上升，其中2006～2011年比1999～2005年牧草平均高度上升了2 cm。

暴风雪天气过后常出现大量积雪(或长时间的积雪)、强降温和大风天气，很容易造成草原大面积雪灾。积雪覆盖了草场，牲畜无法采食，得不到草料补充，膘情下降，抵抗能力降低。降雪多、积雪深、时间长，会给冬春季转场带来困难，家畜不能及时转到季节牧场，影响保胎保膘，母畜流产，仔畜死亡率增高。膘情较差的牲畜在饥寒交迫下大批死亡，畜牧业生产基础遭到破坏。

大风及风沙破坏牧草的形态结构，使牧草遭受机械损伤。品种矮小的牧草会被沙石掩埋，无法正常生长发育，影响牧草品质和产量。严重时可导致局部草荒，加快草原沙漠化进程，牲畜无法获取充足的养料，势必影响其皮质、膘情。

(3) 影响渔业资源　海洋渔业分布发生重要变化，高纬度地区海洋捕捞渔业增加，热带地区减少。不同的海洋生物物种生理特性不同，对气候变化的响应不一，能积极应对气候变化的物种在竞争中生存下来并成为优势物种；不能积极应对气候变化的物种生境范围减少或丧失，进一步导致种群数量减少或物种灭绝。从墨西哥到澳大利亚区域内的 1 103 个物种中的约 25%将在未来 50 年内由于温度升高而灭绝。

尽管渔业开采的海洋深度会进一步扩展，但整个渔业的开采量可能会下降 5%～10%。鱼类赖以生存的生物环境变化，影响着渔业资源量。不同种类鱼群的补充量受温度的影响不一样，栖息地靠近极地的种群（如巴伦之支海鳕）的补充量与温度呈正相关关系，而靠近赤道的种群（如北海鳕）则呈负相关关系。

海洋捕鱼量随气温升高而降低，也反映了全球海洋渔业资源量随气候变化而变化。在赤道东太平洋海表温度(SST)上升时，黄鳍金枪鱼钓获率较高，而大眼金枪鱼的高钓获率海域则是位于东赤道太平洋的西部边缘。在赤道附近东太平洋水温反常下降的年份，黄鳍金枪鱼钓获率较高的区域将移动到海水温度较高的北赤道太平洋海域，但钓获率有所偏低；而且随着东赤道太平洋海水温度的降低，大眼金枪鱼的钓获率也明显下降。

全球气候变化会影响海洋和水域环境物理特性（如海洋温度、海洋盐度、海洋垂直混合度、海洋热盐以及风动环流等），从而影响鱼类种群数量分布、群落结构演替以及海洋生态系统，也就影响了渔业资源的分布。因为全球气候变化，海洋生物分布向两极扩展。

东海北部外海是海洋重要经济鱼类的越冬场，出现的鱼种类以暖水性和暖温性鱼种类为主。气温升高促进其向北部迁移和扩展，因而东海北部外海物种多样性随气候变暖显著增加。在气温上升 0.6℃后，非洲东南沿海亚热带珊瑚礁群落属于暖温性种类的鱼类相对丰度下降 10%～13%，属于暖水性鱼类则增加大约 9%，物种丰富度和多样性分别增加了 33%和 15%。过去 40 年中，伴随冷水物种数量的减少，暖水性物种分布范围在纬度上向北延伸了 10°。

此外，气候变暖不仅通过海洋生物的栖息地偏好影响到物种的分布格局和组成结构，甚至依据物质循环和能量流动途径对生态系统产生深远的影响。由于生物间的相互影响，特别是捕食-被捕食关系，当生态系统中某些优势物种或关键物种的分布格局发生较大变化时，其他物种也将协同适应，对海洋渔业资源分布也产生影响。

预测在未来 40 年期间，气候变暖可能导致全球捕捞潜力大规模重新分配。在高纬度地区捕捞潜力将平均增加 30%～70%，而在热带地区则下降约 40%。这揭示了未来一段时间内气候变暖给渔业资源分布带来的持续影响。

近年来海冰和海表温度的变化已经影响了南大洋某些关键地区的磷虾数量，且这种影响具有一定的滞后性，未来海冰的进一步减少可能使得磷虾数量进一步减少。在北极地区，在大西洋影响下北极地区海冰边缘将向北移动，这会导致海冰消失海域原有海冰生物群落消失，浮游动物（桡足类、磷虾等）以及捕食这些浮游动物的鱼类分布的北移，这将会带来北极地区渔场的极大增产。

（八） 引发森林大火

森林大火是一种突发性强、破坏性大、处置救助较为困难的自然灾害。

1. 引发大火的原因

气候变暖，植被和树林干燥，而且冰雪提早融化，森林地带变得更加干燥。气候变暖会引起雷击和雷击火，点燃干燥的植被和林木。地表温度升高，地气之间对流增强，大大提高了雷击发生大火的概率，增加火源。在极端气候事件会导致大量林木折断和植被死亡，森林大火的危险性大大增加。气候变化还会通过影响可燃物的理化性质，影响森林的易燃性和燃烧性。理化

性质主要包括可燃物的燃点、热值和挥发油含量等。挥发油主要存在于针叶树中，其主要成分为单萜烯类化合物，在植物体内合成后首先储存于体内的特殊结构中（如树脂道、油腺），然后通过气孔向大气中释放。挥发油含量大的植物燃点低，热值高。全球气候变暖、土壤干旱也会导致植物体内挥发油含量增加。在重度干旱条件下，苏格兰松的萜烯含量和树脂含量比正常条件下的对照苗木分别增加39%和32%，挪威云杉分别增加35%和45%。

美国西部自1980年代中期春季雪融时间提前，当地春季火险期提前到来，再加上夏季高温干旱期延长，导致美国西部森林火险期延长，频率增加近3倍，过火面积猛增5.5倍。2003年3月，美国得克萨斯州因严重干旱导致的几场森林草地野火，烧毁34×10^4 hm^2 面积的森林，还有11人丧生，近1万头牲畜死亡；2017年10月8日美国加州发生重大森林大火，纳帕、索诺玛等酒庄景区陷入火海，数以万亩的葡萄种植地和酿酒的作坊，在一场大火之后毁于一旦。大火造成至少40人死亡，10万居民撤离，焚毁将近8.6×10^4 hm^2 住宅区和林地等（图1-2-14）。大火造成众多基础设施被毁坏，数万居民电力中断，多条公路被迫封闭。

图1-2-14　2017年美国加州发生重大森林大火焚毁的住宅区

2006年川渝地区百年一遇的大旱，使往年基本没有林火的重庆市先后发生了158起林火，为历史罕见。2008年初发生在长江流域至江南地区百年一遇的低温雨雪冰冻灾害，导致林木大批折断，地表可燃物猛增2～10倍，平均地表可燃物载量超过 50 t/hm²，部分严重地段达到 100 t/hm² 以上，已超过可发生高强度林火和大火的标准(30 t/hm²)。

变暖的气候条件下，加拿大北方林地区、俄罗斯、美国西部、澳大利亚、地中海等区域将更加严峻，预计至 2050 年，过火面积会将比现在增加 44%，火险期延长 22%。

2. 产生的危害

森林大火产生的影响是多方面的，其中有的影响是隐蔽的，有的则十分明显；有的影响是暂时性的，有的则是长期性的。

(1) 烧毁林木　最直观的危害是烧死或烧伤林木，使森林蓄积下降，也使森林生长爱到严重影响。森林是生长周期较长的再生资源，遭受火灾后，其恢复需要比较长的时间。特别是高强度大面积森林火灾之后，森林很难恢复，常常被低价值林或灌丛取代。如果反复多次遭到火灾危害，林区还会成为荒草地，甚至变成裸地。

1987 年 5 月，中国大兴安岭发生特大森林火灾之后，分布在坡度较陡地段的森林变成了荒草坡，生态环境遭严重破坏，几乎不可能恢复。

(2) 恶化环境和生态系统　大规模的森林火灾向大气中排放大量的气体和烟尘粒子(80～600 kg/hm²)。森林中有机质的燃烧消耗大量氧气，向大气中排放出水蒸气和碳、氮、硫的氧化物，这些氧化物会增强大气层的温室效应。

排放到大气层中的烟尘粒子主要是由炭黑粒子(约占 25%)、灰(约占 20%)和烟胶粒子(约占 55%)组成，这些粒子 90%的直径都不超过 1 mm，它们随着烟气流排放到大气中，一般可以升到 4 500 m 以上的高空。一方面，低空中大量的烟气阻隔了太阳光的辐射，使天空变得昏暗(例如 1997 年的印尼森林大火就使当地的阴天长达几十天之久)；另一方面，在 4 500 m 以上的高空，正是水汽凝结的高度范围，由于烟气粒子的体积过小且数量巨大，水汽分压下降，水汽密度变得稀薄且不能和水分子结合，降雨量减少。由于这些烟尘粒子呈现黑色，它们会吸收太阳光辐射使大气温度升高，对环境空气具有加热的作用。加热后的环境空气的吸湿能力增强，会从云雾中吸收更多的水分，干旱期就会更长。受到烟尘粒子影响的区域，其雷电的电火花覆盖区域要增大7%～14%。

大规模的森林大火不仅会使森林地区的大气环境受到影响，同时，由于大气的对流作用，也会影响到海洋上方的大气环境，使得该区域的空气湿度也相应地升高，增加了厄尔尼诺现象的发生频率，又反过来会加剧森林大火的发生频率，造成恶性循环。

（3）烧毁林下植物资源　森林蕴藏着丰富的野生植物资源，森林火灾将烧毁这些珍贵的野生植物，或者改变其生存环境，使其数量显著减少，甚至灭绝。

（4）危害野生动物　烧毁大片的林地和草地，减少了鸟类、鼠类、蛇类的食物资源，也减少了食肉动物的食物供应量，森林中的食物链遭到破坏。促使食草动物迁徙，影响到大型肉食性动物的生存。中国不少野生动物种类已经灭绝或濒危，如野马、高鼻羚羊、新疆虎、犀牛等几十种珍贵鸟兽已经灭绝，大熊猫、东北虎、长臂猿、金丝猴、野象等国家级保护动物濒危。

（5）水土流失　森林火灾烧毁了大片的林木，也烧毁土壤表层覆盖的腐生质，烧焦土质和树根，土壤失去保护层。土壤受到雨水的冲刷，大量的有机质被水冲走，造成土壤有机质的破坏。同时，有机质和养分被雨水冲走，还造成土壤表层酸性化，在阳光的暴晒下，土壤板结，蓄水能力下降，有的土壤甚至会失去蓄水能力。几场暴雨过后，大量的雨水不能被土壤吸收，而只能聚在低洼地带，从而造成低洼地的沼泽化。由于大片森林和地被覆盖物被烧毁，台阶坡地土壤裸露，大雨的冲刷将造成水土流失，从而造成台阶地的荒芜，大片的台阶地裸露岩石。由于大量的泥沙被冲入河流，泥沙淤积阻塞河道，水流不畅，会加剧洪水的发生频率。

（6）影响水资源　大规模的森林火灾之后，遗留了大量的灰分和有机杂质。可溶解的灰分和有机杂质进入河流和湖泊中，对饮用水产生一定程度的污染。灰分和有机杂质中含有大量的养分，促使河流和湖泊中水生植物的生长和繁殖，会引起该区域动物群落变化，改变水中的含氧量并引起植物多样性变化。水草大量繁殖，给水生动物提供了充足的饵料，引发水生生态系统结构的变化。那些沼泽地、低洼地、死水潭，大量绿藻和腐生质的生长，促使水中的含氧量下降，水质恶化，也使下游河流水质下降。此外，由于土壤失去

了原来森林和地被覆盖物对雨水的缓冲和过滤作用，增加了河流中水的含沙量，河水变得混浊，同时夹带大量的泥沙，也降低了河流的水质。

（九） 威胁世界安全

气候变暖或极端气候会引发各种社会冲突，甚至导致某些文明和国家衰亡。公元4～5世纪，越来越严重的气候干旱和长期寒流冲击，迫使匈奴和日耳曼部落越过伏尔加河和莱茵河进入罗马帝国境域，最终导致西哥特人洗劫罗马。8世纪阿拉伯人向地中海和南欧的扩张，在一定程度上是因为中东出现了持续的干旱。15世纪格陵兰的维京人突然灭绝，部分原因是整个北欧温度骤降，出现了所谓的小冰期。中美洲玛雅世界的消失或许也是气候反常变化所致。

1. 引发粮食危机

干旱严重影响农业生产，造成粮食短缺，随之引发全球粮食价格高涨。气温和降雨的变化推动全球粮价波动范围在30%～45%之间，全球面临粮食安全威胁的人口也将增加。农业生产中纯粮食购买者尤为脆弱。依靠农业生产的低收入国家是粮食净出口国，本身粮食安全也不稳定，还面临着国内农业生产效益降低和全球粮价升高的双重影响，加剧粮食获得的难度，以致饥饿人数增多。目前非洲大陆饥饿人数已上升到2亿人，比20世纪90年代初增长了20%，约占整个非洲大陆人口的1/4。而且随着干旱持续，饥饿人数还在不断增加，随时都有可能爆发饥荒和社会动乱。

粮食危机对发展中国家的安全威胁可能更为严重，它会使受灾人口流离失所，并且加剧民族或社会内部的既有冲突。

2. 社会不公

旱灾频繁发生和不断加剧是促进社会不平等的重要原因。在摩洛哥半干旱地区的农村，农场提供的工作岗位占工作人口的38%。在旱灾时有能力购买饲料的富有家庭对自然资源依赖较少，家畜总量即便在饲料供应不足时仍旧增加。而贫穷家庭缺少补贴和购买饲料能力，受旱灾的影响就严重。在旱灾过后，贫穷家庭家畜数量的减少量将大大多于富有家庭者。如果没有合理的社会调剂机制，畜牧养殖业的两极分化将越来越严重。

三 气候变化的根源

世界范围的气候异常的根源，比较肯定的说法是温室效应、自然因素和地球本身运动状态变化，而这 3 个方面因素或多或少都与人类活动有关。所以改善全球气候，营造良好的气候环境，需要规范人类的活动，共同遵守某些规则。

（一） 温室效应

地球大气的成分、厚度变化以及地球表面植被退化等引起大气热能变化及大气温度变化，导致气候因素如气温、降雨、干旱、风雪等异常。

1. 温室气体变化

如果大气层不存在温室气体，地球表面平均温度为 -19℃，但实际上地球表面的温度能保持在 14℃上下，即温室气体的温室效应能使地球表面温度升高 33℃。

温室气体是指大气圈内能吸收红外辐射、使大气温度升高的气体，主要包括水汽（H_2O）、二氧化碳（CO_2）、甲烷（CH_4）、氧化亚氮（N_2O）、对流层臭氧（O_3）等。当它们改变大气自身温室效应与阳伞效应不平衡时，便导致气候异常，其中尤以 CO_2 气体增加产生的影响最为严重。冰芯纪录表明，16 万年以来大气中的 CO_2 气体浓度变化与气温变化有很好的正相关关系。CO_2 气体浓度增高的时期，气温就偏高，反之亦然。因此以 CO_2 气体为主的温室气体的浓度增加，是导致全球气候明显变暖因素。CO_2 气体对太阳的短波辐射几乎是光学透明的，这些辐射几乎无损耗地通过并到达地表，使地表和低层大气温度升高。它对于从地表辐射出的长波辐射（热辐射）几乎是不透明的，发生强烈的光学吸收，阻止热量散失到宇宙空间去。热量在大气中储存起来，使大气的平均温度升高。CO_2 气体浓度增加导致大气对流层温度明显增加，而且以高纬度地区的增温最为显著。

每年大气中增加的 CO_2 气体，约有 1/3 不能被海水和绿色植物吸收，而是在大气中积蓄起来。随着 CO_2 气体的不断增多，温室效应将越来越强，导致地球上气候温度越来越高。到 2050 年，大气中的 CO_2 气体浓度将增加 1 倍，由此引起的温室效应可使全球平均气温至少上升 2℃，并引起一系列连锁反应。

除了温室气体，气溶胶影响大气化学过程、辐射过程和云物理过程，也影响近地的大气气温。气溶胶是大气中的一种微小颗粒，主要由火山爆发所产生的火山灰、化石燃料燃烧排放所产生的 SO_2 等大气污染物、生物质燃烧所释放的微粒等组成。与温室气体相比，气溶胶在大气中驻留时间短，从几个小时至数天数月，但大气中总是能够保持一定数量的气溶胶。

不过，对以上结论也有不同意见。主要理由是影响全球气候温度变化这种因素对温度变化的作用机制不清楚，气溶胶的作用更是存在不确定性；其次，在过去的百余年里，有些时候气温变化与大气中 CO_2 浓度增加的方向是相反的，即尽管大气中 CO_2 浓度持续升高，但气温却呈下降趋势或基本稳定；化石燃料使用最多的年份是 1940～1980 年，其间的气温不但没有上升，而且还下降了；大气中 CO_2 浓度的年增量与年均气温的年变化量之间并不存在显著的相关性，最明显的是 CO_2 浓度的变化不能说明地球上已发生的气候变化，包括罗马暖期、欧洲中世纪冷期、中世纪暖期、小冰期。

2. 大气层厚度变化

地球质量在逐渐增加，地球大气层也在逐渐增厚，这也是影响气候变化的一个重要因素。它们可以吸收更多来自宇宙空间和人类生产活动产生的温室气体，使温室效应加重。

各种天体及其他宇宙物质被摧毁而碎裂，产生大量宇宙尘埃和气体。地球不断地吸收并聚集宇宙空间的这些尘埃、气体、彗星、陨石等，质量不断增加。地球的质量现在以每年 4 万吨的速度增加。有科学家从广义相对论的基本原理出发，证明各大天体的体积在不断增大，地球每年膨胀增大 0.45 mm。随着地球的重量和尺寸增大，地球周围的大气层会越来越厚。地球质量增加，对宇宙空间中各种大气粒子的吸引力也随之增强；同时，与宇宙空间的尘埃等物质的距离也在缩短，对它们的吸引力也在增强。因此，在地球周围将聚集更多的大气粒子、宇宙空间尘埃，这也致使温室效应增强。

3. 植被退化

地球系统相对稳定的环境，在很大程度上是地球植被的作用。地球演化中如果没有众多的森林、草原植被，也不会有适于多种生物生存的地球环境。

植被对气候的反馈作用除了体现在区域尺度以外，还能够通过影响当地大气环流或通过生物地球物理、生物地球化学循环等方式，对大尺度环流造成影响，最终影响大尺度气候变化，甚至全球气候变化。大范围强烈增暖发生在植被稀少的干旱地区，且年平均气温的增长速率与年平均植被覆盖度之间存在十分显著的负相关关系。从全球范围看，植被增加幅度明显的地区，气温升高速率较慢；而在植被增加幅度较小或植被退化的地区，则气候变暖剧烈。

中国气温增暖最为明显的地区主要集中在自内蒙古、陕西经河西走廊至青海、新疆东南部及青藏高原北部地区，以及沿长江一线的带状区域内。这些地区大都是植被覆盖较为稀疏的地区，而且南疆等地区近 30 年还发生了较为明显的植被退化。沿长江一线的区域虽然植被相对茂盛，但近 30 年同样遭受到一定程度的植被破坏。此外，植被稀疏的干旱地区的日最高气温与当地植被变化存在很好的反向关系。

事实上，植被对气候的影响很早就被认识到了，如有森林存在的地区，总会形成一独特的小气候。反过来，当森林遭破坏后，相关区域的气候环境也必然发生变化。而全球范围内森林植被遭破坏，也自然会影响到全球气候变化。

植被对全球气候变化的影响除与吸收 CO_2 这个因素有关外，还与下列因素密切相关。

（1）森林、草原等植被形成的生态系统是地球表面最具活力的生态系统，具有极强的调节功能，这个系统的减弱必然会反映到全球气候变化上来。

（2）植被是地球上唯一可固定太阳能的物质，植被对太阳能具有吸收、反射作用，太阳能也可穿过植物的枝叶到达地面。不同植被对到达地面的太阳能的分配率不同。而森林、草原等植被遭破坏沦落成裸地后，到达地面的太阳能将发生不同变化，其中大部分可能会反射到大气层中。因此，森林等植被的破坏，将改变到达低层大气及地层大气中的太阳能分配，从而对气候产生影响。

(3) 地球上的植被，尤其是分布于热带和亚热带浩瀚的雨林的植被，对全球气流循环有一定影响，因此，雨林的大量破坏会对全球气流循环产生一定影响。

(4) 植被对土壤、大气及地下水的平衡分布起重要调节作用。在正常情况下，1 hm^2 森林在生长季节蒸发到空气中的水分有 20 t/d。森林遭受破坏后，将减少大气湿度和降水量。

20 世纪 70 年代，与 50 年代相比，西双版纳热带雨林区面积显著减少，该区域的气候从湿热转向干热，年平均气温上升了 0.4℃，相对湿度降低了 2%，雾日减少了 12 天。气候上的这种变化是植被破坏引起综合作用的结果。由于过度开发和资源的不合理利用，全球植被尤其是森林遭受了严重破坏。据统计，过去全球共有热带雨林 24.5×10^{12} m^2，约占陆地总面积的 16%。到 1995 年便有近一半被砍伐，现存面积已减少到陆地面积的 7%，而且每年还以约 12.4×10^{10} m^2 的速度递减。

(二) 其他自然条件变化

如太阳活动变化、火山爆发、大气环流变化、地球运行轨道参数变化等，也是引起全球气候变化的重要因素。

1. 太阳活动变化

太阳活动是由太阳大气中的电磁过程引起的太阳大气层一切活动现象的总称。地球接收的外部热量和维持气候系统的能量主要来自太阳。太阳活动变化导致太阳不同波段的辐射量的变化，是影响地球气候变化的最重要天文因素之一。全球平均海面温度异常与太阳活动强度(年滑动平均的黑子数)之间有明显的正相关，而且太阳活动的强度变化是在海面温度变化之前(图 1-3-1)。

太阳活动变化的影响主要包括太阳辐射的直接影响和引发地磁场变化的间接影响。地球磁场的变化可通过动力过程和热力过程而影响大气环流和气候的变化。气候变化与太阳黑子数目变化密切相关。世界许多地区降水量的年际变化，就与太阳黑子活动的 11 年周期有一定的相关性。凡是太

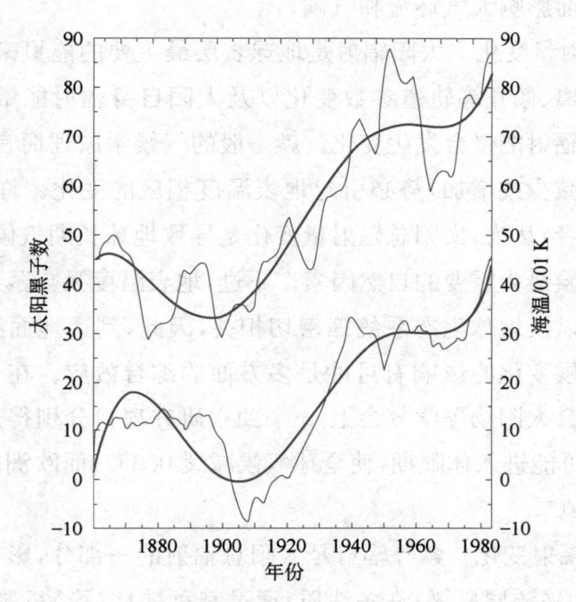

图 1-3-1　滑动平均的年太阳黑子数(上)和年平均海面温度(下)的时间变化

阳黑子活动的高峰年,地球上特异性的反常气候出现的概率就明显地增多;相反,在太阳黑子活动低峰年,地球上的气候便相对平稳。

地球高层大气的变化也与太阳活动相关。对地震、水文、气象等多方面的研究结果都表明,太阳活动对地球产生影响。可能的机制主要有下面几种:①太阳总辐射量变化机制,即太阳活动造成大气上界面辐射通量周期性的变化,从而驱动气候变化。②太阳紫外辐射变化机制,即太阳活动造成的紫外辐射变化,影响平流层环流并下传至对流层,从而放大太阳活动外强迫幅度。③能量粒子(包括太阳能量粒子和银河宇宙射线)变化机制,即太阳活动通过地球空间环境中各种粒子的变化调控对流层云微物理过程,影响中高纬度地区环流以及全球云量,从而放大太阳活动的作用效力。④地磁场变化机制,即太阳活动影响地磁场变化,而地磁场的变化将使得地壳与地幔边界上地磁能量变化,从而影响大气环流和气候的变化。地磁场的变化还引起地壳内部磁流体运动的改变,从而引起地球自转速度变化,并通过地球与大气的角动量交换而影响大气环流和气候。

(1) 总辐射量变化　太阳辐射是地球表层最主要的能量来源,由于地球相对太阳的距离、倾角等轨道参数变化以及太阳自身辐射能量的变化,地球接收到的太阳辐射能量会发生变化。就一般的气候学原理而言,到达地面太阳辐射能量的减少或增加,势必引起地表温度相应的变化。许多研究者(例如古气候研究者)认为,太阳总辐射量变化是导致地球长期气候变化的主因,是影响地球气候最为重要的自然因素。不过,地表温度又与蒸发、水循环、人类的生活环境以及地球生态系统等密切相关,因此,到达地面的太阳总辐射能量变化对气候变化的影响有可能是多方面的综合效应。在 2011 年 6 月,在美国天文学会太阳物理学分会上,3 个独立研究项目分别得出一个共同的结论:太阳有可能进入休眠期,使全球气候减缓 0.3℃,而欧洲的平均温度可能会降低 1～2℃。

(2) 紫外辐射变化　紫外辐射是太阳总辐射的一部分,影响和改变地球中高层大气(如平流层臭氧)许多性质,通过某种转移(换)机制,将引起对流层大气环流发生改变,最终影响气候变化。

尽管地球的紫外线能量吸收只占总的太阳能量输入一小部分,但是它有着相对大的 11 年太阳周期变化幅度,可出现 6%～8%的变化,占总太阳辐射能量变化的 15%。监测结果显示,在太阳周期的下降期(2004～2007 年),紫外辐射下降幅度比之前的结果大得多,有 4～6 倍的下降。紫外辐射对平流层加热和臭氧变化尤其重要,显然,如此大的下降幅度,与之相关联的温度和臭氧,对流层顶的太阳辐射强迫以及对气候变化的影响是巨大的。

(3) 能量粒子(包括太阳能量粒子和银河宇宙射线)变化　太阳活动影响地球空间大气(主要影响空间环境中的各种粒子通量),通过对特定区域云层微物理过程的影响,导致云层宏观特征变化,在短时间尺度上引起气象要素变化,在长时间尺度上引起全球云量变化和云寿命变化,导致全球辐射平衡变化,从而驱动气候变化。

(4) 地磁场变化　地球外核是以铁镍为主要成分的熔融态合金,其黏滞度近似于水,也可视为磁流体。地球磁场变化所产生的磁力异常将引起地球外核流动改变,而外核流动的改变通过核幔耦合作用,包括电磁耦合、黏性耦合、热力耦合和地形耦合等过程，不仅对地幔产生影响，而且会引起地球自转速度变化，进而引起地球气候变化。

2. 火山喷发

自第二次世界大战结束后，火山喷发的次数已由战前平均每年16～18次，增加到现在的平均每年37～40次，数量增加了1倍多！火山喷发后的一年至几年时间内，周围地区甚至全球各地气候将不同程度的降温，还造成旱涝灾害。

(1) 引发气温变化　强烈的火山喷发会向大气排放大量的火山灰、水蒸气和 SO_2 气体等物质，尤其是 SO_2 气体，它能在平流层中形成气溶胶，并停留很长时间，从而减少了太阳对地球表面的光辐射能量。火山喷发产生的气溶胶会破坏平流层的臭氧，减弱太阳的紫外辐射吸收，这将影响地球局地或全球气温。一般来说，重大火山喷发的灰云影响太阳对地球直接接收辐射能量的时间为2年左右，1～2年时间内大多出现大范围的异常冷夏(秋)。火山喷发后地面纪录和高空探测结果显示，934年冰岛的Eldgja火山喷发，导致中国在939～942年气温下降，其中洛阳、开封等地区降温幅度达到5～8℃。

1600～1850年是火山活动频繁且喷发强度较大的时期，也是我们所熟知的中国明清小冰河时期。日本历史上著名的4次冷害(分别在1695、1755、1783、1837年)，均与发生强火山喷发有很好的对应关系。1991年6月中旬，菲律宾皮纳图博火山出现了多次大喷发，它是20世纪最大的一次火山云事件。在其后的1992年，中国在夏季和秋季出现了大范围的低温，在东北至内蒙古地区和长江下游地区，甚至都出现了不同程度的冷害。

火山喷发对不同地域气候产生的影响不同，比如，出现降低气温的时间上有差别，北半球出现较显著降温的时间是在火山喷发后1～2年，而南半球则提早0～1年；其次，也并非全都降温，也有出现气温升高的情况。

(2) 引发降雨量变化　重大的火山喷发常常伴随着某些地域降雨量异常。火山灰和二氧化硫气体使大气中的吸湿性凝结核增多，对降雨的发生和加强产生催化作用。另外，火山喷发产生的大量水汽有利于局部地域达到过饱和状态。火山喷发形成的气溶胶影响到达地球的太阳辐射，改变大气环流，从而引起降雨量及其分布发生变化，并引发一系列的旱涝灾害。

3. 大气环流变化

大气中的气团周而复始、往复循环流动，称为大气环流。根据常年的平均值估算，赤道地区接收的太阳辐射能量相当于极地地域的2.4倍。由于极地高空冷空气下降，赤道低空热气流上升，致使赤道高空气流流向极地，而低空气流则由极地流向赤道，由此形成了一个南北向的气流环流圈。由于地球自转的偏向力（即科里奥利力）的作用，这一环流圈被分裂成了几个亚环流圈。北半球，在赤道亚环流圈和极地亚环流圈里，高空气流都由南向北流动，而地面气流则由北向南流动；在温带地区的亚环流圈里，则与其相反。在赤道界面和温带与极地的两个亚环流圈的界面上，气流都是上升的；而在赤道亚环流圈与温带亚环流圈的界面上以及两极地区，气流都是下沉的。气流上升冷却，产生降雨；而气流下沉变热，气候会变得比较干燥。上升界面地区的降雨量较多，而下沉界面地区的降雨量较少。

太阳活动变化、地形地貌变化都会引起大气环流变化。大气环流的变化也是导致地球气候异常变化的重要因素之一。

1961～2015年间，宁夏地区冬季平均气温逐渐上升，在1986～2015年冬季平均气温比1961～1985年间升高了1.7℃，升高幅度为1.6～2.0℃的气象站占总站数的60%，增温幅度明显高于中国冬季平均增温幅度1.2℃。这是由于乌拉尔山高压脊减弱，东亚大槽变浅，亚洲中、高纬度地区大气环流向纬向性发展，冬季风偏弱，同时西太平洋副高偏强。宁夏地区位于弱的正距平区内，不利于北方的冷空气南下，冬季气温偏暖。

大气环流变化也会造成沙尘暴，真正沙尘天气、沙尘暴增多或减少的决定因素，是大气环流的变化。

4. 地球运动轨道参数变化

地球的轨道参数主要包括地球轨道的偏心率、黄赤夹角和岁差等。地球绕太阳运转的轨道呈椭圆形，太阳位于椭圆轨道的一个焦点上，轨道偏离正圆的程度就是地球轨道的偏心率，即它是椭圆的半焦距与半长轴的比例 $e=c/a$。黄赤夹角是地球公转轨道面（黄道面）与赤道面（天赤道面）的交角，也称为黄赤大距、黄道交角。在天文学中，岁差是指因为重力作用导致天体的自转轴指向在空间缓慢且连续的变化。由于受太阳、月亮及其他行星对地球

引力的作用，公转轨道形状、地轴与公转轨道的黄道面间交角和地球自转的角速度都会有变化，即地球的轨道参数发生变化，照射在地球上的总太阳光辐射能量以及其在地球上的分布也发生变化，从而导致地球的气候变化。其中黄赤交角的变化对极区影响最大，若交角减小（地轴倾角增大），极地气候变暖；反之，当交角增大时（地轴倾角减小），极地气候更为寒冷。研究表明，是地球轨道的变化引发了导致撒哈拉荒漠化的气候变化，这是过去 1.1 万年中最引人注目的气候变化之一。北非的荒漠化开始于 5440 年之前。在此之前，撒哈拉被每年春季生长、冬季枯萎的草和低矮灌木所覆盖，这一点可由孢粉化石证实。

（三） 地球自转变化

自转是地球的主要运动方式之一。地球绕地轴自西向东地不停地旋转，平均角速度大约为每小时 15°。地球的自转运动速度不是恒定的，有时会转得快些，有时则减慢，这种变化通常也称为日长变化；地球的自转轴也在变动着，即地球自转轴瞬时北极相对平均极轴在地球表面位置变化。地球运动的这些变化也给地球气候带来重大影响，甚至带来灾难。

1. 自转运动速度变化引起气候变化

地球自转速率对于大气和海洋环流有决定性的作用，必然会影响到气候变化。地球自转速率的变化直接影响大气中的纬向风速和海洋中的纬向洋流变化。当地球自转减慢时，低纬大气中的西风和海洋中的向东洋流都加强，通过风吹流使低纬东太平洋的海水温度和海面温度升高，促进厄尔尼诺现象；相反，当地球自转加快时，低纬大气中的西风和海洋中的向东洋流削弱，通过风吹流使低纬东太平洋的海水温度和海面温度降低（图 1－3－2），也促使形成厄尔尼诺现象。厄尔尼诺现象是东太平洋赤道附近海水温度异常增暖，对全球大气环流和许多地区的气候异常有重大影响。同时，地球自转速率的变化也直接影响大气和海洋内部的振荡，在一定条件下还可以形成超低频振荡，从而影响全球的气候演变。

（1）引起气候变化机制　当自转速度发生变化时，地球上各点离心力势将发生变化，造成了地球上大气环流、空气质量输送和海平面变化，大气压和

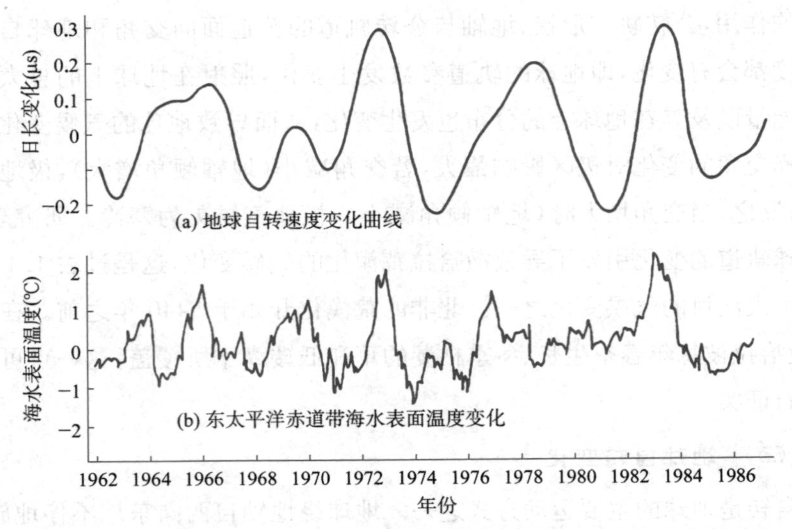

图 1-3-2 东太平洋赤道带海水表面温度与地球自转速度变化关系

各大气活动中心的强度和位置也产生相应的变化，并最终导致气候变化。地球自转速度变化都有经纬度效应，所以它们对各地区的影响是不同的，有的地区影响大，有的地区影响小。地球自转速度时大时小，因而对气候变化的影响也时大时小。例如，自转速度增大，离心力位势大时，其影响就大，反之则小。

离心力势变化也引起海平面高度变化。地面气压距平与海平面高度有关。当离心力势为正时，地面气压距平为负，反之亦然。正是这种变化导致了厄尔尼诺现象。

(2) 引发气温变化　地球自转速度较快的时期，地球的气温较高，而地球自转速度较慢的时期，地球的气温便较低。中国北方的冷害主要发生在地球自转速度由快变慢的时期。1968～1969 年，地球自转速度变慢，寒潮次数比常年增加 1 倍；东北地区发生夏季低温灾害，粮食减产；渤海发生罕见大冰封，冰厚一般在 20～40 cm，最厚达 80 cm。

在地球自转速度最慢的时期，地球扁度最大，致使地球上发生许多断裂。特别是赤道与低纬度地区的经向或接近经向的断裂发育，导致火山活动与地下释放热量、释放气体增多，促使海洋温度升高。当地球自转速度变慢时，赤道自西向东的洋流增强，于是便出现了厄尔尼诺现象。海洋温度上升必然使大气压下降，大气上升。加之地球自转速度减慢引起的纬向切向力变化，影响了大气环流的正常形势，以致增温区以东的中美洲西岸地带雨量激增，发生洪涝。而增温区以西的南亚、东南亚及非洲地区的季风降雨减少，发生旱灾。中国的南方雨量偏少，东北地区夏季低温冷害增多。

由于地球自转速度大幅度持续减慢，赤道附近的海水（或大气）获得较多的向东角动量。地球自转减慢可使±10°地区的海水或大气分别得到0.5 m/s和1.25 m/s的向东相对速度。这一相对速度是作用于全球低纬度整层海水或整层大气的平均值，并且与海洋的平均流速2 cm/s相差不到一个数量级，因此这个数值的效应不小。由此引起赤道洋流减弱（或引起赤道信风减弱而使赤道洋流减弱），导致东太平洋涌升流（与美洲西海岸地形有关的补偿离岸风海水质量亏损而形成的冷水上翻）得以减弱，从而造成这一地区大范围海表温度异常增暖。

（3）引发降雨量变化　当副高脊点位置向东、北方向移动时，中国北方雨量增多，易发生洪涝灾害；而当副高脊点位置向西、南方向移动时中国北方雨量减少，易发生旱灾。而在南方的基本情况则相反。当地球自转速度变快时，副高脊点位置是从东、北向西、南方向迁移；而当地球自转速度变慢时，副高脊点位置是从西、南向东、北方向迁移。自1987年至今，副高脊点总的趋势是向东、北迁移的。

地球自转时快时慢，推动着西太平洋高压带的位置有时向南、向西方向迁移，有时向北、向东方向迁移。这种迁移也就是降雨带在迁移，并控制中国的干旱与洪涝地区的变化。一般来说，当地球自转速度变快时，中国南方容易出现洪涝，北方容易出现旱灾；当地球自转速度变慢时，北方容易出现洪涝，南方容易出现旱灾。

非洲撒哈拉地区的降雨量与地球自转速度变化情况绘制在一起，结果表明，20世纪以来撒哈拉地区分别在1910前后，40、70、80年代共有过3次干旱时段，它们分别对应于地球自转速度偏慢的年代。

（4）引发江河洪水灾害　对比1820年以来地球自转年平均速度变化与中国长江中下游洪涝发生频率，可以看到，地球自转速度从加快转向减慢时，洪涝发生频率往往降低;而从自转速度减慢转向加快时,洪涝发生频率增大。往往是在地球自转速度由减速向加速的转折时期,淮河流域具有洪涝发生频率相对较高、强度较小的特征,发生频率为(3～7)/10a,平均值为5.2/10a。在地球自转速度由加速向减速的转折时期,洪涝发生频率降低,发生频率是(1～6)/10a,平均值为3.8/10a。但洪涝强度较大,往往出现高强度的特大洪水,如1823、1883、1931、1954、1995年,长江流域一带出现特大洪水,甚至达到百年或千年一遇级别。主要是由于地球自转速度变化反作用于大气环流,尤其是副热带高压带的位移造成的。大气环流位移变化,必然改变降雨区,特别是暴雨中心的空间分布。

(5) 导致地球自转速度变化的主要因素　引起地球自转速度发生变化有地球外部因素、地球内部因素和人为因素。

① 地球外部因素。如果没有外力的作用,角动量守恒,即地球将以恒定的速度自转。然而,地球实际上受到一些外力矩作用。最大的外力来自太阳、月球的万有引力。由于与太阳(或月球)的距离不同,地球内部不同部位受到的引力略为不同,引力差也就是所谓的潮汐力。

另外一个外因是让地球重量增加的物质,还有一个是季风,从大陆转移到海洋,又从海洋转移到大陆的空气重量竟达300万亿吨,足以影响地球的重心变化,从而改变地球的角动量的空间分布,导致地球自转加速或减速。

太空探测发现,太阳在刮“风”!即太阳表面的等离子体微粒流在向四面八方猛吹。在地球轨道附近实测得到的平均风速约为450 km/s,有时达到770 km/s。微粒流中绝大多数是氢原子核,其次是氦核及少量其他元素的原子核,这些带电粒子流在地球表面呼啸而过,对地球施加作用力,推动地球加快转动或者让地球“刹车”。

② 地球内部因素。地球并不是刚体,内部在相对运动。例如大气里有风,海洋里有洋流,地核里有熔融物质流。所谓的地球自转是固态地球表面的自转,而地球的总角动量实际上应该包括所有相对运动所带有的“内”角动量。任何部分的内角动量变化都会反映在固态地球的角动量中,从而改变地球整体的自转状态。

地震使自转动量稳定地增加,致使地球自转速度加快。地震引起自转速度变化不仅与地震的震级有关，还与震源位置走向及其他震源参数有关。

2010 年 2 月 27 日智利发生 8.8 级地震，强大的地震威力推动地球的地轴偏移了 2.7 毫弧秒，使得地球自转一圈的时间变短，每天缩短了 1.26 μs。在印度洋发生地震的瞬间，印度洋底的一个地质板块被另一个板块挤压而向下沉，地球的质量向地心集中，导致地球自转周期缩短了 3 μs，地球轴心也倾斜了大约 2 cm。

两极冰块融化造成海洋的海水水位变化，导致地球自转速度变化。地球表面冰层减少，海洋的海水水位上升；反之，则水位下降，会改变地球的质量分布，导致地球的自转速度变化，并引起地球转动惯量变化。当海洋的水位上升时，地球质量分布半径增大，地球的转动惯量也随之增大，必然导致角速度减小，这就表现为地球自转速度减慢。

③ 人为因素。地球自转速度与地球本身的质量分布有密切关系，人类在地球上的一些活动明显地改变地球质量分布，并给地球施加了额外作用力。因此，规范人类的活动将有利于减少天灾。

改变地球质量分布的活动有许多，例如拦截河流蓄水建电站、围海造田、开挖煤碳、开采石油、建造摩天大楼群等。给地球施加额外压力的还有地下核爆炸、发射太空飞行器、发射导弹和高速列车等。

世界上许多河流都构筑大坝蓄水，上游水位大幅度升高，并淹没大片土地，而下游水位大幅度下降。河流水位变化以及引入建坝的建筑材料，显然改变了地球质量分布。

三峡工程兴建后(图 1-3-3)，附近的气候出现了异常。在 1996、2002 和 2004 年，四川地区的气温发生突变，与三峡工程阶段完成期有对应关系。水电站也会诱发地质灾害。全世界水库诱发地震大于 6.0 级的有 4 次，比较著名的有印度柯依纳水库地震(6.7 级)和中国新丰江水库地震(6.4 级)；大于 5.0 级的有 7 次，而震级在 3.0～4.0 的地震就更多了。

围海造地是指用土石、建筑垃圾、工程组件，将陆地、岛屿，甚至岛礁沿边缘填埋成新的陆地。中国、荷兰、日本、韩国、英国、阿联酋等国家都有向大海要地的情况。荷兰自 13 世纪起就开始大规模围海填地，如今荷兰国土的 20％是人工填海造出来的，丘陵都被挖去填海去了。日本早在 11 世纪就有

图 1-3-3 三峡水电站

了填海造地的历史纪录,二战后大规模填海造地的情况更为普遍。1945～1975 年,日本政府围海造地达 11.8 万公顷。

煤炭、石油等开挖出来,搬运到其他地方,相当于把一座山或者一个湖泊搬走。同时,开采出来的煤炭和石油燃烧产生的热,还将改变大气环流,而地球的自转速度是与大气环流有关的。因而,开采燃烧煤炭和石油可直接影响地球的自转速度。

众多摩天大楼拔地而起,不仅改变地球质量分布,也在改变大气环流,给地球自转速度变化"添砖加瓦"。

地下核爆炸在地球内部产生巨大作用力,促使地球质量分布变化,并引起地球震动,这也诱发地球自转速度变化。发射太空飞行器、发射导弹和发展高速列车等活动,也驱动地球自转速度变化。太空飞行器、导弹等发射时对地球产生的巨大反作用力,改变地球的转动惯量和自转速度。

除了对减排做出规范之外,应对各种影响地球自转速度的活动作出必要的规范,把影响减到最小。

2. 极移引起气候变化

地球自转轴相对于地球本体的位置变化,称为地极移动,简称"极移"。

(1) 引起极移主要因素　极移有其内部因素和外部因素。内部因素是地球自转运动所产生的离心力矩,使地球上的物质分布发生变化,导致极移。此外,地球内部存储着巨大的弹性能,由于太阳和月球的影响和地球内部质量迁移,能量呈现周期性可逆变化,而这种变化又触发不可逆的能量释放,驱使自转轴和角动量在地球内部重新分布,引起极移。

外部因素主要是太阳辐射,通过光压引起地球自转轴在地球内部相对地球形状轴(或相对地壳)运动。光辐射对被照物体会产生压力,称为光压。地球表面赤道上正午时接受到的太阳光压强度为 $4.5\times10^{-6}\ N/m^2$,太阳辐射对地球产生的总压力是垂直于自转轴并作用于自转轴上的。地球任一纬度带内的光照面受到的太阳辐射压力,与该纬度带内所含光照面面积、纬度,以及表面的光学反射率有关。从低纬度到高纬度带,稳定的冰雪复覆随纬度的增加而增加。高纬度带稳定的冰雪对太阳光辐射的反射率比中、低纬度带的不稳定冰雪复覆、植被、沙漠、半沙漠等平均反射率高 2 倍左右。

陆地、海洋对太阳辐射的反射率也不一样,陆地表面对太阳辐射的平均反射率约为 0.39,而海洋对太阳辐射的反射率约为 0.07。在同等太阳辐射强度条件下,陆地表面受到的光压约为海洋表面的 1.3 倍。由于北、南半球各纬度带受到的(光)压力有差别,作用于自转轴上,相对自转轴中心的(光)压力矩产生差值,引起自转轴的垂向摆动。其次,北、南半球受到的(光)压力矩之差还会引起地壳幔层相对地核的转动(摆动),地球原有的形状及质量分布随之都会产生变化,引起地球自转轴相对形状轴改变。或者说自转轴相对地壳运动,即产生极移。

(2) 极移影响气候　极移振幅增大,亚欧中纬地区的经向环流指数增强,纬向环流指数减弱,副高点偏南,中纬地区海洋向大陆输送的水汽减少,于是降雨量将减少,冬季气温也降低,而地处副热带的中国长江中下游的降水量则会增加。

极移引起气候变化的基本物理机制是,地极不断移动,引起离心力位势及其分力在空间和时间上不断变化。该位势和水平分力的变化又引起大气质量输送变化。而且,地表单位质量最大位能大大超过单位质量大气的动能,在一定条件下这种位能将转化为动能并提供给大气,大气运动必然产生明显的变化。于是,气压场和各大气活动中心的强度和位置也将产生相应的变化，最终导致气候的变化，并且各地区的变化也不同。厄尔尼诺现象也与极移有关，都出现在极移周期较短的年份。

① 引起气候周期性变化。一些地区的气温、降雨量、气压等变化明显类似于极移的周期性，极移振幅变化周期为6～7年，中国大面积地区降水以及影响气候变化的大气环流周期也为6～7年或接近6～7年；欧洲气候变化有7年周期；北半球的许多地区，尤其是中高纬地区的气温变化也有6～8年周期；日本一些地区的台风路径、冷空气爆发流动的方向等都有6～7年周期。

极移振幅各周期的高值年，经向环流指数一般也高，极移振幅各低值年，多数经向环流指数也低；而且极移振幅各周期内，最高振幅年及其前后一年，经向环流指数总和显著大于最低振幅年及其前后一年该指数之总和。

② 引起气温变化。一些大面积地区的气温，尤其是冬季气温，与极移振幅有很好相关性。例如中国东北地区在1～2月份的平均气温、华南地区年绝对最低气温、长江中下游1～2月份绝对最低气温等，与极移振幅相应值呈明显负相关性，即绝大多数极移振幅高值年。上述这些地区的冬季气温偏低；而极移振幅低值的年份气温偏高，只有极少数时段例外。

③ 引起降雨量变化。一些大面积地区的降雨与极移有明显关系。中国长江中下游地区在极移振幅最大年份没有出现过一次少雨，而所有极移振幅最小年份没有出现过一次多雨。极移振幅各周期的高值年，这些地区在5～8月份多雨年份数增加（该地区5～8月降雨的平均值为603 mm，取大于750 mm为多雨年，小于450 mm为少雨年），而极移振幅各周期的低值年份，这些地区的少雨次数增加。

四 气候监测

监测引发气候变化各因素的活动状态，有助于找出避让其发挥作用或者减少其作用的方法，避免气候发生异常变化，或者降低气候异常变化强度，或者预先做好防备措施，减少气候异常变化带来的损失。

（一） 太阳辐射照度监测

太阳辐射照度，亦即太阳常数，是指在距离太阳一个天文单位处，在以太

阳中心为球心的球面上，单位时间通过单位面积全波段的电磁辐射能量。其实太阳常数并非常数。地球上的天气、气候完全受太阳辐射入射量及其与大气、海洋和陆地相互作用的制约。地球上的太阳总辐射照度若有千分之一的变化，只要是持续不断的，就会对天气、气候产生显著的影响。

1. 监测器

测量太阳辐射的仪器有辐射计和光电池。前者是基于黑体吸收太阳辐射引起温升，热电偶传感器产生电压信号，测量电压信号得出辐射值；而光电池是基于光伏效应，太阳辐射使得光电池直接产生电压和电流，通过测量电压、电流得出辐射值。由于测量原理不同，两者在测量性能上也有一定的差别：①由于热量积累需要时间，所以辐射计的响应时间稍长，在5～30 s；而光电池的响应时间则非常短。②光电池一般封装在平板玻璃内，因此光的相对透射率与入射角度相关度比较大。而辐射计是封闭在半球形的玻璃罩内，对入射角度的敏感性要小很多。③由于平板玻璃比半球形玻璃罩更容易积累污秽，因此采用光电池测量时，污秽造成的能量损失可能会高于辐射计。当然这种差别与仪器的维护情况有很大的关系。④辐射计吸收光谱非常宽，波长在0.3～3 μm范围的光辐射均能吸收。而光电池对于光谱吸收有一定的选择性，测量结果需要进行光谱响应修正。

(1) 辐射计　通常采用绝对辐射计(图1-4-1)，根据光电等效性，利用快门使太阳光入射和电功率加热交替定标的方式，测量太阳光辐照度的绝对量值。在绝对辐射计接收腔上设置电加热丝，并使接收器在光辐射照射下和电加热下的热效应等效。用电功率(测定加热丝的电流或电压，加热丝的电阻已准确测定)替代辐射功率的方法自定标辐射标度，所以这种绝对辐射计也称为电校准辐射计。

(2) 光电池　用于测量太阳光辐射度的光电池主要有以下几种。

① 硅太阳辐射光电池。以晶体硅为主要材料制备的太阳辐射光电池，包括单晶硅太阳辐射光电池和多晶硅太阳辐射光电池。单晶硅太阳辐射光电池是研究和开发最早的，保持着目前最高的太阳辐射转换效率，技术也最为成熟。转换效率达60%以上，但是价格也高。多晶硅和单晶硅的本质区别在于多晶硅内存在晶界，晶体颗粒很小。多晶硅太阳辐射光电池成本低廉，

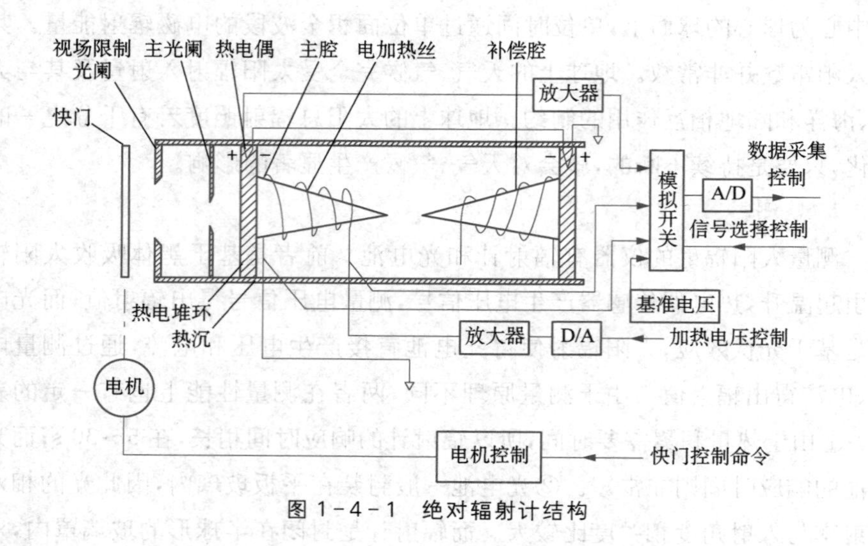

图 1-4-1 绝对辐射计结构

但是转化效率比单晶硅电池低，其实验室最高转换效率为 18%，工业规模生产的转换效率为 10%。在材料表面镀特殊膜层和采用电池特殊布局，转换效率也能够达到很高，可到 80%以上。

非晶硅太阳辐射光电池是利用硅氢合金材料，其成本低、重量轻，转换效率较高，便于大规模生产。但是目前其转换效率还比较低。

② 多元化合物太阳辐射光电池。材料为无机盐，主要包括砷化镓Ⅲ～Ⅴ族化合物、硫化镉及铜铟硒电池等。硫化镉、碲化镉多晶薄膜电池的效率较非晶硅薄膜太阳辐射光电池效率高，成本较单晶硅电池低，并且易于大规模生产，砷化镓(GaAs)Ⅲ～Ⅴ化合物电池的转换效率可达 28%，GaAs 化合物材料具有十分理想的光学带隙以及较高的吸收效率，抗辐照能力强，对热不敏感，适合于制造高效单结电池。但由于 GaAs 的成本较高，目前主要应用于航天领域。

铜铟硒电池($CuInSe_2$)适合光电转换，不存在光致衰退问题，转换效率和多晶硅一样，具有价格低廉、性能良好和工艺简单等优点，将成为今后发展太阳能电池的一个重要方向。唯一的问题是材料的来源，由于铟和硒都是比较稀有的元素，因此，这类电池的发展必然受到限制。

③ 有机半导体太阳辐射光电池。指含有 C—C 键并且导电能力介于绝

缘体和金属之间的太阳能电池。有机半导体可分为 3 类：高聚物 P3HT、电荷转移物(如 PCBM、芳烃-金属卤化物等)及 3 分子晶体(如酞花菁铜等)。它们有可能在非常低的温度下,以低廉的价格进行大面积的光伏电池制备。有机半导体太阳能电池虽然光电转换效率低,但具备制备工艺简单,电池柔韧性好。

④ 纳米晶体太阳辐射光电池。纳米 TiO_2 晶体是新近发展的、非常热门的太阳能电池材料。最大的优点在于其导电机制建立在多数载流子的传输上,因此允许使用相对不纯的原料,成本低,工艺简单,性能稳定。其光电效率稳定在 10%以上,制作成本仅为硅太阳电池的 1/5～1/10,寿命能达到 20 年以上。

⑤ 薄膜太阳辐射光电池。这是用单质元素薄膜、无机化合物薄膜或者有机材料薄膜等制作的太阳辐射光电池,厚度为 1～2 μm。薄膜通常用化学气相沉积、真空蒸镀、辉光放电、溅射等方法制得。目前主要有非晶硅薄膜、多晶硅薄膜、化合物半导体薄膜、纳米晶薄膜、微晶硅薄膜等太阳辐射光电池和钙钛矿太阳辐射光电池等。钙钛矿太阳辐射光电池是一种新型薄膜太阳辐射光电池,具有制备简单、光电转换效率高、成本不高以及可制备柔性器件等一系列优点。

2. 地基监测

地基监测有直接光辐射和散射光辐射测量两种方式。前者通常采用直接光辐射仪测量。测量从太阳面及其周围 5°立体角内所发射的光辐射,属于法向直接光辐射,水平面的直接光辐射要通过有关公式换算,该测量仪主要由下面几部分组成：①感光器,探测平面被涂成黑色或为一个腔体,用于吸收入射的太阳光辐射;②光阑,用于限定仪器的视场;③跟踪器,用于调整仪器对准太阳,可以是手动调节赤纬角,也可以是带反馈装置的全自动跟踪器。

散射光辐射测量是用水平放置的总光辐射仪测量,同时需要利用放置在一定距离的圆形或球形遮光片,将落入总光辐射仪感光面上的直接光辐射遮挡去。一般采用遮光环遮光。

3. 卫星平台监测

在卫星平台上测量,可免受大气的影响。

在最近的30年里，欧美国家发射了一系列的卫星平台，携带各种不同的仪器，对太阳光辐射进行了不间断、重复测量。基于太空观测的总太阳光辐射已经有了20多年的连续纪录。中国2002年在神舟三号飞船上搭载太阳常数监测器进行了接近半年的测量；风云三号气象卫星太阳辐照度监测器，至今经A/B/C三颗卫星连续监测，获取了近10年的太阳总辐照度数据。不同卫星、不同测量仪器、不同测量方式获得的数据基本上是一致的。

由于卫星和监测器的使用寿命有限，它们单独一次监测的数据不大可能覆盖整个监测时段（甚至都不到一个太阳活动周）；但是，要研究太阳辐射照度的长周期变化，需要长的时段，至少是几个太阳活动周的数据。因此，需要对这些不同仪器测量的数据进行交叉校准，修正由仪器灵敏度改变、老化等因素带来的测量误差，把不同辐射计测量得到的数据参照一定标准调整到同一个水平线上，合并到一起得到太阳辐射照度连续的变化数据。有多种合成数据方法，如PMOD合成数据、ACRIM合成数据、IRMB合成数据，这3种合成数据对应于不同数学原理（图1－4－2）。

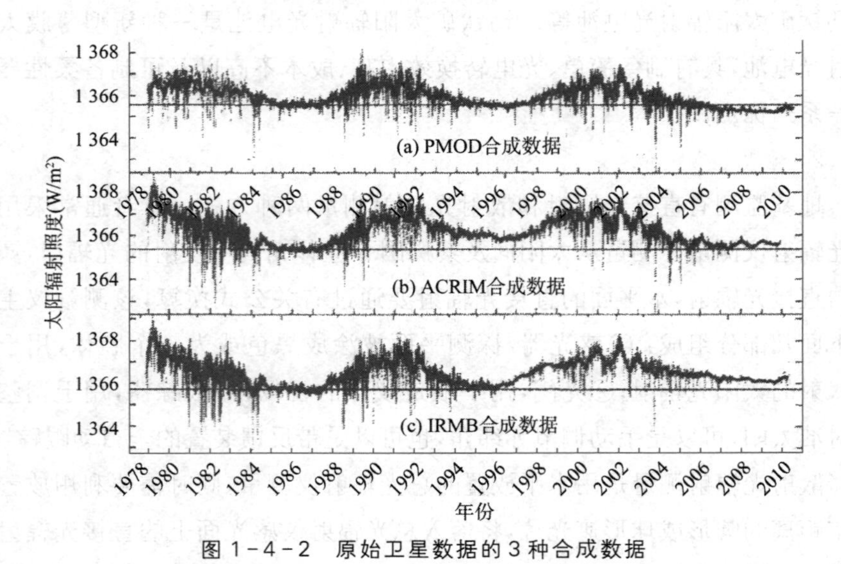

图1－4－2　原始卫星数据的3种合成数据

从上面3个合成数据可以看到，太阳总辐照度在测量尺度上是变化的，变化周期是11年，一周期内的变化值大约为0.1%（1.3 W/m²），平均值为

1 366 W/m^2。尽管变化数值很小,但它依然会给地球气候产生重要影响。至于引起太阳总辐照度发生变化的原因,有关研究者认为,在几分钟到几小时的时间尺度上,主要是由内部对流,以及与对流相关的米粒组织、中米粒组织、超米粒组织引起的;几天到几个星期时间尺度的变化,主要是由太阳表面磁场结构变化起主导作用;在一个太阳活动周期上的变化量主要来自太阳黑子、亮斑、谱斑和网状结构增量的综合作用。

(二) 地球自转速度变化监测

一种做法是测量地球与月球之间距离变化,反演地球自转速度变化;另一种是基于人造地球卫星激光测距,确定地球自转速度变化。

1. 基于激光测量地-月距离

把地球和月球看成一个封闭系统,那么根据动力学基本原理,不论它们之间如何牵牵扯扯,其总角动量是守恒的。如果地球自转速度减缓,其损失的角动量自然都归于月球。如果月球转动角动量增加,绕地球公转轨道半径就会增大。反过来,如果知道地球与月球之间的距离在增大或者减少,也能够确定地球的自转速度是在变大或者变小。光学望远镜发射的激光脉冲传输到月球上并接收其回波,由记录激光来回传播的时间间隔,可以计算出地球观测站与月球距离变化,便可以了解地球自转速度变化。

(1) 激光测距技术　激光测距技术主要有脉冲激光测距技术、调频连续波激光测距技术、相位测距技术等。在地面上放置几台基于激光测距机,采用三角测量法可以测定卫星位置,通过测定卫星至地面各点的距离,便可以精确地确定大陆漂移、地极偏移和重力常数的变化等,测距精度达厘米量级。

① 脉冲激光测距。测定开始发射激光到激光从目标反射回来的时间间隔,计量距离。激光测距机在时刻 T_1 发射出一个激光脉冲,在距离 R 处遇到目标并被反射回来,在时刻 T_2 接收到从目标反射回来的激光脉冲。脉冲在距离 $2R$ 上来回的时间 $\Delta T = T_2 - T_1$,于是目标的距离是 $R = c\Delta T/2$。

② 调频连续波激光测距。利用探测时间与调制频率的关系,用测量频率差代替测量时间差。在时刻 t_0 使用调制频率 f_m 对激光频率 υ_0 作连续激光调制。反射信号在时刻 t_1 到达探测器,其调制频率变为 f_1,历时为 τ。原

发调制信号与从目标来的反射信号在探测器上混频，产生差频 f_c。如果在半个调制周期内最大频偏的一半是 Δf，那么目标的距离为 $R = cf_c/(8f_m\Delta f)$。

③ 相位测距技术。这是通过测量激光信号往返后的位相变化，替代直接测量时间差。设调制器以调制频率 f_m 对激光器连续输出的激光束调制，激光信号在距离 R 上往返一次产生的相位延迟为 ϕ，则对应的往返时间 t 为 $t = \phi/2\pi$。$R = ct/2 = c/(4\pi f_m)(N\pi + \Delta\phi)$。$N$ 是在被测量距离上所包含调制半波长个数；$\Delta\phi$ 是激光信号往返目标一次产生的相位延迟不足相位 π 的部分；ΔN 是所包含调制波数不足半波长的小数部分。

在给定调制器和标准大气条件下，频率 $c/(4\pi f_m)$ 是一个常数，此时距离的测量变成了测量所包含半波长个数和不足半波长的小数部分。由于近代精密机械加工技术和无线电测相技术的发展，测量位相 ϕ 能够达到很高的精度。不足 π 的相位角 $\Delta\phi$，可以通过不同的方法来进行测量，通常应用最多的是延迟测相和数字测相，短程激光测距仪大多数采用数字测相原理来求得 $\Delta\phi$。

(2) 激光测量地球-月球距离　初期是通过接收由月球表面漫反射的激光回波确定地球与月球的距离，后来利用在月面上安放的后向反射器测量。后向反射器增强了从月球反射回来的回波激光强度，提高了测量精度。

1969 年 7 月 21 日，美国阿波罗 11 号登月成功，宇航员在月球表面放置激光后向反射镜(图 1 - 4 - 4)，它能保证反射的激光脉冲沿原发射方向返回地面回波激光强度获得大大增加，而且激光回波的波形不会变宽，大大提高了测距精度。美国又在月球表面上放置了阿波罗 14 号(图 1 - 4 - 5)和阿波罗 15 号激光后向反射镜；苏联也在月面上相继放置 Lunakhod 1 号和 Lunakhod 2 号激光后向反射镜。在月球表面不同地方共安放有 5 个可供进行激光测月的激光后向反射镜，多年来它们忠实地把从地面天文台站发射去的激光脉冲反射回地球，以供推算地球与月球之间的距离及其变化。

随着激光探测技术的发展，月球激光测距精度也逐步提高，起初标准点距离精度大约 30 cm(即测时精度大约为 1 ns)，在 20 世纪 70 年代中期，精度提高到了 15 cm，现在已经达到 2～3 mm。根据测量结果，月球确实在以每年

图 1-4-3　阿波罗 11 号在月面安放的反射镜

图 1-4-4　阿波罗 14 号在月面安放的反射镜

大约 3.8 cm 的速率远离地球。这相当于地球每年的日长增长 2.4×10^{-5} s。目前每天是 24 h，而 5 亿年前为 22.05 h，20 亿年前为 17.14 h，46 亿年前比现在更短，为 9.38 h。

2. 基于卫星激光测距

把反射镜放置在卫星上做目标靶进行测距，并由此确定地球的自转速度变化。放置在地面的激光人造卫星测距机向这只带有后向反射镜的卫星发射激光，根据从卫星反射返回的激光时间，可以测定地球表面与卫星之间的距离变化，也可以确定地球自转速度的变化。

图 1-4-5 激光人造卫星测距机

(1) 测量地球自转速度原理　地球自转的 3 个参数,即极移的 x 分量、y 分量和日长变化量(也就是地球自转速度)。从两个方面影响了卫星到地面测站之间的距离:一方面是动力学效应,它们改变了地球重力场(确切地说改变了地球重力场的指向),因而改变了卫星在空间的位置;第二方面是几何学效应,它们改变了地面测站的位置向量与地球的角速度向量之间的夹角,也就是改变了地面测站的天文经纬度。因此,由卫星激光测距资料可以确定地球自转速度变化,而且精度和分辨率都比经典方法提高许多倍,在日长测量上的精度已经超过 1/10 000 s,相当于一日的 10 亿分之一,当前地球自转周期变慢率为 1.4 ms/100a。

(2) 卫星激光测距　卫星激光测距是 20 世纪 60 年代初由美国宇航局(NASA)发起的一项旨在利用空间技术研究地球动力学、大地测量学、地球物理学和天文学等的技术手段,经过几十年的发展,已取得了巨大的成绩,观测的精度由第一代的几米,提高到现在第三代的几厘米甚至亚毫米;观测站由原来的只由 NASA 支持的几个站,壮大到现在的分布于全球近 30 个国家的 40 多个观测台站。现在供测量使用的卫星有几十颗,按其功能主要分成以下 4 类。

第一类是地球动力学卫星。通常是实心的球体，表面上布满后向角反射器。这些卫星一般是轨道高、面积比小，而且形状规则、反射均匀，距离测量能够高精度地归算到它们的质心；同时大气阻力和辐射压力效应与卫星的指向无关，所以它们的轨道可以准确定位。名为莱杰奥斯(Lageos)的卫星是1976年5月由美国发射的一颗激光地球动力学卫星(图1-4-6)。这颗卫星直径60 cm，重量41 kg，表面布满426块后向反射镜，用来反射从地面激光测距机发射来的激光。

图1-4-6　莱杰奥斯(Lageos)激光测距卫星

第二类是地球遥感卫星。这类卫星通常搭载一些科学仪器，用来研究和监测地球。使用的卫星形状一般是不规则的，所以作用到卫星上的大气阻力和太阳辐射压等都比较大。

第三类是定位卫星，用于全球定位系统。这类卫星的轨道很高，大约在2万千米。

第四类是其他一些科学试验卫星，它们当中很多用于短期观测。这类卫星通常不仅形状不规则，而且有时还故意将其上面的后向反射器做特殊安装，以达到一定的科学试验的目的。

(三)　极移监测

极移监测手段就其出现的先后，可分为经典光学监测和现代空间测地技术监测。经典光学监测主要包括等高仪、天顶仪等，但是由于受到技术限制，观测精度不高。20 世纪 60 年代以后，人造卫星多普勒观测、激光测月、激光测卫、甚长基线干涉测量、全球定位系统测定极移等测量技术的飞速发展，极移测定精度有了数量级的提高。

1. 经典光学观测

经典光学技术主要是测定恒星的位置来观测地球纬度，进一步确定极移的变化量。主要测量仪器有天顶仪、等高仪和照相天顶筒。由于受到仪器机械结构、望远镜光学性能、观测环境变化和大气折射等多种因素的影响，极移的测定精度不太理想。尽管如此，经典光学监测资料对于地球极移变化的研究仍然非常重要，这些资料是空间测地技术出现以前唯一可得到的信息源泉。实际上人们对极移的观测从 19 世纪初就开始了。

2. 现代空间测地技术

用于极移观测的现代空间大地测量技术主要有卫星激光测距（SLR）、全球定位系统（GPS）、甚长基线干涉测量（VLBI）等，与经典的光学技术在原理上截然不同，其测定极移的精度有很大提高，测定周期也明显缩短。

全球定位系统从 20 世纪 90 年代开始提供极移数据，测量精度可以达到 0.01 mas 左右。卫星激光测距精确测定卫星在轨道上某些点至地面测站的相对速度或距离，推算卫星轨道的极移摄动，其优点是测量精度高，目前极移的测定精度可以达到 0.4 mas。图 1－4－7 是利用激光测卫星莱杰奥斯的测距资料，观测解算 1993～2006 年的极移时间序列，极移 X_P 为 0.39 mas，Y_P 为 0.41 mas，极移变化在 X 和 Y 方向的变率分别为（2.2553 ± 0.2518）mas/a 和（1.6695 ± 0.2205）mas/a，极移运动速度为 2.8060 mas/a。

甚长基线干涉测量是射电天文领域的一项新型技术，就是把几个小望远镜联合起来，达到一架大望远镜的观测效果。射电望远镜能“看到”光学望远镜无法看到的电磁辐射，从而进行远距离和异常天体的观测。但要达到足够清晰的分辨率，就得把望远镜的天线做成几百千米，甚至地球那么大。根据电磁波干涉原理，在多个测站上用射电望远镜同时接收某一河外射电源的射电信号。获取河外射电源信号达到地面两个接收机的时延，进而计算出基线长度和方向。目前它的极移测定精度可达到 0.1 mas。这种测量技术可以进

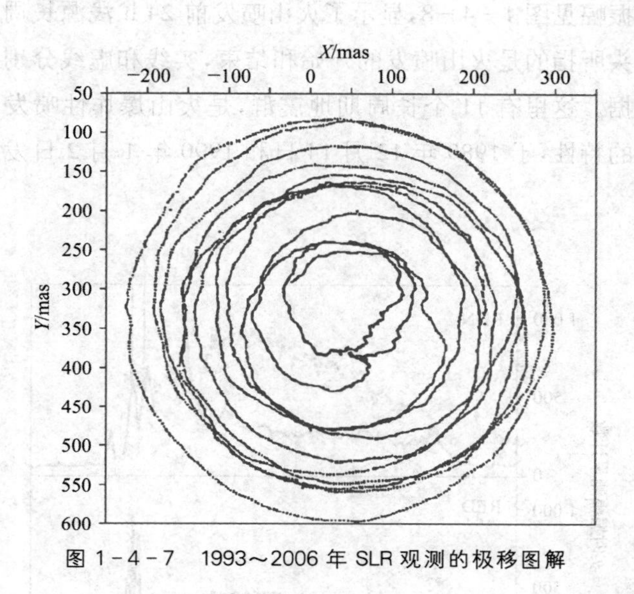

图 1-4-7　1993～2006 年 SLR 观测的极移图解

行全天候的观测；由于射电源非常遥远，可以忽略视差和自行差；能够同时测定所有地球定向参数分量。

（四）　火山喷发监测

火山监测研究表明，几乎所有的火山在喷发前，由于岩浆的增压、从深到浅的运移等作用，都会在火山下方附近出现地震活动增加，地表形变和地球化学、电、磁等异常现象。利用激光技术监测这些现象的发生，可以预报火山活动。基本方法有两种：一种是通过地震探测，演绎火山的喷发；另外一种是利用激光技术测量地表或接近地表的变化，即测量地表形变。

1. 通过激光地震演绎监测

火山喷发现象和地震活动之间已经建立起了联系，地震产生的地面晃动会使地表下炽热的熔岩随之晃动，致使岩浆从火山喷出。火山喷发前，上升的岩浆会推开岩石，促使岩石破裂，这就扰乱了地应力分布与孔隙流体压力，通常会引发破裂与大量小震级的地震。虽然这种情况下未必发生火山喷发，但是，高于背景值的地震通常是火山喷发将要发生的前兆，阿拉斯加里道特火山于 1989 年 12 月 14 日喷发前，2 个地震探测台站（RDN 和 RED）记录的实时地震波振幅见图 1－4－8，显示了火山喷发前 24 h 浅源长周期地震的强度变化。箭头所指的是火山喷发的开始和结束，实线和虚线分别代表原始和修正过的数据。这里有 11 个长周期地震群，是火山爆炸性喷发的前兆。基于这些震群的特性，于 1989 年 12 月 14 日和 1990 年 1 月 2 日发布了火山喷发警报。

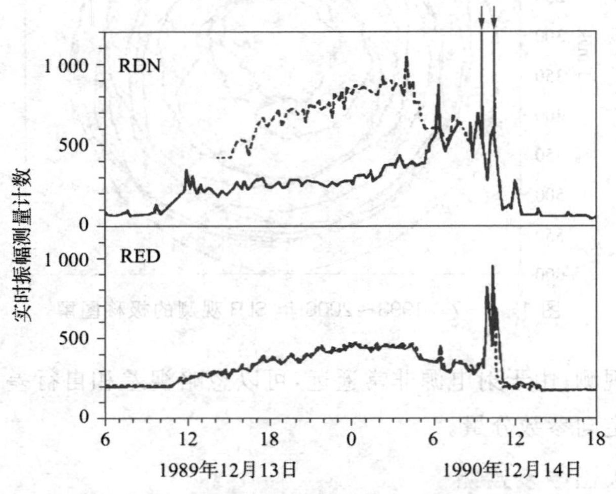

图 1－4－8　里道特火山喷发前的实时地震波振幅

2. 通过激光监测地表形变

在地球内部的岩浆及其在火山通道内流动时，岩浆随压力的变化将导致周围地壳岩石发生变形。特塞拉特岛苏弗里埃尔火山大喷发前，就被基于 1996 年 10 月的地表形变程度估计出来，并进行了预防性撤离。激光技术是观测地表形变的主要技术之一。比如，利用激光应变仪就可以测量地表或接近地表的微小变化。把应变仪放置在山洞里观测效果更好，因为在这样的环境可以极大地减小噪声干扰，提高仪器的探测灵敏度。放置在山洞的应变仪曾经比较准确地预报了 2000 年冰岛赫克拉火山喷发。在这一年，冰岛科学家发现连续 5 天，在离火山 15～45 km 范围内，5 个山洞的 5 个应变仪（即 STO、SAU、GEL、SKA 和 BUR）出现显著的应力变化，其中 STO、SAU、GEL、SKA 在每 30 min 为一周期出现显著的张应力变化，离火山最近的

BUR 显示了压应力变化(见表 1－4－9)。冰岛科学家据此发布了火山喷发警告:火山喷发可能在 15 min 之内开始。在 17 min 之后确实喷发了。

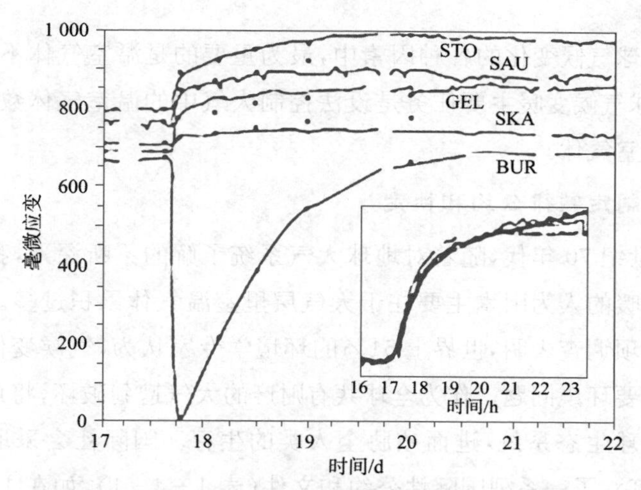

图 1－4－9　冰岛山洞仪器纪录到的 5 天应变数据

3. 激光雷达监测

在喷发前夕,火山会释放出可探测到的异常气体信号。在火山喷发前几天,氢气释放量大幅增加,空气中氢的含量可能比平日含量高出 10 倍。这是因为岩浆内部运动引起地表下面的地壳产生微型裂缝,氢气从地球内部深处逃逸出来。这样的微型裂缝往往接着发生地壳裂缝,不久就出现火山喷发。例如,1982 年 12 月底,在夏威夷拉韦厄火山的山顶和沿东部断裂带设置的监测站,获得了不规则的高值氢气逸出信号,随后在 1 月 3 日火山出现了一连串熔岩喷发。

除了氢气之外,氡气含量也可以预示火山喷发。惰性气氡体天然地存在于地壳岩块中,岩块上的应力变化将使岩块发生轻微变形,将致使氡逸散。

用激光雷达可以监视火山的气体喷发浓度。激光脉冲与空气中的气体分子相互作用,后向光学散射信号包含了气体成分和其浓度信,解读这些信息就可以了解火山气体成分和它的含量。

五 应对全球气候变化

引起全球气候变化的各种因素中，最为重要的是温室气体不断增多，因此，应对全球气候变暖主要任务是设法控制大气中的温室气体数量，限制向大气排放温室气体。

（一） 制定减排公约和协定

在20世纪70年代，随着对地球大气系统了解的不断深入，我们逐渐意识到气候变暖的人为因素主要在于大气层里室温气体累积过多。联合国环境项目的一项调查表明，世界上51%的环境学专家认为，气候变化是目前人类面临的主要环境问题。作为全球共有财产的大气遭到破坏，将危及人类赖以生存的地球生态系统，进而威胁全人类的生存。国际社会采取了积极措施，并先后订立了一系列国际性公约和文件（表1－4－1），如在1992年订立的《联合国气候变化框架公约》、1997年的《京都议定书》，以及2015年《巴黎协定》等国际性文件，推动全球应对气候变化的进程不断加快。

表1－4－1　3个应对气候变化国际文件主要内容对比

	联合国气候变化框架公约	京都议定书	巴黎协定
目标	要求发达国家在20世纪末其温室气体排放恢复到1990年的水平，但没有为发达国家规定减排的量化指标	规定工业化国家应该个别地或共同地确保其 CO_2 等6种温室气体排放总量，在2008～2012年的承诺期内比1990年水平至少减少52%	将21世纪全球平均气温上升幅度控制在2℃以内，并将全球气温上升控制在前工业化时期水平之上1.5℃以内
基本规定	资金机制 技术转让 能力建设	3种“境外减排”机制： 国际排放贸易机制（ET） 联合履行机制（JI） 清洁发展机制（CDM）	资金机制 能力建设机制 国家自定贡献（INDC）机制 可持续性机制（市场机制）
基本原则	共同但有区别的责任原则；充分考虑发展中国家的具体需要和特殊情况原则；预防原则；促进可持续发展原则；开放经济系原则		

1.《联合国气候变化框架公约》

1990年,有137个国家和地区在第二次世界气候大会上呼吁建立气候变化框架公约。1990年12月,联合国常委会批准了气候变化公约的谈判。在1991年2月至1992年5月召开了5次会议,终于在1992年,于巴西里约热内卢举行了联合国环境与发展大会(也称地球首脑会议),通过了具有法律效力的《联合国气候变化框架公约》(UNFCCC),由150多个国家和地区,以及欧洲经济共同体共同签署。截至2016年6月,加入该公约的缔约国共有197个。该公约在1994年3月21日生效,它是世界上第一个全面控制二氧化碳等温室气体排放的国际公约,为应对未来数十年的气候变化设定了减排进程。奠定了应对气候变化国际合作的法律基础,是具有权威性、普遍性、全面性的国际框架。

《公约》要求各成员国以此为基础,合理调整国内政策,共同应对全球气候变化。终极目标是将大气温室气体浓度维持在一个稳定的水平,在该水平上,人类活动不会威胁气候系统。根据"共同但有区别的责任"原则,公约对发达国家和发展中国家规定的义务以及履行义务的程序有所区别,要求发达国家作为温室气体的排放大户,采取具体措施限制温室气体的排放,并向发展中国家提供资金以支付他们履行公约义务所需的费用。而发展中国家只承担提供温室气体源与温室气体汇的国家清单的义务,制订并执行含有关于温室气体源与汇方面措施的方案,采取措施争取2000年温室气体排放量维持在1990年的水平。

2.《京都议定书》

不可否认,《联合国气候变化框架公约》的达成意义重大,但是并没有具体规定各成员国温室气体减排,所以公约上设定的减排义务并不具有法律约束力。1997年在日本京都举行的《联合国气候变化框架公约》第三次缔约方会议上达成了《京都议定书》,并于2005年2月正式生效。

《京都议定书》全称是《联合国气候变化框架公约的京都议定书》,是《联合国气候变化框架公约》下的第一份具有法律约束力的文件,也是人类历史上首次以法规的形式限制温室气体排放。主要是将大气中的温室气体含量

稳定在一个适当的水平，进而防止剧烈的气候改变对人类造成伤害。中国在1998年5月签署并于2002年8月核准了该议定书；欧盟及其成员国于2002年5月31日正式批准；2004年11月5日，俄罗斯总统普京签字，使其正式成为俄罗斯的法律文本。截至2005年8月13日，全球已有142个国家和地区签署该议定书，其中包括30个工业化国家，批准国家的人口数量占全世界总人口的80%。

《京都议定书》在2005年2月16日开始强制生效。这份协议书遵循"共同但有区别的责任"原则，分为第一承诺期（2008～2012年）、第二承诺期（2013～2020年），还设计了3种温室气体减排的灵活合作机制：国际排放贸易机制、联合履约机制和清洁发展机制。议定书允许采取以下4种减排方式：①两个发达国家之间可以进行排放权交易，即难以完成削减任务的国家，可以花钱从超额完成任务的国家买进超出的额度。②以净排放量计算温室气体排放量，即从本国实际排放量中扣除森林所吸收的二氧化碳的数量。③可以采用绿色开发机制，促使发达国家和发展中国家共同减排温室气体。④可以采用集团方式，即欧盟内部的许多国家可视为一个整体，采取有的国家削减、有的国家增加的方法，在总体上完成减排任务。

3.《巴黎协定》

2015年12月12日，在巴黎气候变化大会上通过了《巴黎协定》，2016年4月22日170多个国家领导人齐聚纽约联合国总部签署，它是在《联合国气候变化框架公约》框架下达成的一项全球减排新协议。中国国务院副总理张高丽作为习近平主席特使出席签署仪式，并代表中国签署，2016年9月3日，全国人大常委会批准中国加入。

《巴黎协定》是继《联合国气候变化框架公约》《京都议定书》之后，人类历史上应对气候变化的第三个里程碑式的国际法律文本，是在总结《联合国气候变化框架公约》和《京都议定书》20多年来的经验教训后，国际气候治理体系自然演化的结果，凝聚了无数政治家、谈判代表和智库的心血和智慧。它不仅仅是2020～2030年全球气候治理机制的代名词，将推动全球应对气候变化国际合作进入新的阶段，也将对各国国内节能减排形势产生深远影响。更重要的是，全球绿色低碳、气候适应和可持续发展不再是遥远将来的议题，而是当下人类最核心利益之所在，有助于形成2020年后的全球气候治理格局，标志着全球应对气候变化迈出了历史性的重要一步。

协定包括目标、减缓、适应、损失损害、资金、技术、透明度、盘点机制等内容。要求世界上几乎所有国家从2023年后，每5年进行一次全球应对气候变化总体盘点，鼓励各国基于新的情况、新的认识不断加大行动力度，确保实现应对气候变化的长期目标。在2018年建立了对话机制，盘点减排进展与长期目标的差距，以便各国制定新的国家自主贡献。

《巴黎协定》有多方面的重要意义。首先，它明确了全球共同追求的硬指标。签约各方将加强对气候变化威胁的应对，把全球平均气温较工业化前水平升高控制在2℃之内，并努力把气候升温控制在1.5℃之内。只有全球尽快实现温室气体排放达到峰值，21世纪下半叶实现温室气体净零排放，才能降低气候变化给地球带来的生态风险以及给人类带来的生存危机。

其次，首次将包括发达国家和发展中国家在内的各成员国承诺的减排行动，纳入统一的具有法律效力的框架中，使发展中国家与发达国家在真正意义上实现了共同应对全球气候变暖的基本格局。进一步加强和完善了全球参与气候变化治理的规则，展示了各国对改善地球生存环境、发展低碳绿色经济的愿望和承诺，体现出签约各方多一点共享、多一点担当、互惠共赢的合作精神。按照共同但有区别的责任原则、公平原则和各自能力原则，进一步加强《联合国气候变化框架公约》的全面、有效和持续实施。

第三，推动各方以自主贡献的方式参与全球应对气候变化行动。有160个国家提交了应对气候变化"国家自主贡献"文件，积极向绿色可持续的增长方式转型，避免过去几十年严重依赖石化产品的增长模式；建立了全球应对气候危机的持久框架，传递出全球坚定致力于低碳未来的强力信号。

第四，促进发达国家继续带头减排，并向发展中国家提供财力支持，进一步强调了发达国家具有帮助发展中国家减排的责任与义务，以确保发展中国家与发达国家一道有效应对全球气候变化。协定要求发达国家提高资金支持水平，制定切实可行的路线图，以实现在2020年之前每年提供1 000亿美元资金的目标；2020年以后，缔约方在考虑发展中国家需求的情况下，于2025年之前设定新的共同量化目标，并规定每年的资金支持量不得低于

1 000 亿美元。另外,协定专门制定了“能力建设”条款,进一步强调发达国家需要定期向发展中国家提供能力建设资助,要求发达国家向发展中国家尤其是最不发达国家和小岛屿发展中国家,提供包括执行适应和减缓行动、技术开发、推广与部署、气候资金获得、教育培训、公共宣传和透明信息通报等援助。这些安排,既体现了发达国家道义上的责任,也为发展中国家应对气候变化提供了物资基础与技术手段。

第五,创立了新的应对气候变化的治理模式,即以各缔约国“自主贡献”为基础,“自下而上”达成减排目标。这种模式的创新既为《巴黎协定》最终达成奠定了基础,也为广泛调动各国参与减排开辟了路径。反观《京都议定书》以来的气候变化的治理模式,则是“自上而下”的模式,先谈判减排目标,再往下分解。特点在于直奔减排目标,对各承诺方法律约束力强,其优点是显而易见的。但对于应对全球气候变暖这样的前所未有的难题,这种模式就显得力不从心,难以充分反应各国减排能力。当然,这种自主承诺的约束方式要与每个国家自身的能力相匹配,进一步强调了发达国家具有帮助发展中国家在技术周期的不同阶段强化技术发展和技术转让的合作行为,帮助后者减缓和适应气候变化;通过市场和非市场双重手段进行国际间合作,通过适宜的减缓、顺应、融资、技术转让和能力建设等方式,推动所有缔约方共同履行减排贡献。

第六,作为一份国际协议,为团结全人类应对气候变化吹响了战斗的号角,必将开启全球经济迈向低碳、绿色、可持续发展的新局面。从国家层面看,《巴黎协定》在促进全面参与方面的成功是空前的,约 180 多个国家领导人亲自参与巴黎气候谈判大会的开幕式,显示了空前的政治意愿与决心。会前已有 180 个缔约方提交了国家自主决定贡献,接近全球排放的 100%。从商业层面来看,《巴黎协定》必将进一步动员与吸引商界领袖、企业和非政府组织参与应对气候变化的行动中来。巴黎气候大会期间,商界大佬比尔·盖茨就发起了清洁能源研发倡议,脸书创始人马克·扎克伯格、阿里巴巴执行主席马云等 27 位商界领袖加入了这一“能源突破联盟”。该联盟将用 10 亿美金投资低温室气体排放、清洁能源的开发,从技术上找到更多阻止全球气候变暖的方法。

此外,各国对 21 世纪下半叶实现“净零”排放的承诺更是意味着化石能源行业将逐步退出历史舞台,人类将逐渐越来越依赖于清洁的可再生能源,从而摆脱旧能源模式,从源头上实现可持续发展。根据《巴黎协定》的内在逻辑,在资本市场上,全球投资偏好未来将进一步向绿色能源、低碳经济、环境治理等领域倾斜。

(二) 发展低碳经济

低碳节能技术将成为经济发展的新型核心经济发展模式。在这种模式下,生产和消费增长了,但向大气中排放的温室气体减少,甚至是零排放。显然,低碳经济的发展不仅是一种发展方式的转变,还是一种生产生活方式和消费方式的转变,也是人类生存方式的根本性变化。从高碳向低碳发展模式的转变,是黑色发展模式向绿色发展模式的转变,因此是一种人与自然和谐的可持续的经济发展模式。

把握可持续发展这条主线,结合技术、制度、清洁、低温室气体排放、能源开发等多样化的方式,尽可能少地依赖化石能源,以减少以二氧化碳为主的温室气体的排放,协调经济发展与全球气候变化、环境保护和谐统一,才能够保持低碳经济发展态势。

因此,低碳经济的发展将伴生许多新技术和新管理措施,这些技术和管理措施是低碳经济的支撑力,也是驱动低碳经济发展的动力。伴生的新技术主要有新能源技术、低碳生产和低碳交通工具技术、碳捕捉与封存温室气体技术以及消除温室气体技术等,主要措施有制定发展低碳经济政策、国际合作政策以及设立相应的组织机构。

1. 发展新能源技术

发展低碳经济的必然带动能源结构调整改变,即开发利用低碳能源以代替传统的化石能源。低碳能源是指能满足能源使用要求、产生温室气体少的清洁能源,主要包括太阳能、风能、生物质能、潮汐能、地热能、氢能、水能、海洋能和核能。这些能源中除生物质能之外,都是非燃烧能源,使用时不会产生二氧化碳或其他温室气体排放,是比较清洁的能源,又被称作绿色能源。传统的化石能源消费过程中会同时排放出温室气体,有关资料显示,化石能源消费排放的气体是最主要的人为温室气体来源，因此，联合国可持续发展目标也就此提出了以绿色低碳、清洁高效为特征的低碳能源具体目标，要大幅度增加低碳能源在全球能源结构中的比例。国际能源署（IEA、欧佩克）、埃克森美孚、壳牌等组织和公司预测，到 2040 年全球低碳能源占比 25%，较 2015 年提高 10 个百分点；2040 年占比将超过 40%，而在低碳约束情景下这一比重还将大幅上升。

2. 提高化石能源利用率

现在及未来相当长一段时期内，传统化石能源在生产、生活中依然无法替代，因此，提高其利用效率、减少二氧化碳排放有着重要现实意义。为此，科学家研究开发了多种技术，其中高效低排放燃煤发电技术就是典型代表。有关资料显示，电力及热力生产和交通运输消费化石能源产生的温室气体排放量最大。在 2015 年，全球各项消费产生 CO_2 气体排放的 2/3 是来自电力及热力生产和交通运输，占比分别为 42%、24%，远高于居民消费、商业服务和其他行业（图 1-4-10）。

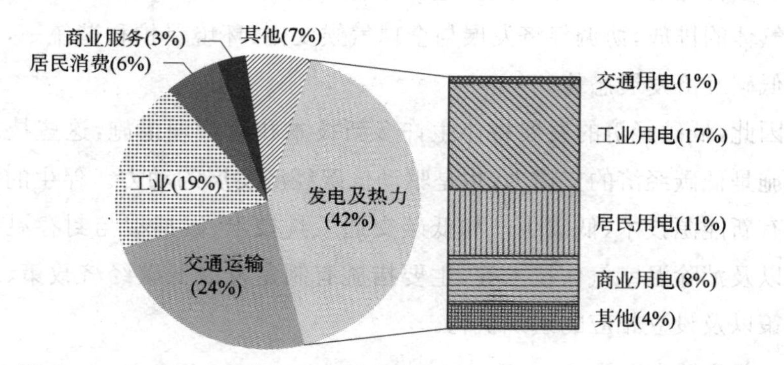

图 1-4-10　2015 年化石能源消费产生 CO_2 气体排放量的行业分布

电力及热力生产排放的温室气体数量大，其主要原因之一是化石能源的燃烧利用效率低 ，一般在 33%左右，而碳排放量却比较高。高效低排放（HELE）燃煤发电技术能够有助于解决这个问题，如整体煤气化联合循环技术，发电净效率高达 43%～45%，发电效率提高 10%以上，污染物脱除效率为 98%以上。

3. 开发低碳类交通工具

发展低碳类交通工具是控制温室气体排放的重要手段，新型交通工具如下。

（1）混合动力汽车　以两种或两种以上动力，如汽油和电力混合动力、柴油和电力混合动力、燃料电池和电池混合动力、液压混合动力、多重燃料混合动力等的动力汽车。两套动力系统会根据动力的需求而相机起止，尽可能节约燃料，达到节能减排的目的。有关资料显示，混合动力汽车的能量利用率可由60%～70%提高到95%以上，比较节约能源，且污染物排放较少。

（2）燃料电池汽车　主要通过氢、氧或其他氧化剂的氧化还原反应，把其化学能转换成电能，以驱动车辆行驶，由于其节能、低噪、低排低污染而被称为新型绿色环保汽车。国际能源署预测，到2050年，全球的常规柴油和汽油汽车将逐步被各种燃料电池车取代，交通运输领域的温室气体减排量将为2005年的30%。

（3）大容量快放快充的储能电池动力汽车　新型石墨烯锂离子电池充电时间仅为普通锂离子电池的1/10，使用寿命是其5倍。

4. 开发碳捕捉与封存技术（CCS）

这是对人类生产和生活中排放的二氧化碳进行收集捕捉、压缩、运输送封存或其他处理，而不是向大气排放的技术（图1－4－11）。政府间气候变化

图1－4－11　CCS全流程示意图

委员会(IPCC)在2005年向各国提出这种技术,以求大幅度减少大气中温室气体的含量。2007年,世界自然基金会(WWF)明确将CCS作为应对全球气候变化的6种途径之一。有关实践资料显示,使用二氧化碳捕捉与封存技术的生产企业与不使用这种技术企业相比,温室气体排放量差异相当大。现有的捕捉与封存技术可以使生产企业的二氧化碳排放量减少80%～90%。若把所捕捉到的二氧化碳气体转售或用于强化采油,还可以获取相当大的经济收益。

(1) 碳捕获　二氧化碳捕捉是CCS过程首先要解决的问题,就是将二氧化碳从排放燃烧源中分离、收集、净化和压缩。目前捕捉的对象主要集中于大型的CO_2排放源,如水泥厂、燃煤电厂、钢铁厂、合成氨厂等。二氧化碳捕获技术主要包括燃烧前捕捉技术、富氧燃烧捕捉技术及燃烧后捕捉技术。

① 燃烧前捕捉技术。在化石燃料燃烧前,先将燃料气化转化为CO和H_2;待它们冷却后,再通过蒸汽转化反应,将合成气中CO转化为CO_2,后将CO_2从混合气体中分离出来。集成气化组合循环技术(IGCC)就是将煤变成合成气,是一种典型的燃烧前捕捉二氧化碳技术。

② 富氧燃烧捕捉技术。将空气中氧气经过空气分离单元提纯,让化石燃料在纯氧环境中充分燃烧,烟道气中以二氧化碳和水蒸汽为主。将此烟道气冷却,水蒸汽冷凝,便可以分离出二氧化碳。

③ 燃烧后捕捉技术。烟气依次通过相关单元,系统完成脱销、除尘、除硫处理,最后进入吸收CO_2单元。利用化学吸收剂(如MDEA、DEA)或物理吸附剂(如分子筛)吸收烟气中的二氧化碳,分离捕捉。

(2) 碳运输　碳运输技术目前发展较为成熟,应用较为广泛,主要方式有管道运输和罐装运输。管道运输是长距离、大规模运输最经济的方法,包括气态运输、液态运输和超临界运输3种方式,目前主要采用超临界态运输。罐装运输是将燃烧捕捉并净化的二氧化碳液化处理后储存于绝热低温储罐,然后由铁路罐车或者公路罐车运输。公路罐车运输适合于短距离、小容量运输,铁路罐车运输适合于长距离、大容量运输。

(3) 碳封存　根据不同场所,一般把封存分为地质封存、海洋封存和化学封存。地质封存是将二氧化碳注入地下地质结构，将其储存于岩石孔隙中，且不会随着时间推移而泄露。通常情况是，当地质纵向深度大于 800 m 时，地层压力一般大于二氧化碳临界值，因而二氧化碳处于超临界状态，密度可达 600～800 kg/m^3，浮力低于天然气。地质封存是大规模封存最有效最经济方法之一。

4. 实施二氧化碳消除技术

采用提高地表植被覆盖率、增加天然碳汇、减少森林过度砍伐、在建筑材料中推广使用气凝胶等节能技术，将二氧化碳从大气中清除。

5. 建立碳税征收制度

一直以来，环境类税收政策在环境保护和减少污染等方面占有举足轻重的地位，建立碳税制度是实现可持续发展战略目标必不可少的一步。英国经济学家 Pigou 在外部性理论的基础上，提出科学合理的碳税方案，认为这不仅可以减缓温室气体排放，减轻环境压力，还有利于产业结构的调整与优化升级，加快节能减排行业的发展。瑞典开始征收碳税后，在 1987～1994 年，直观地看到二氧化碳排放量减少了 600～800 万吨，同比下降了 13%。普遍认这是最具市场效率的经济手段之一，不少国家征收碳税取得了不错的效果。企业必然自发地减少温室气体排放量来节省税收成本。碳税征收会使企业的环境外部成本内部化，促使产业系统发生结构性的变化，提高产业的能源使用效率。

（1）计税依据　碳税是按照各类化石能源中的含碳量或者燃烧后向大气中排放的 CO_2 量征收的一种税，征税对象主要为生产经营活动产生的二氧化碳。化石燃料燃烧产生的二氧化碳较为集中，也容易计量。不过，实际计量排放量在技术上还存在一定的难度，无法实时监测，可操作性不高。所以，一些国家由煤炭、天然气及成品油的含碳量，通过科学合理的公式估算其可能会产生的碳排量，并将其作为碳税的计税依据。

（2）税率　各国制定税率水平和其经济发展水平密切联系（表 1-4-2），经济发展好的国家相比经济发展差的国家税率水平高。

表 1-4-2　2018～2019 年世界一些国家和地区的碳税率

国家和地区	碳税率	国家	税率
瑞典	＄126/t CO_2	西班牙	＄16/t CO_2
瑞士、列支敦士登	＄96～＄97/t CO_2	葡萄牙	＄14/t CO_2
芬兰	供暖燃料和机械用燃料： ＄60/t CO_2； 交通燃料： ＄70/t CO_2	南非	＄8/t CO_2
挪威	＄3～＄59/t CO_2	阿根廷	＄1～＄6/t CO_2
法国	＄50/t CO_2	哥伦比亚、 拉脱维亚、智利	＄5/t CO_2
冰岛	＄36/t CO_2	新加坡	＄4/t CO_2
丹麦	＄23～＄26/t CO_2	日本	＄3/t CO_2
加拿大、BC、阿拉伯	＄15～＄26/t CO_2	墨西哥	＄1～＄3/t CO_2
爱尔兰	＄22/t CO_2	爱沙尼亚	＄2/t CO_2
斯洛文尼亚	＄19/t CO_2	乌克兰、波兰	＜＄1/t CO_2

（三）中国在行动

中国政府一直认为，全球气候变暖是人类的共同挑战，抑制和应对气候变暖是典型的全球性公共产品，需要全球治理；也深深地感到，在经济全球化的今天，应对全球性的经济发展问题，仅靠一个国家的努力是远远不够的，还需要通过广泛的国际合作，共同解决世界性难题，包括政治协商、科学研究合作、技术合作、市场合作、人力资源开发合作等。中国始终愿意也主动参加到应对气候变化的全球治理之中。中国政府也充分认识到了自身的国际责任，积极参与全球气候变化国际行动，履行有关应对气候变化国际公约、协定，并制定各种有效措施，认真执行其中的各项规定。中国在节能减排、应对气候变化中的努力和取得的成就有目共睹，赢得了国际社会的认可和赞赏。

1. 积极参与全球气候变化国际行动

中国应对气候变化工作正式开始于20世纪80年代末，政府部门推荐的专家参加了联合国环境署和世界气象组织联合成立的政府间气候变化专门委员会工作，为历次气候变化评估报告的编写作出了贡献。中国政府代表参加了1990年开始的气候变化公约谈判及其后的《京都议定书》和《巴黎协定》等相关谈判，推动建立了公平合理的国际应对气候变化制度。

中国1972年参加了在斯德哥尔摩召开的联合国人类环境大会，开始参与全球环境问题的讨论，是其后的历次国际气候谈判的积极参与者。中国是《联合国气候变化框架公约》首批缔约方之一，是第五个批准该公约的国家，也是联合国政府间气候变化专门委员会的发起国之一。中国在2015年6月30日便向联合国气候变化框架公约秘书处提交了《强化应对气候变化行动——中国国家自主贡献》，表示中国政府根据中国国情、发展阶段、可持续发展战略和国际责任，会认真履行拟定并将通过《巴黎协定》各项规定。2015年12月12日在巴黎气候变化大会上，习近平主席全面阐述了各尽其能、奉行法治、包容互鉴、共同发展的全球气候治理中国方案，为《巴黎协定》达成发挥了重要作用。

2. 认真履行国际责任

抑制温室气体的排放量会直接影响工业生产增长，各种减排技术措施付出的代价也较高，这对国家的经济发展乃至人民生活都会产生影响。因此，一些重点排放国家拒绝承担这些国际性公约和文件中的一些承诺，甚至退出协定。而中国是这些国际性公约和文件的坚定执行者之一。在《京都议定书》中，尽管中国作为发展中国家无须承担二氧化碳等温室气体的减排义务，但中国表示仍然制定一系列措施，以控制温室气体排放；中国不仅很快便批准了该议定书，而且还主动宣布：在达到中等发达国家水平后，中国会认真考虑减排义务的承诺问题，中国减排的努力和目标可能比相当多的发达国家都大得多。《国家“十一五”规划纲要》便明确提出了减排承诺：一是确定到2010年单位GDP能耗下降20%，这相当于减少12亿吨的二氧化碳排放量；二是确定主要污染物（包括二氧化碳）排放量下降10%。中国如期向联合国提交了“国家自主决定贡献”，表明中国的决心和目标，即单位国内生产总值二氧化碳排放量比 2005 年下降 60％～65％，2030 年前后达到峰值；非化石能源占一次能源消费比重达到 20％左右；森林蓄积量比 2005 年增加 45 亿立方米左右。而且，中国还把这个约束性指标纳入国民经济和社会发展的中长期规划，并制定相应的国内统计、监测、考核办法。在颁布的一系列顶层设计的文件和规划中，也明确设定了减排目标。《“十三五”规划纲要》提出，要将“能源消费总量控制在 50 亿吨标准煤以内”；《“十三五”控制温室气体排放工作方案》提出的减排总体目标为：到 2020 年，单位国内生产总值二氧化碳排放比 2015 年下降 18％，并明确到 2020 年，能源消费总量控制在 50 亿吨标准煤以内，单位国内生产总值能源消费比 2015 年下降 15％，非化石能源比重达到 15％。

中国是世界第二大能源生产国和消费国，根据世界银行数据库计算结果，目前中国已经是世界第二大二氧化碳排放国，或早或晚会超过美国而成为世界第一排放大国。中国加入议定书、协定书，意味着中国将承担越来越多的温室气体减排责任，承受着更大的国际压力，经济发展面临各种临挑战，执行减排行动的成本将是巨大的。但是，正如中国习近平主席在巴黎气候大会上所强调的，虽然需要付出艰苦努力，但中国政府有信心和决心实现承诺，并把压力变为动力，外部压力还可以促进中国转变能源增长和消费模式，转变经济发展模式以及能源结构，减轻对化石燃料依赖，从而进一步巩固与加强国内环境治理。

（1）实施经济结构转型　为了实现有效的减排，中国实施经济结构转型和能源结构转型，即从传统经济结构转型为低碳经济，从传统能源结构转型为低碳或者无碳能源。

诚然，实施低碳经济，必然对中国的经济发展造成不良影响，而且也会是是巨大的。不过，中国是大陆型国家，气候变暖的后果以自己承受为主，外部性较其他国家小；中国需要防止因为全球气候变暖导致海平面上升太多，从而对胡焕庸线以东的地区造成严重影响；降低气候变暖对中国的好处是大于一般土地面积小的其他发展中国家。中国是一个大国，可以站在全世界的道德制高点上，为其他发展中国家解决发展和应对气候变暖提供新经验、新技术。况且，采用新技术和相应的配套政策，可以消除减排对经济发展造成的影响。

（2）能源结构转型　2011～2016 年，中国新能源发电设备容量占比已经由 27.70％上升至 36.60％，水电发电量从 6 681 亿千瓦增长至 117 481 亿千瓦，核电从 872 亿千瓦增长至 2 132 亿千瓦，并网风电发电量则由 741 亿千瓦增长到 2 408 亿千瓦，翻了近 2.25 倍。中国政府已经把节能减排作为最重要的发展任务，最优先的发展政策。

（3）政策配套　中国先后颁布实施了等多个应对气候变化的条例和战略规划，如《节约能源法》《应对气候变化国家方案》《清洁发展机制项目运行管理办法》《低碳产品认证管理暂行办法》《碳排放权交易管理暂行办法》，以及《国家应对气候变化规划（2014～2020 年》《国家适应气候变化战略》《城市适应气候变化行动方案》等。既制定了综合型的应对气候变化规划，也制定了专项的适应气候变化方案。此外，从第十二个国民经济和社会发展 5 年规划纲要开始，应对气候变化作为专门的篇章纳入其中，有关部门还制定发布控制温室气体排放工作方案，分解落实相关任务。在“十二五”规划期间，要求到 2015 年，能源强度（单位国内生产总值能源消费）比 2016 年下降 16％，碳排放强度比 2016 年下降 17％（单位国内生产总值二氧化碳排放），新能源占一次能源消费比例达到 11.4％。“十三五”规划重申中国继续致力于控制全球气候变化，在未来 5 年的主要目标是：2010 年中国的碳排放强度比 2015 年下降 18％，煤炭消费总量将被控制在 44 亿吨左右，新能源比重达到 15％，森林蓄积量达到 165 亿立方米，森林覆盖率达到 23.04％。

为落实应对气候变化任务目标，各部门、各地方也采取了多方面的积极措施。2013 年 6 月，我国首个碳排放权交易平台在深圳启动，此后，北京、天津、上海、广东、湖北、重庆等省市先后启动了碳排放权交易试点。各省市都颁布实施了相关法律政策，如《北京市碳排放权交易管理办法（试行）》《广东省碳排放试行管理办法》等。

（4）建立全民参与气候变化社会治理模式　气候变化离不开公众参与，构建全民参与气候变化治理体系，使得不同的利益相关方享有知情权，特别是对于重大的设施建设项目，社会公众通过充分的意愿表达，反映自身的利益关切，以此保障社会各方利益均衡、稳定和谐发展。

3. 取得的成效

近年来,中国在节能减排工作中取得了成效。1996～1999年间,煤的使用量下降了1/5以上。现在温室气体排放量已经远远低于1996年的巅峰水平。截至2014年,单位国内生产总值二氧化碳排放比2005年已下降33.8%,同比下降了6.1%,比2010年累计下降了15.8%。单位国内生产总值能耗比上年下降4.8%,降幅比2013年的3.7%扩大1.1个百分点。在"十二五"前4年,全国单位GDP能耗累计下降13.4%,节约6亿吨标准煤,相当于少排放二氧化碳14亿吨。2017年单位国内生产总值二氧化碳排放比2005年下降46%,已经提前完成原定到2020年下降40%～45%的目标。

在"十二五"规划的收官之年,新能源占能源消费的比重达到11.2%,比2005年提高了4.4个百分点;森林蓄积量比2005年增加了21.88亿立方米,超越曾经的承诺目标15亿立方米;1959年以来,我国大力兴建防风林带,引水拉沙,引洪淤地,开展了改造沙漠的巨大工程。全球植被叶面积净增长的25%都来自中国。到了21世纪初,仅毛乌素沙漠已经有600多万亩沙地被治理,止沙生绿。

我国在推进产业结构调整和提高能源利用效率等方面采取了一系列的措施,我国已成为世界节能和利用新能源、可再生能源第一大国,全国非化石能源占一次能源消费比重达到11.2%。煤炭消费在2014～2016年连续下降,分别下降2.9%、3.7%、4.7%。虽然化石能源仍然占国内总体能源结构的62%,但太阳能和风能这两大可再生能源在2016年各自增长了82%和13%。

4. 国际评价

中国在应对全球气候变化的努力逐渐被国际社会认可和称赞。在中国批准《京都议定书》的前一年,联合国环境规划署和世界能源理事会发表联合新闻公报,赞扬中国在温室气体减排领域的出色表现。在波恩举行的第六次缔约方大会后续会议上,国际舆论和与会代表由衷赞叹中国的突出成就。德国环境部长指出,中国温室气体排放量显著减少,"是一个真正的可持续发展的榜样";马来西亚"自然社会"组织负责人说,中国以自己在温室气体减排方面的自觉行动证明,中国是一个"负责任的大国"。德国《南德意志报》在波恩会议专刊上发表了题为“中国:新的样板”的文章,指出20世纪90年代中期以来,中国在国内生产总值增加36%的同时,二氧化碳的排放量却减少了17%。在2005年的巴黎气候会议,美国白宫曾经发表声明,对中国提交的应对气候变化国家自主贡献文件表示肯定;法国总统奥朗德办公室亦对中国在巴黎气候会议前中方作出的表态表示欢迎,指出其体现了中国对巴黎气候会议的支持。

有国际著名人士称:“中国与特朗普政府在气候变化问题上存在明显分歧。特朗普政府似乎认为气候变化行动劳民伤财,且会对美国就业造成损害,但中国却将投资气候变化行动视为保障中国人民安全和繁荣所必需,同时也是一次发展未来技术的重要战略机遇。”

(四) 其他国家的行动

应对全球气候变化人人有责,绝大多数国家也都开展应对气候变化行动。2016年11月4日,欧洲议会全会以压倒性多数票通过了欧盟批准《巴黎协定》的决议,同意欧盟积极行动应对全球气候变化,采取多种措施加快能源结构转型步伐,包括制定提高能效和可再生能源占比的能源政策;成立能源联盟协调推进各成员国执行智能化和清洁化的能源政策;广泛合作,积极参与全球能源治理。乌尔苏拉·冯德莱恩表示,在2050年之前将欧洲大陆建设成为世界上“首个碳中和的地域”,并把“碳中和”目标写入首部欧盟应对气候变化的法律;欧盟的立法框架坚持“到2030年减少40%二氧化碳排放量”。

北欧多国在推动能源低碳转型方面力度很大,并取得了显著成效。多数北欧国家都制定了雄心勃勃的能源转型计划。例如,瑞典承诺2030年将国内交通领域的温室气体排放缩减70%,2045年将温室气体排放缩减为零。挪威计划在2030年成为“碳中和”社会,同时将在1990年水平的基础上减少至少40%的温室气体排放,并在2050年之前成为低碳社会。丹麦计划到2030年将可再生能源在能源需求中的占比提升至50%以上,2050年成为完全不依赖化石能源的低碳社会。冰岛也提出到2050年完全摆脱对化石能源的依赖。

北欧可再生能源发展已拥有相当高的水平,可再生能源占一次能源消费比例在全球名列前茅，瑞典、丹麦和芬兰3个国家的可再生能源供应在一次能源供应中占比均已超过30%，挪威可再生能源(含垃圾发电)供应已经占全部能源供给50%左右。挪威除了拥有丰富的油气资源外，还是世界第七大水力发电国。2015年挪威水力发电在终端能源消费中占比高达46%，丰沛的水电使得挪威成为除冰岛之外欧洲地区电价最便宜的国家。瑞典的水电和丹麦的风电占比达到50%左右。冰岛2015年能源消费中地热资源占比高达66%。

印度在2008年就建立了应对气候变化全国委员会。在委员会的框架之下设了8个分委会，其中有5个分委会都是专注于气候变化问题，职责范围涵盖了包括农业、水资源管理、生态系统管理、大坝建设等多个不同方面，以加强当地对应气候变化的适应能力。印度采取了跨部门协作的方式，所有分委会的工作都会和其他部委相关工作进行衔接和落实。

2017年4月11日，第二十四次“基础四国”气候变化部长级会议新闻发布会在北京举行，并发表了联合声明:“基础四国”将全面、有效、持续实施《联合国气候变化框架公约》及《京都议定书》《巴黎协定》各项要素的最高政治承诺。预计到2030年基础设施建设投资需要90万亿美金，“基础四国”和更多的国家会愿意承担起这个责任。

能源生产大国也通过制定长期能源发展规划、成立专门性的能效中心、与发达国家开展新能源合作等手段积极谋求能源结构转型。如海湾合作委员会成员国均制定了2030年前的清洁能源发展规划和能效提升计划。

古巴于2014年开始投资研究开发生产新能源，并正在加紧努力，推动新能源成为2030年的主要电力来源，在能源结构中占比达24%。

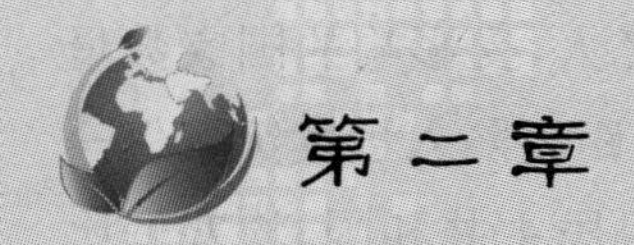

第二章

食物危机

现在人类生存所依赖的食物已经越来越集中在少数几种，一旦遇到气候变化或地质变化，就可能导致减产，人类的食物也必然匮乏。食物的来源可以是植物、动物或者其他生物等。基于粮食短缺、渔业资源短缺、生物多样性缺乏以及食物安全性缺失的食物危机，分别称为粮食危机、渔业资源危机、生物多样性危机和食物安全性危机。

一 粮食危机

粮食主要指小麦、水稻、玉米、豆类和薯类。虽然目前人类所处的社会比任何历史时期都发达，但由于多种困扰，产生粮食危机的因素依然存在，全球仍然有相当数量人口面临粮食危机。粮食危机是指全球性的粮食短缺、价格暴涨，以至于造成粮食恐慌，给人类的生活和生存带来威胁的一种粮食紧缺状况。世界主要粮产品的价格在未来 20 年中将翻一番，这意味着粮食危机仍在扩展。

（一） 粮食生产形势

2019 年 4 月，联合国粮食计划署发布《全球粮食危机报告》指出：2018 年全球面临粮食危机的人数为 1. 13 亿，比 2017 年的 1. 24 亿略有下降。但是，在过去3年里，全球面临粮食危机的人数仍超过1亿人，受影响的国家数量也增加了。此外，还有另外42个国家的1.43亿人口距离陷入重度饥饿仅一步之遥。近2/3的重度饥饿人口集中在阿富汗、刚果民主共和国、埃塞俄比亚、尼日利亚、南苏丹、苏丹、叙利亚和也门等8个国家；有17个国家国内的重度饥饿人数保持不变或上升。2018年，有2 900万人口因全球气候变化和自然灾害而陷入重度粮食危机。

从长期看，粮食价上涨会导致更多的人口饥饿和营养不良。世界银行预计，到2025年，将有36个国家大约14亿人口挨饿，如果还包括那些正在遭受维生素缺乏、营养不足和其他形式营养不良的人口，那么遭遇粮食危机影响的人数可能接近30亿，约占世界在那时总人口的1/3。

国际食物政策研究所（IFPRI）将饥饿的严重程度由低到高划分为低、适当、严重、警戒和极度警戒5个等级，在其2017年报告的119个国家中，有52个国家的饥饿等级为严重、警戒或者极度警戒，其中南亚和撒哈拉以南的非洲国家饥饿等级最高；中非共和国、乍得、塞拉利昂、马达加斯加、赞比亚、苏丹和利比里亚等撒哈拉以南非洲国家，加上也门，饥饿等级达到极度警戒和警戒。中非共和国是自2014年以来，陷入最严重饥饿程度的首个发展中国家；东帝汶、阿富汗、巴基斯坦、印度和朝鲜等国家是亚洲饥饿等级最高的国家。

当然，由于世界各国的自然条件、社会和经济发展状况等不相同，它们应对粮食危机的能力不同，有的国家受到粮食危机威胁程度会比较大，有的国家会比较小，甚至会摆脱粮食危机。人均粮食占有量可以显示粮食供给性和稳定性，人均GDP则反映粮食可获取性，这两个指标综合可以显示一个国家或者地区的粮食危机状况。在未来20年，全球许多地区，如东南亚和南亚多数国家、欧洲东部和西部、美国北部大平原，以及巴西和非洲部分国家，水稻、玉米、小麦和大豆这4类农作物的总产量将减少；而印度北部、欧洲北部、美国中部、阿根廷、澳大利亚和部分非洲国家（如肯尼亚、津巴布韦等国）的粮食总产量将呈增加势头。中国粮食生产变化可分为4个阶段：1949～1961年，粮食产量是先增后减，生产能力没有明显提高；1962～1980年，粮食产量以平稳速度增加；1980～2000年，随着家庭联产承包责任制推行和改革开放，

图 2-1-1 等待发放食品

粮食产量以较快速度增加，然后突然下降；2003～2017 年，政府实施一系列农业扶持政策后，粮食产量增长速度先恢复性提高继而逐渐趋缓。2017 年全国粮食产量为 66 160.7 万吨，相当于新中国初期的 5.4 倍。再考虑未来人口数量的变化，2000～2020 年，中国华北和华南、多数东南亚和南亚国家、欧洲西部、美国大部、阿根廷大部和多数非洲国家等地域的人均粮食占有量将减少；而中国东北部和西南地区、欧洲东部和南部、美国中部和巴西中部、阿根廷部分地区、非洲东南部和澳大利亚的人均粮食占有量将增加。发展中国家如中国、部分东南亚和拉丁美洲国家等，人均 GDP 变化率明显高于全球的平均值；部分非洲北部和东南部国家如博茨瓦纳、莫桑比克、摩洛哥和埃及等国家，人均 GDP 增长也明显高于全球平均增长水平；而亚洲南部一些国家如印度、阿富汗，以及多数非洲国家，它们的人均 GDP 增长缓慢，低于全球平均增长水平。

因此可以认为，在未来一段时间内，中国、多数东欧国家、多数中美洲和南美洲国家，不会出现粮食危机；而一些南亚国家和多数非洲国家，人均粮食占有量和人均 GDP 都明显降低，可能存在粮食危机。其他如西欧国家、美国、日本和澳大利亚等国家，人均粮食占有量以及人均 GDP 都比 2000 年低，需要引起足够重视；不过即便如此，这些发达国家总体上来说出现粮食危机的概率还是很小，一是这些国家的农业不再是生计农业，对农业的依赖程度远低于发展中国家；二是这些国家的人民收入高，购买力强，粮食生产、消费、流通和贸易管理体系统完善，粮食安全保障和预警控制机制也健全。

中国人口众多，已超过14亿，解决好吃饭问题始终是头等大事，关系到社会经济稳定、国家安全和外交。面对严重的世界粮食危机，需要居安思危。要看到中国农业生产还存在不少问题，粮食生产形势并不乐观，中国粮食保障同样也面临严峻挑战。影响最大的有3个问题：一是随工业化和城市化进程，耕地面积在急剧减少；二是中国的自然生态条件也在发生变化，西部和北部地区的水资源危机不断加重；三是长时间内仍将不断增长的粮食消费需求。

（二） 带来的影响

粮食危机给世界各国造成了严重的影响，特别是对缺粮低收入国家带来了巨大的挑战。

1. 引发通货膨胀

由于粮价上涨，生产和生活成本大幅增加，进而带来物价全面上涨而造成通货膨胀，阻碍社会发展。从2008年世界粮食危机发生到目前，发展中国家的通胀水平普遍达到了发达国家的3倍以上。

粮食危机加重了政府的财政负担，无疑将对经济领域的发展增加更多的不确定性。

2. 影响社会稳定

因粮价上涨引发的社会问题尤为严重。海地的多个城市发生了抗议粮食价格上涨的暴乱，大批饥民冲击位于首都太子港的总统府。在一些动荡的国家和地区，联合国等国际机构的援助工作受到严重干扰，还出现满载联合国世界粮食计划署救济粮的卡车被劫或遭焚毁的事件。实际上，在世界范围内粮食危机蔓延，持续不断，一个饥饿的世界是无法获得和平与安全的，为了获得粮食这一基本生存权利而发起的战争或者骚乱，要比争夺某一战略资源而引发的战争剧烈得多。

粮食保障与城市社会心理稳定有关，社会心理稳定是社会稳定的综合反映和重要内容。广泛的社会不满和社会心理失衡，往往是构成社会动荡的心理基础。

3. 危害国家安全

饥荒常常会引起下层群众的激烈反应，甚至触发暴动。粮食短缺、粮价上涨、水资源短缺等突发性因素，共同构成了触发社会动荡的刺激性因素。

（三）危机的根源

1. 全球气候变化

毫无疑问，农业是受到气候变化影响最大的产业。全球气候变暖不断加剧，未来环境变得更热、更加潮湿，气候反常多变，降雨量普遍地更集中，极端天气发生概率在不断增加。这些气候变化对于农业生产影响很大，而且是世界性的。

2. 耕地面积减少

耕地来自自然土壤的发育，只有具备可供农作物生长条件的土地才是耕地，它是土地资源利用方式中最重要的一种，它担负着为人类提供食物的重任；同时，从人类生存与可持续发展的角度来看，土地是人类生存与发展最基本和最重要的一种综合性自然资源，而耕地是土地的精华。人类大约88%的食物来自耕地种植，种植的食物提供了人类生命活动80%以上的热量和75%以上的蛋白质。农业生产的产值在很大程度上取决于农业耕地面积的数量，因此，耕地是整个国民经济的基础，耕地资源对于一个国家的经济发展具有重要意义。耕地是实现国家粮食安全的基础和保证。

联合国粮农组织指出，人均耕地面积的警戒线是 $0.053\ hm^2$。低于这一水平，即使在现代化农业生产技术条件下也难以做到粮食自给。目前，中国人均耕地少于 $0.053\ hm^2$ 的有北京、天津、上海、湖南、浙江、广东、福建、贵州等8个省、直辖市，这种状况继续发展，会加速中国粮食危机的到来。

地球上的陆地只占地球表面积的29%，总面积不到 $1.5\times10^8\ km^2$。其中，大约20%是沙漠和干旱地区，大约20%为冰川、永久冻土和苔原所占据，大约20%是不宜开垦的山地。还有10%的土地因土质不好，任何作物都不能生长，全球陆地只有30%左右可以耕种。在可耕地的土地中大约只有一半

是实际耕种的，其余大部分是牧场、草原和森林。

（1）工业发展占用耕地增多　社会经济发展，伴随着工业发展，建造工厂的用地和交通道路的用地会随之增多；从农村到城市的迁移人口数量也随之增加，建造更多住房将挤占耕地。此外，水利建设、工矿、房地产开发等的用地也在增加。城市化对耕地变化的影响系数为－0.007，这表示城市化水平增加1%，将使耕地减少0.007%；而人均GDP每增长1%，将导致耕地减少0.278%。

美国在1914年耕地面积为3.67×10^8 hm^2，而目前则只剩下1.88×10^8 hm^2左右；日本从1950年以来因工业化和城市化占用的耕地面积超过360×10^4 hm^2，人均耕地面积已由1950年的0.061 hm^2下降到目前的0.032 hm^2。在未来20年中，即使人口没有增加，城市扩展也将侵占大约2.8%的现有耕地。2008年，科威特可用于耕种土地面积占国土面积的比例为0.64%，巴林为1.8%，沙特为1.6%，阿联酋为0.8%，卡塔尔为1.1%，阿曼仅为0.1%。

随着20世纪90年代市场经济体制确立，中国工业化和城市化进程不断加快，占用的耕地面积不断增多。随着种植业的增产、增收，部分农民转向林、牧、副、渔等行业，致使大量的良田被破坏，因而耕地面积减少的幅度不断扩大（表2-1-1）。位于城镇郊区和村镇周围的耕地减少2/5左右，有些地方甚至超过3/5。预计到2025年，中国耕地面积将减少到大约1.24×10^8 hm^2，人均耕地面积数量将由目前的0.12 hm^2（1.8亩）下降到0.08 hm^2（1.2亩）。到2030年，中国耕地数量将在2003年的$12\,339\times10^4$ hm^2基础上减少670×10^4 hm^2，即2030年中国耕地资源数量约为$11\,670\times10^4$ hm^2。

表2-1-1　中国的耕地面积及其变化

序号	省（市、区）	2000年实际（$\times10^3$ hm^2）	年递减率 K(%)	2010年（$\times10^3$ hm^2）	2020年（$\times10^3$ hm^2）	2030年（$\times10^3$ hm^2）
1	北京市	329.3	0.31	319.2	309.4	300.0
2	天津市	424.3	0.15	418.0	411.8	405.6
3	河北省	6 829.3	0.19	6 700.7	6 574.5	6 450.6

续表

序号	省（市、区）	2000年实际（×10³ hm²）	年递减率 K（%）	2010年（×10³ hm²）	2020年（×10³ hm²）	2030年（×10³ hm²）
4	山西省	4 588.9	0.7	4 277.7	3 987.5	3 717.0
5	内蒙古自治区	7 601.0	0.27	7 398.2	7 200.9	7 008.8
6	辽宁省	4 164.2	0.21	4 077.6	3 992.8	3 909.7
7	吉林省	5 578.7	0.09	5 528.7	5 479.1	5 430.0
8	黑龙江省	11 739.4	0.05	11 680.8	11 622.6	11 564.6
9	上海市	315.3	0.36	304.2	293.4	283.0
10	江苏省	5 062.0	0.2	4 961.7	4 863.3	4 766.9
11	浙江省	2 089.3	0.25	2 037.6	1 987.3	1 938.1
12	安徽省	5 962.3	0.1	5 903.0	5 844.2	5 786.0
13	福建省	1 351.7	0.05	1 345.0	1 338.3	1 331.6
14	江西省	2 993.3	0.15	2 948.7	2 904.7	2 861.5
15	山东省	7 689.3	0.17	7 559.6	7 432.0	7 306.6
16	河南省	8 132.1	0.24	7 939.0	7 750.5	7 566.5
17	湖北省	4 921.5	0.08	4 882.2	4 843.3	4 804.7
18	湖南省	3 921.7	0.07	3 894.3	3 867.1	3 840.1
19	广东省	3 119.3	0.24	3 045.2	2 972.9	2 902.3
20	广西壮族自治区	4 384.7	0.18	4 306.5	4 229.6	4 154.0
21	海南省	781.4	0.08	775.2	769.0	762.9
22	重庆市	2 522.9	0.19	2 475.4	2 428.8	2 383.0
23	四川省	6 395.9	0.19	6 275.4	6 157.2	6 041.2
24	贵州省	4 903.5	0.22	4 796.7	4 692.2	4 590.0
25	云南省	6 421.6	0.17	6 313.3	6 206.7	6 102.0
26	西藏自治区	367.9	−0.01	368.2	368.6	368.9
27	陕西省	4 800.5	0.46	4 584.2	4 377.7	4 180.4
28	甘肃省	4 955.7	0.13	4 891.7	4 828.4	4 766.0

续表

序号	省（市、区）	2000年实际（$\times 10^3\ hm^2$）	年递减率 K（%）	2010年（$\times 10^3\ hm^2$）	2020年（$\times 10^3\ hm^2$）	2030年（$\times 10^3\ hm^2$）
29	青海省	669.3	-0.09	675.3	681.4	687.6
30	宁夏回族自治区	1 293.1	0.17	1 271.3	1 249.9	1 228.8
31	新疆维吾尔族自治区	3 986.0	-0.45	4 169.0	4 360.5	4 560.7
	全国	128 295.4	0.17	126 123.4	124 025.5	121 999.4

建设用地占用耕地面积最大的是江苏、山东等省。在1992～2009年间，江苏省的经济增长迅速，耕地面积则逐年锐减，由1992年的$514.696\times 10^4\ hm^2$减少至$468.806\times 10^4\ hm^2$，平均每年减少$2.549\times 10^4\ hm^2$（表2-1-2）。

表2-1-2　1978～2009年江苏省人均耕地面积变化

年份	人均耕地面积（hm^2/人）	人均耕地对数值	年份	人均耕地面积（hm^2/人）	人均耕地对数值
1978	0.090 6	-2.401 3	1994	0.072 5	-2.624 3
1979	0.089 5	-2.413 2	1995	0.071 8	-2.633 9
1980	0.088 7	-2.422 6	1996	0.071 2	-2.642 4
1981	0.087 6	-2.435 5	1997	0.070 7	-2.648 9
1982	0.086 3	-2.449 6	1998	0.070 1	-2.657 5
1983	0.085 7	-2.457 4	1999	0.069 7	-2.664 2
1984	0.085 0	-2.465 0	2000	0.068 4	-2.683 1
1985	0.084 2	-2.475 0	2001	0.067 6	-2.694 2
1986	0.083 2	-2.486 6	2002	0.066 2	-2.714 5
1987	0.082 0	-2.501 1	2003	0.065 1	-2.731 1
1988	0.080 7	-2.517 3	2004	0.063 7	-2.752 9
1989	0.079 4	-2.533 6	2005	0.063 0	-2.764 7
1990	0.076 6	-2.569 2	2006	0.062 0	-2.781 4

续表

年份	人均耕地面积（hm²/人）	人均耕地对数值	年份	人均耕地面积（hm²/人）	人均耕地对数值
1991	0.075 6	−2.582 0	2007	0.061 3	−2.792 8
1992	0.074 5	−2.597 3	2008	0.060 8	−2.800 4
1993	0.073 5	−2.610 5	2009	0.060 0	−2.813 0

（2）耕地质量下降　耕地质量变坏间接地减少了耕地面积。耕地质量包含4个方面：一是耕地的土壤质量；二是耕地的环境质量；三是耕地的管理质量；四是耕地的经济质量。

① 土壤质量下降。土壤质量是指耕作土壤本身的优劣状态，包括土壤肥力质量、土壤环境质量及土壤健康质量。土壤肥力质量是指土壤的肥沃与瘠薄状况，是土壤提供农作物生长的养分和生产生物物质的能力，是保障农作物生产的根本；土壤环境质量是土壤容纳、吸收和降解各种环境污染物的能力，它反映耕地的土壤污染状况以及耕地是否具有生产对人身健康无害农产品的能力。造成耕地土壤质量变化的一个主要原因是化肥施用量过大，尤其是氮素用量过大。少数地区每公顷施氮肥高达几百千克甚至上千千克，造成土壤板结，保持水分和养分的能力变差，这将会降低农作物的生产产量，并影响生物多样性。土壤中的有机质是土壤肥力的基础物质，长期使用化学肥料尤其是氮肥，必然会造成土壤品质下降，最终使得农作物减产。此外，磷肥中含有大量的重金属，进入土壤并大量累积，会被农作物吸收，最终通过食物链影响人体健康。

土壤健康质量指土壤满足农业长期、持续生产的生物、化学、物理特征，能维持土壤的生物群落以及植物养分的再循环，保持植物的生产力、促进动植物的健康，并保障动植物健康水平。只有健康的土壤才能产生健康的作物，进而造就健康的人群和健康的社会。因此土壤健康质量判断标准，首先是能生产出对人体具有健康效益的动植物产品，其次是应该具有改善水和大气质量的能力以及有一定程度的抵抗污染物的能力。当然，更为重要的是，还应该能够直接或间接地促进植物、动物、微生物以及人体的健康。

a. 土壤退化。土壤退化主要表现有土壤水土流失、沙化、盐碱化及潜育化与沼泽化，土壤养分亏缺、结壳、结皮、酸化以及障碍层次的形成等(图 2-1-2)。土壤退化致使耕地的可利用程度降低，短期内难以恢复耕作或永久丧失耕作能力。

图 2-1-2 土壤退化

土壤水土流失是由于自然或人为因素的影响，雨水不能就地消纳，顺势下流，冲刷土壤，造成水分和土壤同时流失的现象。水土流失带走了土壤中大量的氮、磷、钾等养分，造成土壤营养成分低下，农作物生长不良。它是中国耕地资源遭破坏的重要原因之一。

中国土壤水土流失的耕地面积达 4 540.56 × 10^4 hm^2，占全国耕地普查总面积的 34.26%。黄土高原区和西南高原山区水土流失最为严重，分别达 1 128.19 × 10^4 hm^2 和 1 016.78 × 10^4 hm^2，分别占全国耕地总面积的 24.85%和 22.39%。西部地区土壤水土流失的耕地面积为 2 366.61 × 10^4 hm^2，占本地区耕地面积的 47.96%，占全国的 52.12%。其中轻度、中度土壤水土流失的耕地面积为 1 691.54 万 hm^2，占本地区耕地面积的 71.48%；土壤强水土流失耕地面积为 674.86 万 hm^2，占该地区耕地面积的 28.52%。青藏高原区的土壤水土流失耕地面积仅占全国土壤水土流失耕地

总面积的0.42%，但占了本地区总耕地面积的19.75%。广西、贵州和云南3省区的土壤水土流失严重，发生石化，或称石质化、石漠化；该地区的石化面积达4.73×10^4 km^2，其中贵州省的石化面积为12 422 km^2，平均每年增加278.6 km^2，旱耕地约占一半以上。

产生水土流失的主要原因是土地利用不当、地面植被遭破坏、耕作技术不合理、土质松散、滥伐森林、过度放牧等。水土流失的危害主要表现在土壤耕作层被侵蚀、破坏，使耕地肥力日趋衰竭，农作物产量降低，严重影响工农业生产质量，造成实际耕地面积减少。

土壤沙漠化也称荒漠化。荒漠化的形成不仅有干旱、多风等自然环境和气候因素的作用，还有人类的一些不合理工作方式，如：过度耕种使土地贫瘠，过度放牧毁坏草场植被，乱砍滥伐森林造成水土流失，低下的灌溉水平导致土地盐碱化。

当前世界沙漠化现象仍在加剧。全球现有12亿多人受到沙漠化的直接威胁，其中有1.35亿人在短期内有失去耕地的危险，它给人类带来贫困和社会不稳定。大约近10%的欧洲土壤退化并具有沙漠化特征。中国已成为世界上沙漠化危害严重的国家。根据中国第一次土壤普查资料，中国土壤沙漠化耕地面积达256.2×10^4 hm^2，其中土壤轻度、中度沙漠化耕地为218.86×10^4 hm^2，占总土壤沙漠化耕地面积的85.42%；强土壤沙漠化耕地37.34×10^4 hm^2，占14.58%。西部地区土壤沙漠化耕地达110.776×10^4 hm^2，占本区耕地普查面积的2.24%，占全国土壤沙漠化耕地面积的43.24%。

治理荒漠化，可采取以下科学措施：改良土壤的理化特性，减少化肥用量，增加有机肥料及秸秆还田或种植绿肥作物等，以改良土壤结构，提高土壤的肥力，降低地表水分蒸发，减轻地表径流冲刷等；合理确定载畜量，保护好草原，要依据草场的实际生产能力，合理确定载畜量，实现草原的良性循环；保护植被，植树造林；兴修水利，合理利用水资源；实行“生态链”开发模式。

土壤盐碱化是指土壤底层或地下水的盐分随毛细管水上升到地表，水分蒸发后使盐分积累在表层土壤中的过程，也称土壤盐渍化。土壤中的盐分包括不同的离子，如Cl^-、SO_4^{2-}、CO_3^{2-}、HCO^{3-}、Na^+、K^+、Ca^{2+}、Mg^{2+}等，通常情况下，它们在土壤溶液中作为营养成分。但当这些离子的浓度达到一

定程度(超过0.3%)后,便足以改变土壤性状,并对植物生长产生不良影响,使农作物产量降低或不能生长。全球盐碱地每年以$1\times10^{6}\sim1.5\times10^{6}$ hm^{2}的速度增长。

在通常情况下,土壤地下水与表层土壤水维持一定的动态平衡,地下水位恒定,表层土壤中的离子含量相对稳定。气候干旱时,土壤蒸发量增大,土壤中的水分含量下降,引起地下水沿土壤毛细管上移,土壤中的盐分也随着水分同时运动。水分蒸发以后,盐分则在土壤表层积累,盐分离子达到一定的浓度时就发生土壤盐碱化。所以,绝大部分盐碱土分布在干旱、半干旱地区。

当发生洪涝时,水分较长时间覆盖在土壤上面,土壤毛细管被水分填充,使地下水与表层水连通,地下水位提高。洪水退去,表层水蒸发时,地下水中的盐分会在土壤表层过量积累,引起土壤盐碱化。

不受人为影响、自然发生的土壤盐碱化称为原生盐碱化;由于人类活动引发的土壤盐碱化称为次生盐碱化。发生次生盐碱化的主要原因是灌溉不当、植被受破坏、海水入侵。

b. 土壤被污染。由于人类活动产生的有毒物质侵入土壤,有毒元素富集到一定程度,导致土壤不良变化,对农作物的生长和人体健康构成威胁。受到污染的土壤,本身的物理、化学性质会发生不良改变,出现土壤板结、肥力降低、土壤被毒化等不良现象,再加上雨水淋溶,污染物会从土壤渗入地下水或地表水,进而又造成水质的污染和恶化。虽然土壤自身具有自净的特性,可以自我接纳一定程度的污染,能够缓和并且减少污染。但由于土壤具有不易流动的特性,自净能力很低。

随着世界人口剧增和工业生产迅猛发展,土壤表层的固体废物堆积,源源不断地向土壤内渗透工业废水和生活污水。大气中的有害气体随雨水降落在土壤中。早期工业化的国家都曾遇到过这些问题,如因镉污染耕地而导致疼痛病的日本富山县,发生的重金属污染事件曾经震惊世界,并被列为人类发展史上的“八大公害事件”之一。

土壤污染物主要有无机污染物、农药废弃物、放射性物质等,其中无机污染物主要包括酸、碱、重金属、放射性元素,以及含砷、硒、氟的化合物等。有机污染物主要包括有机农药、石油、合成洗涤剂以及由城市污水和污泥引发

的有害微生物等，它们主要来自4个方面：污水灌溉，往往会受到某些重金属的污染，中国80%的土壤污染都是因此而造成的；大气污染物沉降，如中国每年大约12.2%的国土受到酸雨的影响，主要区域集中在长江沿线及其以南区域和青藏高原以东地区，造成土壤环境恶化；无序堆放的固体废弃物和生活垃圾、不合理的农业生产方式，如农药造成土壤污染、肥料造成土壤污染、地膜造成土壤污染。2016年《全国土壤污染状况调查公报》显示，中国遭受重金属污染的耕地面积有1 000万公顷，占全国18亿亩耕地的8%以上，导致每年减少约100亿千克的粮食产量。

② 土壤环境质量下降。一般认为土壤环境质量是土壤容纳、吸收和降解各种环境污染物的能力。对人类和生物而言，土壤都是环境，因而土壤环境质量问题涉及土壤资源、土壤肥力、土壤生态、土壤污染、土壤酸化等诸多问题。土壤环境质量是土壤污染及危害程度的指示，土壤环境质量问题也就是土壤污染问题。

中国土壤环境质量总体不容乐观，受污染的耕地面积大约有$1\times 10^7\ hm^2$，其中长三角、珠三角、京津冀、辽中南和西南、中南等地区的土壤污染面积比较大。环保部在全国4.2万个调查点位中，有近1/6的样点污染物超标，表层土壤污染物含量明显增加。不少区域污染物在土壤中不断累积。全国污灌区面积约$140\times 10^4\ hm^2$，遭受重金属污染的土地面积占污染总面积的64.8%，其中轻度污染占46.7%，中度污染占9.7%，严重污染占8.4%（其中以重金属Hg、Cd的污染面积最大）。全国组织的调查发现，重金属Cd、Hg、Pb、As超标率占10%。

与全国第二次土壤普查数据相比，土壤有效磷平均增加9.82 mg/kg，各县区土壤有效磷含量都有不同程度的增加；华北土壤有效磷全面增加，由全国第二次土壤普查时的5.06 g/kg，增加到现在的21.80 g/kg，平均增加了16.74 g/kg，北部地区（北京）比南部地区（河北、山东）增长更快。氮素整体呈上升趋势，施用量长期或大量超过植物的需氮量，造成肥料氮以NO_3^+—N的形式在土壤中累积，促进土壤酸化呈增加趋势。

③ 耕地管理质量下降。它一方面反映了人类活动对耕地的影响程度，另一方面也反映了耕作经营的难易程度。

④ 耕地经济质量下降。这是指耕地的综合产出能力和产出效率。实际上耕地的经济质量是耕地土壤质量、耕地环境质量和耕地管理质量综合作用的结果。

(3) 优质耕地面积减少　由于各种因素的影响，世界的优质耕地面积在不断减少。世界土壤退化的总面积为 $196\,500\times10^4$ hm^2，占陆地面积 15%，其中轻度退化，即生产力略有下降但不难恢复的占退化面积的 38.1%，需要相当大的投资和技术投入才能恢复的重度退化面积占 46.4%，非地方政府所能处理、必须国际机关协助处理的严重退化面积占 15.5%。表 2－1－3 列出各大洲土壤退化面积，其中欧洲和非洲退化土壤面积分别占其总土地面积的 21.7%和 21.6%，是土壤退化面积比例较高的两个洲。就各洲土壤退化的原因而言，属于过度放牧造成的比例以大洋洲最高，高达 80.6%，非洲次之，为 49.2%；伐林是南美洲和亚洲土壤退化的主要原因，比例分别占 41%和 40%；北美洲主要是由于耕地管理不善、高度机械化所致。就世界总面积而言，属于过度放牧的占 46.5%，属于森林受破坏的占 29,5%，属于耕地管理不善的占 28.1%，其他如工程建设、采矿等原因的占 7.9%。

表 2－1－3　世界土壤退化面积（$\times10^6$ hm^2）

区域	世界	非洲	亚洲	欧洲	北美洲	南美洲	大洋洲
过度放牧	679	243	197	50	38	68	83
	34.5%	49.2%	26.4%	22.7%	24.0%	27.9%	80.6%
伐林	579	67	298	84	18	100	12
	29.5%	13.6%	40.0%	38.2%	11.4%	41.0%	11.6%
耕地管理不善	552	121	204	64	91	64	8
	28.1%	24.5%	27.3%	29.1%	57.6%	26.2%	7.8%
总面积	1 965	494	746	220	158	244	103
占土壤总面积(%)	15.0	21.6	17.0	21.7	6.5	13.6	11.2

中国的土壤退化土地总面积为 4.65×10^8 hm^2，其中大部分属于轻微度

退化和轻度退化，总面积为 3.07×10^{8} hm^2，占总土壤退化面积的 66%，其中轻微退化的为 5.5×10^{6} hm^2。

中国农药化肥施用量不断增多，从 1990 年的 2 500 万吨上升至 2014 年的 6 000 万吨，导致耕地生态环境持续恶化；而土壤的有机质含量在不断减少，从 1997 年的 26.9 g/kg 降低到 2014 年的 25.8 g/kg。表 2-1-4 是中国国土资源部历时 10 年完成的《中国耕地质量等级调查与评定》的结果。中国耕地评定分为 15 个等别，1 等耕地质量最好，15 等的最差。中国耕地质量总体偏低：15 等耕地中全国耕地质量平均等级为 9.8 等，其中低于平均质量等级、属于 10～15 等的耕地占全国耕地质量等级调查与评定总面积的 57%以上；高于平均质量等级、属于 1～9 等耕地仅占 43%，其中生产能力大于 15 t/hm^2（1 000 kg/667 m^2）的耕地仅占 6.09%。将全国耕地按照 1～4 等、5～8 等、9～12 等、13～15 等划分为优等地、高等地、中等地和低等地，属于优等地、高等地、中等地、低等地的面积分别占全国耕地评定总面积的 2.67%、29.98%、50.64%、16.71%，即优等和高等地合计不足耕地总面积的 1/3，而中等和低等地合计占到了耕地总面积的 2/3 以上。另据中国农业部调查资料，2007 年在 1.2×10^{8} hm^2 耕地中，中产田和低产田面积分别占 39%和 32%，中低产田面积合计共占耕地总面积的 71%。耕地质量下降，导致生产能力下降，如中国东北的黑土地由于耕地质量下降，耕种 20 年后小麦单产便从原先的 1 404 kg/hm^2 缩减到现在的 945 kg/hm^2。

表 2-1-4　中国耕地质量等级面积比例结构

等别	面积（$\times10^{3}$ hm^2）	比例（%）
1	167.90	0.13
2	299.81	0.24
3	995.93	0.80
4	1 873.93	1.50
5	4 279.15	3.42
6	8 907.73	7.12

续表

等别	面积($\times 10^3$ hm^2)	比例(%)
7	12 136.25	9.70
8	12 186.37	9.74
9	12 895.21	10.31
10	16 679.51	13.33
11	17 538.16	14.02
12	16 247.73	12.98
13	10 026.65	8.01
14	6 468.56	5.17
15	4 412.17	3.53
合计	125 115.06	100.00

中国耕地质量分布的地域差异也比较显著，总体最优的前3位是长江中下游地区、华南地区、江南地区；而总体最差的后3位是黄土高原地区、青藏高原地区和内蒙古高原地区；从优、高、中、低等地在全国的分布来看，优等地主要分布在湖北、广东、湖南3个省，总面积为3 027.4$\times 10^3$ hm^2，占全国优等地总面积的90.71%；高等地主要分布在河南、江苏、山东、四川、安徽、广西、江西、河北、浙江9个省(区)，总面积为34 034.7$\times 10^3$ hm^2，占全国高等地总面积的90.74%；中等地主要分布在黑龙江、云南、吉林、辽宁、新疆、贵州、山西7个省(区)，总面积为47 499.5$\times 10^3$ hm^2，占全国中等地总面积的74.97%；低等地主要分布在内蒙古、甘肃、陕西3个省(区)，总面积为18 694.4$\times 10^3$ hm^2，占全国低等地总面积的89.42%。

此外，减少的耕地大多集中在地势平坦、土地肥沃的平原地带；城市的新建城区范围不断扩张，导致城市周边的部分优质耕地被占用，优质农田的面积在逐年减少，而新开发复垦的耕地肥力普遍较低。基于上述这些因素，世界耕地质量整体上是下降的。

3. 农业用水短缺

土壤中的水分必须适应农作物生长的要求，水分过多使土壤透气性能不良，下层氧气不足，农作物根系不能生长发育；而水分过少，根系吸水困难，补偿不了蒸腾损失，同样不能生长发育。为了创造适于农作物生长的环境，必须通过合理的耕作制度，使土壤中的水、肥、气和温度等因素互相协调。因为各种农作物需要的水量不同，生长周期不同，需水时间和天然降水时间等不可能吻合，再加上人们收获的往往不是作物的整体而是它的某一部分，这就要求调节水分，水少能灌溉，水多能排放。在提高土地利用效果的各种措施中，合适的灌溉不仅是农作物自然生长的需要，更是人类获得更多食物的需要。

世界各国尽管土地、人口、气候和社会制度不同，但通过合理灌溉提高本国和本地区的粮食产量却是共同的。不论地多人少还是人多地少的国家和地区都需要积极发展灌溉技术。中国按人口平均占有耕地面积仅为世界的1/3，在这种情况下，做到粮食安全、衣食温饱、社会安定，灌溉技术是关键。

（1）农业用水　广义农业水资源由两个部分组成，即农业蓝水资源和农业绿水资源。蓝水指的是天然降雨落到地球表面形成径流，流入河道、湖泊等天然地表水体以及补充到天然地下水体的水。由于这部分的水资源可以被人类肉眼所见，所以称为蓝水资源。而天然降水中有一部分是直接降落在各种地表植被覆盖物上，其中的一部分被植被的冠层截留并以蒸发的方式返回大气；另外一部分则是直接降落在土壤表面，又以土壤表面蒸发的方式返回大气，剩余的部分则渗入土壤，供给植被生长发育需要，最终以植物蒸腾的方式返回大气。以土壤面蒸发和植物蒸腾方式返回大气的这部分总称为植物的蒸散发，而土壤中储存的水分由于其主要功能是供给植物生长发育需要，所以称为绿水。由于土壤中的绿水是以有效水的形式储存起来的，因此被称为绿水库，而被植物蒸散发的那部分就被称为绿水流。灌溉水只是蓝水资源的一部分，农业尤其是种植业的用水相当大一部分是来源于天然降雨被耕地截流并能够被农作物有效利用的绿水资源。

（2）农业用水不足　农业水资源在时间、空间上的分配和其数量将直接影响农业生产和粮食安全，而目前全球范围水资源短缺已经成为限制农业生产发展最重要因素之一。美国、中国、印度这3个国家的粮食产量几乎占到了全球的一半，但近些年来均出现了不同程度的水资源危机，粮食减产的趋势较为明显。美国得克萨斯、俄克拉荷马、堪萨斯等地，地下蓄水层已经降低了近30 m，而加利福尼亚州的形势更严峻，地下蓄水层已经降到了近100 m，而这些州恰是美国的粮仓。印度的蓄水量从2005年以来一直处于下降趋势，其北部各邦每年约有数千口水井枯竭。随着发展中国家工业化的推进，水资源短缺问题将越来越严重，而发达国家也难以改观，这种情况将会大大制约全球的粮食产出量。在中国，全国有50%的小麦、30%的玉米产自华北地区，而这里的水资源现在明显短缺，蓄水层以每年3 m的速度在下降。

城市人口的增加将造成城市用水量激增，相应地将减少了农业用水。卡塔尔和伊拉克在1997～2007年人均城市用水增长幅度最大，分别从每年120 m^3 增为214 m^3、63 m^3 增为149 m^3，而农业用水则下降达2%。

中国天然降水总量偏少，受季风气候的影响，时空分布很不均匀，年均降雨量从东南向西北递减，从东南的大约1 600 mm递减到西北的不足200 mm。约有70%集中于汛期的6～9月份。水资源、耕地资源分布也不匹配，南方的耕地资源占全国耕地资源不足40%，而水资源却占了全国的80%，每公顷耕地水资源占有量为28 695 m^3。北方的耕地资源占全国的60%，而水资源却只占全国的20%，每公顷耕地水资源占有量仅为3 949 m^3。随着中国粮食主产区逐渐向中部和北部转移，单位耕地面积的水资源占有量还将进一步减少。因此，水资源根底较差和水土资源不相匹配也将成为影响中国粮食产量的重要因素。

水污染又加剧了中国农业水资源的短缺，而用污水灌溉隐患大，不能用来补充水资源。石家庄污灌区的疾病死亡率调查发现，与1984年相比，污水灌区的死亡率明显高于清灌区，恶性肿瘤的发病率也呈逐年上升趋势。在甘肃省白银市污水灌溉区，当地农民曾出现莫名疼痛等症状。据《2011中国水资源公报》，全国不符合灌溉水质标准的劣Ⅴ类水的河长占17.2%，其中淮河占17.9%，黄河占18.0%，海河占32.8%，徒骇河占50%，马颊河占50%。全国103个主要湖泊的 2.7×10^4 km^2 水面，近1/4水质不符合灌溉水质标

准；全国 471 座主要水库的水质评价结果显示，劣Ⅴ类水库占 4.5%。日趋严重的水体污染使本来已十分紧缺的水资源雪上加霜。

(3) 解决办法　农业可持续发展的决定性条件之一是水资源，而解决农业水资源问题的关键工作主要包括优化配置、高效利用和有效保护水资源。采取一系列水利、农业管理措施，以提高水资源的利用效率，促进水资源的优化配置和有效保护。

受全球水危机影响，农业用水与工业、城市用水之间的矛盾在加剧，开发利用农业用水资源成为重要研究课题。特别是近年来，受水资源短缺和粮食需求量增加的影响，许多国家从不同角度探讨农业水资源的可持续利用。世界各国十分重视发展灌溉农业，在 20 世纪 100 年间，世界灌溉耕地面积翻了 6 倍，从大约 4×10^{7} hm^{2} 扩大到 2.6×10^{8} hm^{2}。灌溉农业的发展大幅度提高了粮食产量。美国既大规模发展现代灌溉技术，也重视污水和微咸水资源利用、雨养农业技术和灌溉布局规划，同时鼓励节约用水和有效用水。澳大利亚则采取旱地粮草轮作制(农牧结合制)，有效地提高了水分的利用率。印度开发了一系列雨水、河水、洪水和地下水的收集和利用技术。埃及在农业灌溉上大量使用劣质水，如含盐水团，提出了相应的指导方针、注意事项等。日本主要采取修建水库、利用蓄水池、开发新水库，定期排沙，或放水冲沙，保证水库库容；大力发展节水农业，加强农业水资源管理等。以色列通过兴建全国输水工程，形成水网，保证了全国的用水；用铝制喷灌系统，调整农业种植结构，抛弃了多年生或一年生的牧草和饲料作物，改为种植生长季短的园艺作物，严格限制高耗水量作物的种植，并努力开发省水作物。

中国农田有效灌溉面积在不断增加，在 2002 年大约为 3.852×10^{7} hm^{2}，到 2017 年增加到 4.726×10^{7} hm^{2}。预计到 2025 年，中国全国农田有效灌溉面积为 6.7993×10^{7} hm^{2}，北方约占 56.1%，主要集中在黑龙江、山东、河南、新疆、河北和内蒙古等 6 个省(区)，其中黑龙江最多，约占全国的 10%；到 2030 年，全国灌溉面积达到 7.63×10^{7} hm^{2}，分布在黑龙江、吉林、内蒙古、四川、山东、湖北。

中国灌溉水的利用率只有 47%，水的粮食生产平均利用率为 0.8 kg/m^{3}，即生产 1 t 粮食的耗水量达 1 250 m^{3}。相比之下，在节水发达的国家生产 1 t

粮食的用水量则在 1 000 m^3 以下。为了改变农业用水短缺状况，提出节水旱作农业技术并推广，主要有工程节水技术(包括喷灌、微灌、管道输水、渠道防渗衬砌等)、农艺用水(包括土壤技术、农田覆盖技术、施肥技术、农田防护林体系)等、化学与生物节水技术、水资源合理利用(包括水资源调度、污水、海水、雨水资源化利用等)、管理节水技术、信息技术和计算机网络、雨养农业技术等，力争到 2025 年，节水灌溉面积达到 7.75×10^8 亩，其中喷灌、微灌和管道输水灌溉的高效节水灌溉面积达到 4.2×10^8 亩；到 2030 年，节水灌溉面积达到 8.5×10^8 亩，其中喷灌、微灌和管道输水灌溉高效节水灌溉面积达到 5.0×10^8 亩。严重缺水的华北地区将全面推广输水灌溉和喷微灌。

中国多年平均降雨量约为 6.19×10^{12} m^3，其中 56%消耗于陆面蒸发与植被蒸腾，应修筑各种集雨设施，提高降雨的积蓄与利用。在充分了解土壤缓冲能力和植物的耐盐性基础上，因地制宜地选取灌溉方式，也可有效缓解农业水资源的短缺。

4. 粮食需求量增大

随着社会发展，世界人口增多，粮食的消费量在增加，粮食的工业消费量也在增加。

(1) 人口增多，粮食消费量增大　粮食需求包括人口粮量、饲料粮量、种子粮量、工业非食品加工粮量以及损耗量等 5 部分。口粮的消费包括大米和其他粮；饲料粮的需求消费量是对猪肉、牛肉和羊肉、鸡肉、鱼蛋类和牛奶的需求预测后，按肉料比换算得到的。

1961 年至今，人口规模呈指数增长，预测到 2030 年全球人口达到 83.09 亿，到 2050 年将增至 91.5 亿。其中增长率最快的是非洲一些极不发达国家，而这些国家恰恰又是粮食短缺的国家，全球 23 个没有解决温饱问题的国家大部分在非洲。从增长绝对基数上看，发展中国家的人口增长远超发达国家，发展中国家当前人口基数约为 56 亿，到 2050 年估计将达到 79 亿；而这一时期，发达国家的人口变化不是很明显，将会从当前的 12.3 亿增加到 12.8 亿。

人口增长也增加了居住、交通等用地的需求，导致部分耕地转化为居住、交通等非农用地。人口密集的国家在工业化过程中必然会遭受耕地严重损

失，工业化进程越快，耕地损失也越多，导致耕地面积大幅缩减，直接影响粮食生产量。

(2) 人口老龄化加剧　人口老龄化是人口年龄结构的变化，是人口中老龄人数不断增多和比例不断上升的现象与过程。60 岁及以上人口占总人口比例达到 10%，或 65 岁及以上人口占总人口比例达到 7%的国家或地区称为老年性国家或地区。随着年龄构成变化，他们对一定种类食物的需求和总需求会产生变化。此外，人口老龄化对粮食生产也产生重要影响，主要是影响粮食生产率。

在今后的 30 多年内，全球人口老龄化趋势较为明显。发达国家超过 60 岁的人口每年以 2%的速度增长，预计到 2050 年会达到 4.6 亿；而发展中国家人口老龄化的速率比发达国家还高，每年增长速度会达到 3%，预计到 2050 年 60 岁及以上的人口会达到 16 亿。而在这 16 亿人口中，有近 50%的人口原本是农业生产劳动力，农业人口的老龄化无疑会对全球的粮食生产产生较大的负面影响。

(3) 用于燃料生产的数量增大　近年来，由于全球能源资源出现危机，石油价格居高不下，美国、欧盟和巴西等国将大量原本出口的玉米、菜籽、棕榈油等转而用于生产生物燃料，而且其生产量在不断攀升。2000 年，全球生物燃料乙醇和生物柴油的产量分别仅为 180 亿升和不足 10 亿升，到 2006 年便分别增长到了 380 亿升和 60 亿升；美国在 2012 年生物燃料乙醇的产量为 3 000 万吨，2017 年便达到 1.2 亿吨；巴西在 2012 年生产燃料乙醇 3 000 万吨，计划到 2020 年占到汽油总消费量的 20%。还有许多国家正在大力发展生物燃料。

目前，生物质能源的主要原料是玉米和大豆。通常情况下，3.3 t 玉米能够生产 1 t 左右的燃料乙醇。按美国目前的技术水平，1 英亩农田所生产的玉米只能提炼 875 加仑燃料乙醇，家用吉普车加满一箱油上下班只能开几天，却需耗用 200 kg 玉米，相当于非洲穷国布基纳法索一个成年男子一年的口粮。因此生物燃料生产的发展，必然消费了大量粮食。2014 年美国 20%的玉米生产量用于生物燃料生产，按照美国现在的计划，还打算继续扩大生物质能源的生产规模，5 年后将会消耗掉美国 50%的玉米生产量。欧盟 65%

的油菜籽生产量、东盟35%的棕榈油生产量被用做生物燃料生产原料。这种状况在很大程度上改变了这些传统农业出口大国的农业生产格局，降低了农产品出口量，加剧了粮食的短缺状况，更引起了市场对于稳定供给的担忧和恐慌，进一步加剧了粮食价格上涨。联合国粮农组织总干事雅克·迪乌夫认为，最近一轮粮食价格价飙15%～30%，是生物燃料生产的需求扩大所造成的。据世界银行估计，由于食品价格暴涨，目前有33个国家正处于政治不稳定和内部冲突的危险之中。

（四） 应对粮食危机

世界粮农组织(FAO)给出的衡量粮食安全的3个标准是：国家粮食的自给率必须达到95%以上；年人均粮食达400 kg以上；粮食储备应该达到本年度粮食消费的18%，而14%是警戒线。然而，全球粮食储备不断减少，现在只相当于2000年储备的77.5%，已降至30年来的最低点，只够维持53天。2020年，随着新冠肺炎疫情在全球蔓延，世界对粮食安全的担忧也日益增加，粮食危机的风险骤然上升。

1. 国际组织的应对

2008年4月，来自150个国家的部长在世界银行举行会议，批准了一项有关全球食品政策的新协议；2008年6月，由联合国粮农组织发起，联合国秘书长潘基文和100多个国家的领导人或部长级官员在罗马召开全球粮食安全高级别会议；召开八国集团(G8)财长会议，以及7月份的八国集团峰会，商讨解决当前粮食危机的“良方”，敦促各国加大对农业的投入，寻求在加大对发展中国家农业援助和开发生物能源等问题上协调立场。世界银行行长Robert Zoellick在会议上提出了一份10点计划。为了支持这一计划，世界银行发起一项全球食品危机的应对机制，同时把农业及食品相关活动的资助从40亿美元扩大至60亿美元。

联合国教科文组织公布400位国际专家起草的《对于知识、科学和技术在农业发展中作用的国际评价》报告，建议改革农业新模式，利用农业知识、科学和技术建设一个更加公平的农业生产模式，以便应对贫困、气候变化、人类健康、粮食安全和环境可持续发展等各种挑战。

在国际合作层面上，多国依托联合国粮食特别会议及其下设的粮食计划署和粮农组织等实现了国际合作，以缓解国际粮食危机的冲击。二十国集团和八国集团为应对国际粮食危机以稳定国内和国际粮食市场，也进行了多次协商与合作。

2. 中国的应对策略和成效

中国积极参与联合国、世界贸易组织、世界粮农组织等国际机构的协商与合作，提出解决各种应对粮食危机的方案。2008 年 6 月，中国农业部部长率团参加了世界粮食安全高级别会议，与各国协调应对行动。中国政府认为，粮食危机已不是一个国家的原因引发的，也不是一个国家的力量所能够解决的，需要国际社会的协同努力。自 2003 年以来，中国对外提供粮食援助近 30 万吨，援建 14 个农业类成套项目，在海外建设了 20 多个农技示范中心，在农业领域为发展中国家培训了 4 000 多名管理官员和技术人员。

(1) 中国应对危机压力大　美国世界观察研究所所长，著名的环境学家、农学家莱斯特布朗在《世界观察》发表了题为“谁来养活中国”的文章，论证了中国未来的粮食困境：人口过度膨胀，耕地减少，环境恶化，水资源日趋匮乏及增产潜力下降等。中国人均耕地面积只有 1.41 亩，仅为世界平均水平的 40%。全国有 666 个县(区)人均耕地面积低于联合国粮农组织确定的 0.8 亩的警戒线；中国农业基础还比较脆弱，比较原始的粮食生产方式抵抗自然灾害的能力不强；随着工业化和城市化进程的加快，由耕地资源安全问题派生出来的粮食安全问题显得前所未有的突出。因此，中国应对粮食危机承受的压力很大。

(2) 成就令人瞩目　在接连发生的国际粮价波动中，中国不断从容应对，在应对粮食危机方面卓有成效，成就令人瞩目。中国用世界 9%左右的耕地解决了世界 20%左右人口的粮食问题，国家粮食供应充裕，供求平衡，储备逐年增加，保障国家粮食安全有雄厚的基础；现在，中国的粮食对外依存度很低，进口粮食主要用于品种调节，粮食自给率一直保持在 95%以上的高水平。除大豆以外，中国谷物进口量减少，出口量增加，已成为粮食净出口国。中国对世界粮食安全的贡献，受到了世界各国的赞赏。联合国《千年宣言》通过的八项发展目标之一是：从 1990～2015 年把世界生存贫困人口减少一半，而中国农村绝对贫困人口数量便从 1978 年 2.5 亿减少到 2006 年的 2 148 万，减少了 2.28 亿多人。自 20 世纪 60 年代起，中国就利用自己较先进的农业技术和丰富的生产经验向非洲很多国家提供了农业援助，对提高这些国家的农业生产水平和粮食产量、缓解粮食危机摆脱贫困、促进经济发展做出了积极贡献。中国政府在非洲论坛上一再承诺，将尽自己最大努力帮助非洲国家发展经济、发展农业。

(3) 应对措施得当有效　中国能够取得好成绩，主要因为应对粮食危机决心大，应对措施以及政府出台的政策得当、有效。

① 中国对粮食问题的关注由来已久。"国以农为本，民以食为天""五谷者，万民命，国之重宝"，这些基本的信条已经在中国人的心里扎下了根，一直也是历届中国政府推进农业科学发展的思想基础。"三农"问题一直是每年政府工作报告的头等大事；每年年底召开中央农村工作会议，部署下一年的农业和农村工作；通过多层次、多渠道的合作促进粮食危机的解决。

② 发展农业科技，鼓励科学创新。发展农业科技，集成创新科学技术，依靠农业科研和技术推广提高粮食产量和质量，正是中国保证粮食供应充裕的最基本源泉。中国粮食作物的生产技术保持较高的水平，粮食生产在数量和质量上不断上新台阶。袁隆平的杂交稻研究，使中国累计增加稻谷产量约 6 亿吨；2018 年 5 月袁隆平水稻研究团队又在沙漠中种植水稻获成功，最高亩产量超过 500 kg，这无疑是中国和世界应对粮食危机、缓解粮食短缺的好消息。中国形成了一套为粮食生产服务的行之有效的体系。为了加速科研成果向实际生产的转化力度和速度，国家为超级水稻、杂交稻、小麦等粮食作物的研究提供了种种便利。从优秀的研究成果中再筛选出最优品种，在全国推广，2005 年种植杂交稻面积已经达 1 500 万公顷，占水稻种植面积的 51%；2003～2009 年，全国超级稻种植面积增加近 1 倍，玉米高产耐密品种推广面积超过 1 亿亩，农田有效灌溉率提高 4.2 个多百分点，农机总动力增长 48.8%。

优良品种和先进适用技术在粮食生产中起到了支撑作用，从 2005 年推荐的 50 个品种 20 项技术扩展到 2010 年的 150 个品种、80 项技术，全国 800 个示范县农业主导品种、主推技术覆盖率已经超过 95%。作为综合技术展示

示范的平台，2010 年的高产创建万亩示范片达到 5 000 个，覆盖了所有农业县，部分主产区已开始展开整乡、整县、整建制试点，使大面积平衡增产成为了可能。科技对农业增长的贡献率从“十五”末的 48%，提高到目前的 51%，超过了土地、劳动力和物质等要素投入的贡献份额，抵消甚至超过因为耕地面积减少而导致的粮食总产下降的影响，增产部分的科技支撑权重已经达到了 80%左右。

③ 加快推进农业产业化进程，实现农业生产方式的根本转变。通过生产要素的重组，实现农业生产专业化、经营一体化、管理企业化、技术资金投入集约化和服务社会化。把千家万户的农业生产与千变万化的市场衔接起来，以适应市场经济发展对农业生产方式转变的要求。以发展特色农业和订单农业为突破口，大力优化农业区域结构、主导产业结构及农产品品种结构。

④ 出台了一系列扶持粮食和农业生产的重要政策。全面取消粮食生产的各种税费，大力扶持农业特别是粮食产业的发展。施行农民补贴制度和产粮大县财政奖励制度，让种粮农民能够从中受益，种粮积极性得到进一步提高。不断增加资金投入，农业科技推广不断加强，水利等农业基础设施建设不断加快，农机更新和购置规模不断提高。施行重点粮食品种最低收购价制度，建立粮食安全的技术保障体系，完善良种培育、引进、推广体系，提高质育种和良种覆盖水平，推广病虫害综合防治、科学施肥、节水灌溉和旱作农业配套技术。

实行最严格的耕地保护制度和最严格的节约用地制度，采取有效措施，遏制耕地面积的减少，坚决守住耕地 18 亿亩“红线”。保证土地资源的合理配置，建立了严格的非农用地的审批和检查制度，建立土地消长预测规划。粮食政策与生态保护政策相结合，保证耕地资源的有效利用和可持续发展。

3. 各国应对粮食危机策略

粮食危机是世界各国面临的共同挑战，即使在发达国家也同样会引起一定的社会反弹，甚至成为政治问题。各国纷纷采取行动，应对粮食危机。

(1) 国家财政补贴　一些粮食自给率不高的国家，如菲律宾、韩国、埃及、日本、巴西等国采用财政补贴、调低关税，扩大粮食进口途径，保证国内粮食供应；采取价格补贴政策，缓解国内粮食价格上涨的压力。

（2）开始限制粮食出口　2008 年 3 月，越南宣布大米的出口量大减 22%；阿根廷、印度、柬埔寨等国也宣布减少或限制大米出口；俄罗斯、乌克兰则限制小麦出口。

（3）寻找替代食品　撒哈拉以南非洲国家将土豆当主食，掺杂了 1/3 土豆粉的面包成为秘鲁学校与军队的必备主食。发展木本粮食，如木薯、红枣等。红枣树有“铁杆庄稼”之称，其枣果为木本粮食，而且种植红枣树不会占用耕地，又是极好的经济林。在热带地区的发展中国家，木薯是最大的粮食作物，在鲜木薯中淀粉含量为 25%～30%。国际玉米小麦改良中心近年来与非洲多个农业研究机构合作研发了 50 多种新型玉米，其中大多为耐旱型玉米，平均增产幅度达 20%～50%。

二　渔业资源危机

渔业资源又称水产资源，是天然水域中具有开发利用价值的鱼类、甲壳类、软体类、藻类等经济动植物，以及所有与渔业生产和环境有关的水生野生动物、水生饵料生物等，其中鱼类是渔业资源中数量最大的类群。

从 19 世纪后半叶起，由于渔船实现机械化、新型渔网材料，以及鱼群侦察技术和鱼类冷冻技术的应用，捕获鱼的能力得到很大提高，在经济利益的驱动下出现了过度捕捞。到 20 世纪末期，70%以上的海洋鱼类资源已经处于过度捕捞状态；同时也出现了一些人为损害渔业资源的因素，如海洋环境污染、生物栖息地环境被破坏以及气候变化等，使得渔业资源持续退化，导致渔业资源危机。

（一）鱼类食物

自古以来，渔业一直是人类食物的一个重要来源。中国几十万年前的原始社会，人们就已经以鱼类为食，捕获野生鱼、虾、贝、藻成为人类维持生命的最古老生产活动。

1. 鱼类营养丰富

鱼类的蛋白质含量一般为 15%～25%，易于人体消化吸收。蛋白质的营养价值主要决定于在多大程度上满足氮和必需氨基酸的需要。鱼体内所含的蛋白质，不但能满足人体对氮的需要，而且含有人体不能合成的8种必需氨基酸，含量高，比例均衡。鱼类的脂肪多由不饱和脂肪酸组成，含量占80%，其熔点低，消化吸收率高达95%；鱼类的矿物质含量为1%～2%，磷、钙、钠、钾、镁、氯等元素丰富，也是人体需要的钙的来源；虾皮中钙含量很高(991 mg/g)，且含碘丰富。鱼类还是维生素良好来源。

2. 鱼类的药用价值

海洋鱼类也是天然药物重要来源。由于海洋鱼类生存在高盐、高压、缺氧等苛刻的环境中，它们为了适应生存以及竞争生存空间，形成并产生了一些结构独特、药理作用非常显著的药物，如海洋鱼类普遍含有廿碳五烯酸，以及富含人体易于消化的蛋白质和氨基酸，现已证实这些具有防治心血管疾病的功用。

(二) 渔业资源衰退

有关资料显示，全球渔业资源正面临严重危机。

1. 渔业产量急剧下降

联合国粮农组织的调查报告资料显示，1959～1989年这30年间，全球渔业产量增长了4倍，达8 600万吨。但自1989年以后情况便日趋恶化，目前的年产量只有8 300万吨，而且仍呈下降趋势。从大西洋到太平洋，从黑海到地中海，所有渔场中有60%的商业鱼类资源不是减少，就是濒临减少。北太平洋的鳕鱼、大马哈鱼、蓝鳍金枪鱼和印度洋的虾几乎灭绝，大西洋西部的金枪鱼数量只有过去的10%。

切萨比克湾是美国面积最大的河口海湾，这里孕育了丰富的生物多样性，有水生动物和植物等3 000多种，是美国生物多样性最高的河口海湾。但是，到20世纪七八十年代，切萨比克湾的生态环境严重退化，主要经济鱼类资源急剧下降，尤其是条纹鲈、鲱、蓝蟹和美洲牡蛎。据统计，1990年蓝蟹的捕获量是4.65×10^4 t，到2000年下降为2.34×10^4 t；在1950年牡蛎的捕捞量占到总鱼获物的44%，到2004年减少了90%，鱼获物中几乎难见牡蛎。

大黄鱼曾是中国最重要的鱼种类之一。在20世纪70年代之前，大黄鱼生产具有明显的渔场和渔汛期，最高年产量可达 20 万吨。但在 70 年代之后，大黄鱼群体数量便逐年下降，到 80 年代末 90 年代初，大黄鱼的产量仅为 2 000 t 左右，只有产量最高年份(1974 年产量为 19.61 万吨)的 1%，大黄鱼生产已形成不了渔场、渔汛。小黄鱼群体数量的变化与大黄鱼也相似。在 20 世纪 50 年代和 60 年代初，小黄鱼资源比较丰富，产量较高，最高的年产量曾达 10 万吨(1957 年)。从 60 年代末开始，小黄鱼群体数量开始下降，分布范围也缩小，到 70 年代时平均年产量仅 2.87 万吨，80 年代初小黄鱼产量已下降到 1 万吨以下，基本上已经没有渔讯可言。舟山渔场是中国渔业资源最高者之一，它的自然环境非常优越，分布着多种经济渔业资源的索饵场和产卵场，其外侧又有良好的越冬场所；这里也是某些远洋性鱼类洄游的必经海区。因此，舟山渔场是渔业资源丰富、产量较高和经济价值较大、种类又非常多的渔场。据统计，舟山渔场有鱼类 360 多种，虾类 60 多种，蟹类 11 多种，贝类 134 多种，海洋哺乳动物 20 余种，海洋藻类 154 种；最高渔业年产量(1997 年)曾经达 50.059 6 万吨。其中，四大主要经济渔业产量中，大黄鱼最高产量达 10.16 万吨(1967 年)，小黄鱼最高产量达 2.9 万吨(1957 年)，乌贼最高产量达 2.956 0 万吨(1980 年)，带鱼最高产量达 21.44 万吨(1974 年)。然而，现在的舟山渔场其渔业资源衰退严重，海域生境荒漠化突出。经济鱼类的产量急剧下少，特别是舟山渔场的传统渔业捕捞种类的四大海鱼，产量从 1974 年占海洋捕捞总产量的 76.96%下降到 1984 年的 36.06%，到 2008 年又下降到只有 1.13%，现在下降到 1%以下。四大海鱼(带鱼、大黄鱼、小黄鱼、乌贼)已经逐渐步入无鱼可捕的状态。

中国长江水系的渔业资源结构也正恶化，其他各水系渔业资源的变化虽有不同，但总的趋势是资源蕴藏量在减少，捕捞量无论在干流和附属水域都在急剧下降。渔获物组成和种群结构也在发生变化，大中型经济鱼类资源减少，小型野杂鱼类及渔业预备资源的比例增大。

2. 鱼种类大幅度减少

往日海洋可供人类捕捞的鱼类品种达 5 000 多种，甲壳动物、软体动物的品种有数百种，而目前各国捕捞的目标却只集中在几十个品种。传统渔业的主要对象，如大黄鱼、小黄鱼、鲥鱼、银鲳、竹筴鱼等主要经济鱼类的产量下

降，有些鱼种类已失去捕捞价值，取而代之的则多属于一些营养级位较低的鱼类，如兰圆鲹、青鳞小沙丁鱼、日本鳀、黄鲫、红娘鱼等。

欧盟 1990 年的统计资料也表明，在欧盟所属水域中，77 种鱼类中有 44 种在当时已经被认为是过度开发，有 5 种已经枯竭。

生物多样性丰富是支撑渔业资源的关键，珊瑚礁、红树林、海草床等是海洋生态系统中的重要组成部分。地球上近 60％的珊瑚礁遭到了非法开发、过度捕捞和陆源污染等人类活动的破坏。据估计，在亚洲珊瑚礁渔业养活了 1 亿人口，全世界珊瑚的经济价值总计达到 300 亿美元；红树林具有很高的社会价值、经济价值和生态价值，是许多鱼类和软体动物的栖息地和周围地区居民的生活来源，红树林需要几十年的时间才能再生；沿岸区的海草床能稳固海床、固定沉积物、改善水质，并直接向 340 多种海洋植物提供养料。但这些资源和生物多样性正在遭到人类的严重破坏。

太平洋西岸的第一大河口——长江口，是中国水生生物多样性最丰富、渔业生产潜力最高的河口。长江口以其独特的生境构成了水生生物的重要洄游通道、索饵场和产卵场；这里不仅是日本鳗鲡、中华绒螯蟹、淞江鲈、鲥等名优水产生物的繁衍栖息地，也是中华鲟、白鲟、江豚、胭脂鱼等国家级保护动物的栖息地和洄游通道。然而，到 21 世纪初期，长江口生物物种减少，浮游生物、底栖生物生物量呈下降趋势，饵料基础衰退，重要经济鱼类的资源量锐减，一些国家级保护动物如中华鲟、白鲟、胭脂鱼等濒临灭绝。

渔业资源表现出的退化迹象也干扰了海洋生态系统食物链的正常循环，进一步加剧了整个渔业资源系统恶性循环。由于环境污染加剧和捕捞强度增加，天然渔业资源逐年衰竭，迫使人们不得不将发展水产业的目光转向养殖业。

（三）　产生渔业资源危机的主要原因

1. 过度捕捞

长期以来，人们对自然资源存在错误认识，以为自然资源用之不竭，于是在追求经济效益的驱使下，不顾生态系统的承受能力，无限制地开发利用。而事实上，渔业资源虽然可再生，但并非无限大，如果开发利用能力的增长大大超过了渔业资源的再生能力，必然会造成鱼群的数量和质量下降。自20世纪60年代以来，渔船数量和使用机械马力数不断增大，加之现代化渔具的使用，捕鱼技术迅速提高，对沿海及近海渔业资源进行掠夺式捕捞。渔场作业由季节性生产也转向常年，产卵和越冬的鱼群也被大量捕捞，使渔业资源遭到了严重破坏。目前约有52%的鱼类捕捞过大，16%的鱼类存在过度捕捞问题，另有7%的鱼类已经面临种群灭绝的危险。

过度捕捞不仅影响到鱼类资源，同时也影响到对虾、海参、鲍鱼、扇贝等名贵海产品种的产量，海藻类也遭同样的厄运，如黄渤海区的石花菜、东海的浒苔、南海的江蓠、麒麟菜、鹧鸪菜等的减少就是例子。过度捕捞也使不少经济鱼种类变成稀有或濒危种类，如长江鲥鱼。由于该鱼种是大量溯江繁殖，在长江口及下游江段截捕，使其失去了繁殖后代的机会，导致其数量日益减少。

经过2020年集中攻坚，长江流域重点水域退捕任务全部完成，自2021年1月1日零时起全面实施10年禁捕，开启了长江水生生物保护新征程。长江"十年禁渔"是以习近平同志为核心的党中央"为全局计、为子孙谋"作出的重大决策部署。

海洋伏季休渔制度自1995年全面实施以来，取得了显著的生态、经济和社会效益。"十三五"期间，国家累计投入120多亿元，大力推进海洋捕捞渔民减船转产和渔船更新改造，累计压减近海捕捞渔船总数超过4.5万艘，压减总功率超过208万千瓦。与"十二五"末相比，目前我国近海资源友好型的钓具类作业渔船占比增加超过145%，而选择性较差的拖网类作业渔船占比降低近10%。

2020年，我国首次试行开展公海自主休渔，共涉及远洋渔业企业60多家，远洋渔船600多艘。此次自主休渔是我国积极主动履行养护国际公海渔业资源勤勉义务的重大举措，彰显了我国深入践行"海洋命运共同体"理念、促进全球海洋渔业长期可持续发展的坚定决心，展现了我国负责任渔业大国的良好形象，得到了国际社会的高度认可和好评。

2. 气候变暖

适宜的海水温度是海洋生物生存和繁殖的基本条件。鱼类的生长繁衍

与温度、光照、气压等气候因子有密切关系，海水温度影响着鱼类的摄食、生长、免疫性能和生殖等活动，具有多方面生态作用。

海洋中的鱼类对海水温度很敏感，海水温度变化0.1～0.2℃都会引起鱼类的行为变化。海洋鱼类在其不同生活时期，对海水温度的适应性也不同。相同的鱼类，栖息在不同海区，对海水温度的适应性也不同。因此，海水温度的空间分布状况及其分布形式与渔场位置、鱼群在渔场停留时间长短、洄游迟早、洄游路线变动、鱼群行动、鱼群栖息的水层、垂直移动等都有着密切关系。

不同鱼类有不同的适温范围，分别栖息于不同的海水等温线范围内，如鳕鱼分布于8.0～9.0℃等温线范围内，鲆蝶分布于10.0～15.0℃等温线范围内，对虾、带鱼分布于21.0～23.0℃等温线范围内。若海水等温线的温度值发生变化，鱼、虾类等分布的海区也随着发生变化（表2-2-1）。

表2-2-1　部分温水性鱼类的生存水温范围和最适宜海水温度范围（℃）

种名	生存范围	最适范围	种名	生存范围	最适范围
斑节对虾	—	27～31	鲮鱼	15～30	
黄鳍鲷	—	28～30	泥鳅	15～30	25～27
野鲮	—	30～35	罗非鱼	16～40	28～32
鲍	10～25	—	日本对虾	17～29	—
鲫鱼	10～32	—	胡子鲇	18～32	25～30
文蛤	11～30	25～27	锯缘青蟹	18～32	—
淡水鲳	12～35	24～32	银鲃	18～34	—
牙鲆	14～23	19～20	鱼鲶	20～36	—
珍珠贝	15～30	23～25	石斑鱼	22～30	24～28

每一种鱼繁殖（产卵和孵化）的适宜海水温度是固定的。海洋的等温线与鱼类洄游路线相平行，可分为产卵、越冬洄游时期，在这两个时期，鱼类对海水温度的要求具有共同特点，所以对洄游路线的影响具有相同性质。鱼、

虾类在产卵或越冬洄游，是在适温等温线范围内，还受等温线的温度值限制。当适温等温线分布水平梯度大时，路线狭窄，鱼群汇聚集中；反之，洄游将变宽，鱼群分散。当等温线偏移外海时，洄游路线也随之偏移外海。全球气候变暖将影响着海水温度，也就将影响了鱼类的繁殖，相应地也影响着渔业生产。

3. 海洋鱼类生存环境遭受破坏

海洋生物的生境包括栖息地(隐蔽藏身)、产卵场、孵化场、索饵场和洄游通道等。这些生态功能区是经过长期进化形成的，其性质(包括水质、底质的物理、化学、水文等特征)、生物区系(包括微生物区系)组成、生物结构、生态功能等多方面与海洋生物形成了协调统一的关系。海洋生物已经适应了这里的生态条件，一旦环境条件发生变化，海洋生物不再适应，很难再找到合适的生境。它们的栖息地或生境丧失，原生境的鱼类群将退出该海区。

沿海地区相继对滩涂和港湾进行大规模的围垦，因围垦丧失的滩涂、浅海、港湾等海区恰恰是众多海洋生物分布、栖息、觅食、产卵、育肥的重要场所。这些场所缩小，恶化了鱼类的生存环境。同时，围垦也破坏了海洋生态系统的物理结构和生物结构，造成海洋生态系统失去应有的功能。

(1) 海洋油污染　1L 石油在海面上扩散面积可达到 100～200 m^2。油层阻碍了大气和海水之间的自由交换，抑制海面的风浪，妨碍空气溶解到海水中去，使海水中氧气缺乏。厚度为 0.5 mm 的油膜造成海水氧气吸收率减少 15%，油层下面的海水缺氧，生物因缺氧而死亡。其次，油污会被海浪冲到岸边，污染海滩，破坏近海养殖业。近海区域受污染，往往会随着海水的涨落旋转性扩散，还会受到风的作用，把污染物带到更远的水域，导致更大范围海洋污染。石油中的有害物质在海洋生物体内累积，误食受到污染的鱼、虾、贝类等，身体健康将受到威胁。

(2) 海洋赤潮　赤潮是海洋中某些微小浮游植物、原生动物或细菌等在一定的环境条件下突发性增殖，引起一定范围内、一段时间的海水变色现象。颜色依赤潮的起因、生物种类和数量会显红色、黄色、紫色、绿色和褐色等。

赤潮不仅破坏了海洋生态的平衡，也破坏了海洋水资源和海洋渔业资源。近 10 年来海洋赤潮多发，致使鱼、虾、贝特别是一些底栖生物的生存地域不断减小和大量死亡，渔业产量降低。

（3）海洋重金属污染　重金属污染具有高度危害性和难治理性。鱼类体内的重金属富集到一定程度，将会影响其体内多种细胞、组织器官的生理功能，严重扰乱鱼类的摄食、消化、吸收以及代谢等正常生理活动。例如，Cu^{2+}、Pb^{2+}、Zn^{2+}这3种金属离子将使纹缟虾虎鱼胚胎的耗氧率上升，而且随这些重金属离子浓度的升高而上升；铜、汞、银等的离子对鲫鱼和鲤鱼呼吸运动功能也会产生影响。

重金属对鱼类的抗氧化酶系统也会产生影响。例如，当重金属浓度较高时，将引起对虾鳃部溃烂从而使其气体交换功能停止，导致对虾在极短的时间内死亡。

松花江原是著名的鱼类产区，后来江水受到严重汞污染，原先丰富的草鱼、鲢鱼、鳙鱼、鲤鱼、鲫鱼、鲶鱼等鱼类现在成了稀有鱼类，而青鱼、鲂鱼、狗鱼和乌苏里白鲑基本绝迹。

在鱼、虾、贝类等水生生物的食物链中如果介入毒性物质，它们的毒素就会积聚在这些生物的体内，人类食用后可能中毒引发疾病。贝类中含有的毒素有时也直接称为贝类毒素，主要包括麻痹性贝毒（PSP）和腹泻性贝毒（DSP）等5种。联合国环境署在一份《保护洋免受陆基活动危害》的报告中指出：全世界每年大约有250万人因食用了受污染的贝类而患上传染性肝炎，其中有1%的人会因此而死亡。

（4）海洋生物多样性退化　海洋生态系统与海洋食物链有密切关系，海洋生态系统退化将直接影响海洋食物链的完整性，破坏鱼群的栖息环境、产卵场，导致一些高营养等级生物数量逐渐减少，许多物种甚至消失；一些高营养级的游泳捕食性鱼类将转变为中等营养级。2013年，舟山海域的海洋生物多样性监测结果显示，浮游植物只有66种，多样性指数为2.17，生境质量等级为一般，显示舟山海域的海洋生物多样性已经在退化。

（5）海洋酸化　海水自然是微碱性的，但随着海洋不停地吸收大气中过量的二氧化碳，逐渐变酸性。人类活动向大气释放的二氧化碳有30%以上是被海洋所吸收，目前海洋每年吸收二氧化碳的量值在80亿吨左右，酸化比较严重。全球海洋海水平均pH值，大约从工业革命开始时的8.2下降至8.0。

据推测，到2100年，表层海水的pH值将继续降至7.8左右，即海水酸度增加100%～150%，酸化速度远高于工业革命前2 500万年间海水pH值的自然变化幅度。

海洋酸化会引起海水碳酸盐体系的变化，进而影响到大多数海洋生物的生理功能、生长、繁育、代谢和生存，并威胁到海洋生态系统的稳定性和生物多样性，对渔业资源构成重大影响。从海洋生物的繁殖到幼体发育，再到成体的生长，每一阶段的生命过程都将受到海洋酸化所带来的负面影响。在生命的最初阶段，海洋酸化会降低生物的受精成功率。在幼体的发育阶段，海洋酸化会降低幼体的成活率。在成体的生长阶段，海洋酸化将导致生物患上血碳酸过多症（血液中的CO_2过量），鱼类体液中的碳酸量增加，破坏体内的酸碱平衡，导致死亡。

海洋酸化影响了海洋生物链。海水pH值降低0.2个单位之后，海洋的小型浮游生物在1周内会死亡。而这些浮游生物是鱼类和其他动物的主要食物。

珊瑚虫、软体动物、棘皮动物、有孔虫类和含钙的藻类等都需要通过钙化组成自身。当海水pH值下降时，碳酸盐便会溶解，严重影响钙化过程。现在，在珊瑚、棘皮动物、甲壳动物身上都有被酸化过的迹象，例如甲壳动物的外壳变软，而且富有弹性。珊瑚虫分泌碳酸钙骨架，这些碳酸钙骨架累积而形成珊瑚礁。珊瑚礁是海洋生物中生产率最高和生物性能最强的生态系统。海洋酸化导致珊瑚礁被侵蚀的速度将超过珊瑚虫的钙化速度，其后果是珊瑚和珊瑚礁生态系统遭受严重破坏和退化，一半或更多依赖珊瑚而生存的生物群落丰度降低，甚至整个生物群落消亡。

三 生物多样性危机

所谓生物多样性，是指地球上陆地、水域、海洋中所有的生物（包括各种动物、植物和微生物），以及它们拥有的遗传基因和它们所构成的生态系统之间的丰富度、多样性、变异性和复杂性的总称。

（一）地球物种灭绝速度在加快

我们并不准确地知道世界上有多少种生物，不过普遍可接受的是总数大约为530万种，其中有25万种植物、4.5万种脊椎动物和500万种非脊椎动物，到目前为止已经过鉴定的约有174.2万个生物物种，其中哺乳类动物4 200种、鸟类8 700种、爬行动物5 100种、两栖动物3 100种、鱼类2.1万种。生物种类在不断减少，自1 600年以来，有记载的生物物种已有724个灭绝，还有3 956个物种濒临灭绝，3 647个物种处于濒危状态，另有7 240个物种因种群骤减而成为稀有物种。1990～2000年，世界生物物种消失5%～15%，每年可能失去1.5万～5万个物种，每天可能有40～140个物种灭绝，未来20～30年内将有25%的物种有灭绝的危险。2006～2016年，仅10年间，被列入红色名录的濒危物种数量就增加了51%，达到24 307种。1970～2012年，全球脊椎动物种群整体数量下降了58%，海洋物种种群整体数量下降了36%，而淡水物种种群整体数量更是下降了81%。

1. 生物多样性的重要性

生物多样性是地球上生命长期进化的结果，更是人类赖以生存的物质基础，具有巨大的直接和间接价值，包括直接利用价值、生态价值、科学价值和美学价值。生物多样性能调节生态系统功能，为人类提供更丰富、种类更多、营养价值更高的食物，有利于促进人类健康活动，遏制疾病传播，提高人类健康水平。生物多样性也决定了物质化学成分的多样性，大部分药物最初都是从生物中分离的有效成分，然后人工合成的。

培育农作物新品种的最有效途径之一是远缘杂交，引人外源基因。杂交水稻为水稻生产带来了飞跃，而成功的关键之一是在海南水渠中发现了一株雄性不育的野生稻，使三系配套成功。美国利用我国东北的野生大豆和栽培品种杂交，培育出抗旱、节水的新品种，大幅度扩大了种植面积，使美国替代我国成为最大的大豆出口国。玉米是世界第三大粮食作物，但它不耐旱，而且易染上7种致命病毒。1977年在墨西哥发现的多年野生玉米，与栽培玉米杂交，获得能育杂种，不仅耐旱，而且能抵御5种病毒，显示了培育抗病、耐旱玉米新品种的前景。

生物多样性也决定了化学成分的多样性。虽然作过化学分析的植物至今还是极少数，但已发现了几万种化学成分。大部分药物最初都是从生物中分离有效成分，然后人工合成的。青霉素是从青霉菌中发现的；奎宁是从金鸡纳树中提取的；如今又从黄花蒿中发现了对治疗疟疾更有效的青蒿素。发展中国家的药品有 80 种取自植物，中药材则几乎全部以生物为原料（图 2－3－1）。近年，美国、日本等发达国家大量投资，把筛选抗癌和治心血管病的药物寄希望于热带植物。

图 2－3－1　中药材

每一种生物都是一个天然的生物化学工厂，产品种类无穷无尽，它们或提供食品，或提供原料，或提供药物，与人类生活息息相关。生物多样性具有协调生态系统的功能，生物多样性越丰富的生态系统完整性越好，越能提供优质的生态系统服务。

2. 地球物种灭绝大事件

在过去的 5.4 亿年间，由于地质或天文事件，地球上共发生过 5 次大规模物种灭绝事件，灭绝的物种主要为海洋生物和陆地动物。现在，一些科学家惊呼，地球将面临第六次物种大灭绝，综合比较了近代和历史上物种的灭绝率，21 世纪可能将要灭绝的物种中，陆地生态系统物种灭绝速率将超过地球前 5 次物种大灭绝速率 3 个数量级，这意味着现今这次物种大灭绝将比 6 500 万年前那一次大规模物种灭绝的情况还要严重。

第一次发生在奥陶纪结束后，约 4.43 亿年前，持续 330 万～190 万年，期

间56%的生物科属消失，大约86%的物种灭绝。产生的主要原因是冰期与间冰期交替出现，海水反复侵蚀陆地；同时，阿巴拉契亚山脉隆起导致全球海洋和大气气候变化，大量二氧化碳气体被封存。

第二次发生在泥盆纪结束后，大约3.5亿年前，持续2 900万～200万年，期间大约35%的生物科属消失，大约75%的物种灭绝。产生的主要原因是紧随全球气候变暖到来之后发生的全球降温，二氧化碳气体被大量消耗，生物体的生殖和全球气候受到严重影响，直接影响生物物种的多样性；海洋深水缺氧、低氧含量的海水水域随着洋流扩散，严重影响海洋生物乃至陆地生物的生存。

第三次发生在二叠纪结束后，大约2.5亿年前，持续280万～16万年，期间大约56%的生物科属消失，大约96%的物种灭绝。产生的主要原因是西伯利亚火山喷发，全球气候变暖。深层缺氧海水扩散传播，致海洋和陆地生态系统中硫化氢和二氧化碳含量不断增加，以及海洋酸化，导致海洋生物、陆地生物生存环境恶化。

第四次发生在三叠纪结束后，大约2亿年前，持续830万～60万年，期间大约47%的生物科属消失，大约80%的物种灭绝。产生的主要原因是中央大西洋岩浆区的洋岩活动导致全球二氧化碳浓度升高，导致全球气候变暖以及海洋钙化危机。

第五次发生在白垩纪结束后，6 500万年前，持续250万年至不到一年的时间，期间大约40%的生科属消失，大约76%的物种灭绝。产生的主要原因是一颗小行星碰撞地球，造成全球气候迅速降温并随之引发全球灾难。在发生小行星扩散之前，也已经有多种原因导致物种数量减少，如印度的德干超级火山爆发以及全球气候变暖。

3. 面临危机的生物物种

面临危机的生物物种包括植物、农作物、动物、养殖业、中药物种等，多种物种目前都面临危机。

（1）植物物种危机　一种植物的消失必将导致某种食物链断裂，进一步诱致或加剧其他10～30种生物的生存危机。许多有益动物、沼生湿生或水生植物、昆虫、害虫天敌、真菌、细菌等的种类或种群结构正在发生显著变化，

其数量明显减少，甚至永远消失。

预计有2.5万～4万种植物有可能在100年内彻底绝种，其中危险最大的植物有非洲紫罗兰、埃塞俄比亚胡桃树，以及世界最大的花印尼王莲。需要几十万年、几百万年才能孕育出的生物物种，将在不长的时间内灭绝。在中国，近半个世纪以来有200多种高等植物已经灭绝，另外约有4 600种高等植物处于濒危状态。

南美厄瓜多尔西部曾有8 000～10 000种植物，其中属于特有品种的占40%～60%。一种植物有10～30种其他生物伴随生存，按此推算，在那个地区曾经拥有的物种数量是很庞大的，有20多万。然而，1960年以来，95%的森林被辟为香蕉地、油田和居民点等。按照岛屿生物地理学学说，每失去原有生境的90%就有一半物种消失，因此估计至少有5万种生物已经不复存在。

一般估计中国大约有3万种植物，超出欧洲的数目，也超出北美洲的数目。按一种植物有10～30种其他生物伴生的现象推算，中国应有30万～90万种生物。面积只有3万平方千米的海南省有维管束植物(即藤类植物、裸子植物和被子植物)4 000多种，其中属于特有种植物有630钟；面积更小的云南省西双版纳(仅1.92万平方千米)，有维管束植物近5 000种。然而，海南省的自然林覆盖率已经由50年代初的25.7%降至80年代初的7.2%，每年递降2.7%，30年内消失了2/3以上；西双版纳的自然林覆盖率同期内也由近60%降至28%，每年递降2.0%，即一半左右消失了。据此，有关科学家估计，中国至少有3 000～5 000种植物处于濒危状态。

(2) 农作物物种多样性危机　最近50年来，全球农作物的品种出现了大幅度的下降。在2 000年前，人类食用的植物种类可达3万种，现在90%以上的能量仅由30多种农作物提供，主要是水稻、麦类、黍类等，农作物的品种多样性正在剧烈下降。

20世纪以来，全球农作物(品种)多样性不断丧失。3/4农作物遗传性已经丧失。美国97%曾经栽培的蔬菜品种已经消失；近15年间，印尼有500个地方水稻品种已经消亡，3/4水稻品种来自单一的母体后代。到2050年，全球1/4的物种将陷入绝境。与50年前相比，人类可以食用的农作物品种越

来越少。

中国农业种植的历史已有 7 000 多年，在长期的实践中，造就了丰富多样、技术独特的作物选种、留种及育种技术与资源。然而，现在中国也是世界上生物多样性受到威胁最严重的国家之一，在世界上 640 濒危植物名录中，中国就占到了约 1/4，其中属于农作物有大约 20 种。

农作物多样性的减少除了引发粮食危机外，还可能引发其他危机，如导致药物原材料、工业材料的减少，严重的则会引发疾病无药医治的局面；人类的食物过于集中几种食物，导致人类饮食出现均质化的倾向，可能助长非传染性疾病如糖尿病和心脏疾病等的患病率。

(3) 动物物种多样性危机　目前全球约有 41％的两栖动物物种和 26％的哺乳类动物物种正面临灭绝威胁，脊椎动物灭绝速度较一个世纪前加速了 100 多倍；从 1970～2012 年，全球脊椎动物种群整体数量下降了 58％，海洋物种种群整体数量下降了 36％，而淡水物种种群整体数量更是下降了 81％。1979 年，非洲有 130 万头大象，现在只剩下 65 万头，黑犀牛只剩下几千头。

有研究者对 27 600 种哺乳动物、爬行动物和两栖动物进行了分析，并指出了种群数量急剧下降的物种。例如，非洲狮自 1933 年以来，数量已经减少了约 43％。物种地理分布范围缩小被视为种群数量减少的重要指征。2.76 万个脊椎动物物种中超过 30％种群数量和分布范围都在缩减。177 个哺乳动物物种都丧失了 30％以上的分布范围，其中逾 4 成分布范围丧失超过 80％。

近年来，与作物授粉及产量密切相关的蜜蜂种群正以惊人的速度消亡，尤以北半球为严重。如在近 20 年间，美国和欧洲的蜜蜂数量分别下降了 30％和 10％～30％，中东地区蜜蜂种群规模则缩减 85％以上。

中国长江上游特有的鱼类中有大约 40％是受濒危威胁物种，其中的白鱀豚已经出现功能性灭绝，江豚也危在旦夕，中华鲟和白鲟的灭绝趋势已无法挽回。中国生物物种数量正以平均每天新增一个濒危甚至走向灭绝的速度减少，农作物栽培品种正以每年 15％的速度递减，有相当数量的农作物物种资源只能在实验室或种子库里可以找到。很多物种，尤其是野生品种、半野生品种、地方性品种或传统农家品种等，早已在野外难觅踪迹或永远消失。

物种多样性、遗传多样性和基因多样性正面临前所未有的挑战、威胁或危机。

（4）养殖业物种多样性危机　全球3/4渔场鱼类已枯竭、废弃或面临减产的危险；在7 600多种家畜禽遗传资源中，190种已灭绝，1 500种濒临灭绝；2012年，全球濒危家畜禽品种则增至22%左右。中国是全球畜禽品种资源较为丰富的国家，但新近的调查结果显示，在全国426个传统地方品种中，横泾猪等15个品种已不见踪影，55个品种处于濒危状态，成华猪等22个品种濒临灭绝。濒危和濒绝品种占地方畜禽品种总量的14%，约85%的地方猪群体数量呈持续下降趋势。

（5）中药物种多样性危机　中国传统中药资源总数多达13 000种，包括动物、植物和矿物三大类，其中以植物类药物居多，约为11 146种，在1 200种商品中药材中，可栽培药用植物400种。但是，现在用于中药或具有药道地药材资源受到严重破坏。在1992年公布的《中国植物红皮书》中，所收录的398种濒危植物中，药用植物达168种，占46%。药用植物中，甘草、羌活、单叶蔓荆、肉苁蓉、三叶半夏、紫草等100多种的资源量普遍下降，峨嵋野连、八角莲、凹叶厚朴、杜仲、野山参等30多种植物，因野生资源稀少而无法保证商品需求。冬虫夏草、川贝母、川黄连、麻黄等资源破坏严重，常用药材人参、三七的野生个体已很难发现。

虽然可以通过技术手段对那些濒临灭绝的中药材进行人工培育，然而，药物培育园里的环境与野外不同，两者在土壤酸碱性、空气质量、水分含量和质量等方面存在明显差别，培育出来的药物与野生的药物成分出现差异，疗效因而也大不同。野生药材的药用价值远远高于人工培育的。

由于滥捕乱杀，多种药用价值很高的野生动物数量不断减少，有些甚至接近灭绝；中国的赛加羚羊、野马、文昌鱼等4种野生动物资源几近绝迹。药用动物林麝、黑熊、马鹿、大小灵猫、中国林蛙、蛤蚧等40多种类的资源显著减少，其中麝香资源比20世纪50年代减少70%。

（二）产生危机的主要原因

从整体上来看，导致生物物种多样性危机大致有以下两个方面的原因，一是自然因素，二是人为因素。

1. 自然因素

这是自然选择的结果。全球气候变化改变着生物的生境，这都会使某种生物消失，而同时出现新的生物品种。生物个体在自然选择中既能保持亲本的遗传性，也能变异。有利的变异可以将遗传信息延续下去，日积月累慢慢适应新的生存环境，就会产生新的生物类型，在新的生存环境中形成多样化的生物样态。不利变异的基因会被淘汰，最终因生存环境变化而消失。遗传学因素与物种的灭绝也有密切关系，物种通常在遗传学因素和环境因素（偶然性事件、环境灾害）的共同作用下趋于衰退并走向灭绝。影响类群分布历史、物种形成速率以及散布能力等的各种生物学因素都将影响物种生存，加剧生物多样性危机。

各种自然灾害，诸如小行星撞击地球、火山爆发、全球气候变暖或者变严寒、大陆板块撞击或者分离，也都直接造成地球上某些生物因为不能适应生存环境而自然淘汰，即灭绝。从冈瓦纳古陆分离出来后，由于地理位置变动与生物演化，新西兰产生了特殊的生物生境，如新西兰丧失了 6 科 32 属 44 种鸟类。全球气候变化对物种多样性产生更为直接影响，如全球气候变暖，将会改变生物栖息地以及植被类型，使得其中一些生物类群发生改变。

2. 人为因素

人为因素是导致生物多样性危机的直接原因，是当今全球范围内物种大批灭绝的主要原因之一。人类对物种生存的影响从 50 000 年前便开始，到 500 年前开始显著增强。人类已经占据了地球上适宜人类居住的地方，各种生物的生境受破坏或者被捕猎，再加上疾病传播和有害动植物扩散致害，对物种生存产生的影响强度和范围是生物进化史上最为严重的。人类活动导致物种灭绝正在几百年甚至几十年这样的尺度上发生着，以至于现有一些生物类群无法在短期内靠适应环境并通过物种形成来取代已经丧失的物种。

如果没有人类对自然的干扰以及肆意开发，按照正常的自然规律，在过去的 2 亿年中，平均每 100 年只会有 90 种脊椎动物自然灭绝，每 30 年只有一个高等植物灭绝。人为因素造成的物种灭绝速度大大超出了自然进化速度。在世界自然保护联盟的濒危物种红色名录（IUCN 红色名录）的 8 688 个濒危或受威胁物种中，有 6 241 个物种是土地过度开发所致。

例如苏门答腊犀牛、西部大猩猩和中华穿山甲就是因市场需求量大，利润很高而遭到非法猎杀，数量大大减少；农业活动的扩张和强化，对 5 407 种物种构成威胁，其中包括非洲的猎豹和亚洲的毛鼻水獭等。一种名为五小叶槭的异常珍贵植物已经濒危，全世界野外种群只有几百棵，却被水电站淹没了。

(1) 农作物品种改良　农作物品种改良在一定程度上丰富了农作物的多样性，但是也使得农作物类型简单化，导致一些传统品种的丧失。自从 20 世纪 60 年代农业绿色革命以来，各国纷纷出台了限制农民留种及换种的法律，世界各地的农民买种子仅种植一种或两种农作物，这导致了世界上的农作物种类至少减少了 3/4。

(2) 大规模的产业化生产　出于对经济效益的追求，会出现单一生物品种独大的局面，而忽视其他品种的培育与种植，并让某些种类生物失去生存环境。工业生产扩张、采矿、基础设施建设和工业化人工造林等活动，为获得所需要的土地对森林资源作过度砍伐，尤其是造成雨林快速消失，对生物多样性的影响最大。

热带森林已被砍伐 44%，只剩下大约 670 万平方千米，相当于 2/3 个中国的面积。现每年砍伐量为 7.6～9.2 万平方千米，另有大约 10 万平方千米的森林受到严重破坏。而雨林被砍伐的后果是极其严重的。第一，雨林是一个经长期演化而形成的非常复杂而脆弱的生态系统(图 2－3－2)。树木是这一生态系统的主体，一旦被砍伐，环境面目全非，其他生物也将跟着绝灭。一般估计，一种植物消失，使生物链遭到破坏，另外 20～30 种生物将随之绝灭。第二，雨林的有机质和元素循环迅速，土层很薄。一旦森林被砍，水土流失严重，很快成为不毛之地，原有的生态系统不可能或很难恢复。第三，雨林生物种类异常繁多，而且大多数分布非常局限，特有种(即只生长于某一地区的物种)极多。雨林的消失不可避免地给生物多样性带来了巨大的威胁，一片雨林被毁，就意味着大批物种从地球上消失。从 1990 年至今，由此而引起的物种灭绝使得地球上的物种至少减少 5%～15%，每一天都会减少 50～100 种。

图 2-3-2　亚马孙雨林

拦河筑坝蓄水不可避免地改变坝区以及上下游的水文特性，包括洪水脉冲模式、泥沙过程、水温变化等，影响栖息于其中的水生动植物群落。对一些高度依赖河流连续统一体或江湖复合系统的水生动物（特别是鱼类）来说，可能会带来致命的后果。

一般来说，与降河洄游的鱼类相比，溯河洄游的鱼类可能更容易受到人类活动（如建立大坝）的冲击，因为大坝往往直接破坏了鱼类产卵场。美国华盛顿的埃尔瓦河曾经每年有约 40 万尾鲑溯河产卵，但在建坝之后，来产卵的鲑便下降到不足 3 000 尾。水坝是近百年来造成全球淡水鱼类近 1/5 遭受灭绝、受威胁或濒危的主要原因，将近 3/4 的德国淡水鱼和 2/5 的美国淡水鱼受到了水坝的影响。

（3）生态环境的恶化　长期以来土地过度开垦、放牧，以及城市化的发展、大型工程的建立，侵占了大量土地，生物栖息地和栖息条件受到严重破坏。由于人类改变了自然环境，需要在一些特定地域和气候条件下生长的农作物以及一些动物便可能会消失。在青藏高原，因为放牧的发展扩大，藏羚羊的生存空间被挤压，导致藏羚羊数量大幅减少。预测到 2100 年，由于生物的生境丧失，东南亚地区将有大约 79％的物种消亡。

（4）外来物种入侵　人们可能有意无意地从国外或其他地区带回外来物种，对当地乡土生物及生态系统构成威胁，导致一些生物数量减少或者消失。

英国人移民澳大利亚，随船带去了家乡的家畜、家禽，如兔和狐狸等。随着这些兔、狐在澳大利亚大陆扩散，袋熊的分布区萎缩，生存空间被挤压，成了濒危物种。引入外来物种已经导致了历史上20%～40%的物种灭绝；美国47%的脊椎动物、27%的无脊椎动物的生存面临着外来种的威胁。鲈鱼的引入造成了世界第二大淡水湖——非洲的维多利亚湖灾难性的物种灭绝事件，湖中原生的300多个鱼种几近灭绝。入侵的物种也可能传播对其他物种构成致命威胁的传染病。从1980～2006年，有34种两栖类物种确认灭绝，88种几近灭绝，主要是由蛙壶菌引起的壶菌病大规模爆发引起的，而蛙壶菌的传播与非洲爪蟾或美洲牛蛙的跨区域运输有关。

（5）过度捕猎　几乎所有濒危物种都曾是人类猎杀的对象，人类的捕猎和捕捞大大超过某些野生动物的繁殖速率，加剧了该物种灭绝状况。北白犀曾经分布在乌干达西北部、乍得南部、苏丹西南部、中非共和国东部及刚果民主共和国东北部，早在20世纪60年代，北白犀还有2 300多头。然而，由于人类的猖獗盗猎，导致其数量急剧锐减并陷入了生存绝境。20世纪七八十年代由于盗猎，北白犀的数量锐减到了15只，到2006年只剩4只，到2011年在野外已经灭绝，只在动物园里有7只(图2－3－3)。

图2－3－3　最后的北白犀

虽然禁止猎杀，但也免不了被误杀。根据1955～1984年白鳍豚的死亡数量统计，渔用滚钩致死的比例高达48%。很多江豚亦被滚钩误杀（图2-3-4）。由于声呐干扰，不少白鳍豚和江豚惨死在螺旋桨下。白鳍豚的数量从1980年的400头左右，已经下降到20世纪末不足50头，而到2006年则再没有发现其踪迹。1984～1991年，长江中下游的江豚种群数量约为2 700头，到2006年下降到1 800头左右，到2012年便仅有约1 040头。中华鲟虽然已十分稀少，但还是时常被渔民误捕，如果被滚钩误捕，必死无疑。

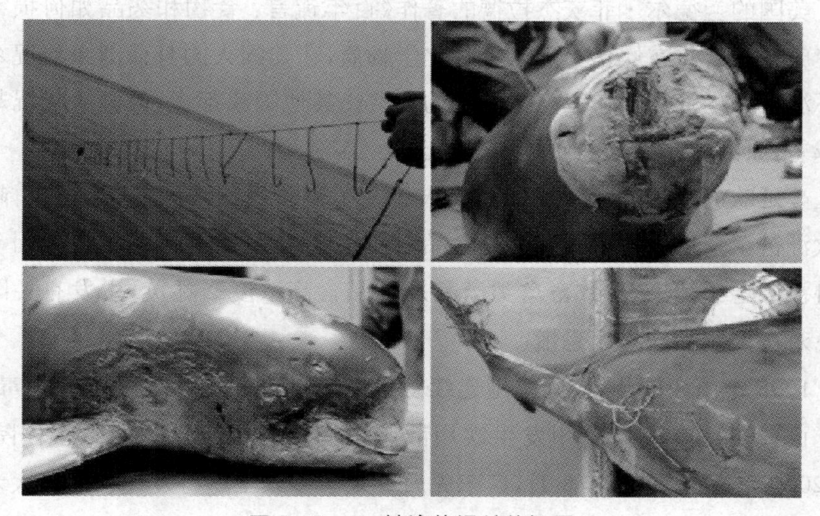

图2-3-4　被滚钩误杀的江豚

四　食物安全性危机

食物安全是指具有对人类提供数量充足、品种多样、质量优良、营养且卫生、结构合理的各类食物与食品的能力，满足不同历史阶段对食物与食品的需要，达到增进人类身体健康、提高人类整体素质的目的。

食物安全包含食物数量安全、食物质量安全、食物持续性安全等。食物质量安全是指食物能够在食用性、营养性、安全卫生性、感官性和经济性等方面有利于人类生存、健康和发展，最低要求是不会给人类健康带来损害和隐患。

1. 食物面临不安全性挑战

资料显示，在工业发达国家每年约有30%的人感染食源性疾病。英国约有1/5的人口患肠道感染，就是经食物传播的。在发展中国家，每年有数十亿腹泻病例与食物受污染或水源受污染有关，15岁以下的儿童约170万是因食源性微生物感染引起腹泻而死亡。食源性疾病的实际发病人数要比公开报告的数量多300～500倍，全世界因食物污染而致病者估计已达数亿人口。

美国的兰德尔·菲茨杰拉德的著作《百年谎言：食物和药品如何损害你的健康》一书说，在饮食中加入各种化学物质，让美国人的身体健康状况令人很不满意。尽管美国在卫生保健上的花费比其他国家都多，但健康状况却越来越差，原因就在食物的质量安全性。

蔓延欧洲大陆的疯牛病使一些人患上了克雅氏症，近百人死亡，引起整个欧洲甚至全世界消费者空前的食品信任危机；比利时等国相继发生因动物饲料被二噁英污染，导致畜禽类产品及乳品含高浓度二噁英，引发有关国家人民对畜禽制品的高度恐慌。

1998年山西朔州、大同等地连续发生多起甲醇毒酒事件，296人中毒，27人死亡；2004年5月，广州发生饮用散装白酒甲醇中毒，死亡9人，住院53人；2000年底至2001年8月，广东先后查处了多家工厂将发霉变质的大米漂白、添加矿物油抛光，使大米含有大量致癌物黄曲霉素，并流入市场，先后共查获毒大米1 141 t，成为卫生部食品打假第一大案；2001年8月，浙江桐庐180余人因食用含有瘦肉精(盐酸克伦特罗)的猪肉而中毒；2001年11月，广东河源市690多名市民因食用含有瘦肉精的猪肉引起中毒；2002年5月，湖南省陵水县文罗镇中心小学37名学生，因食用含有剧毒有机磷农药甲基1 605和灭克磷的香瓜而发生集体中毒；2002年6月13日，广东省中山市78人因食用残留有机磷农药的空心菜而中毒。20世纪80年代，上海因食用受污染毛蚶而引起食源性甲型肝炎大暴发，受害30万多人；1999年，宁夏暴发了因沙门菌污染肉制品引起的食物中毒，受害人数上千人。2015年中国食物中毒事件见表2-4-1。

表 2-4-1　2015 年中国食物中毒事件情况

月份	报告起数	中毒人数	死亡人数
1	14	636	3
2	3	115	2
3	11	605	8
4	7	282	3
5	20	951	7
6	14	520	10
7	14	401	12
8	34	700	40
9	26	649	24
10	14	547	7
11	4	235	0
12	8	285	5
合计	169	5 926	121

2003～2004 年，大量营养素含量全面低下的劣质婴儿奶粉通过郑州、合肥、蚌埠和阜阳批发市场流入阜阳农村销售点。劣质奶粉中蛋白质的含量不足标准的 1/3，有的甚至只提供 1 g 蛋白质。劣质奶粉导致婴幼儿生长停滞、免疫力下降，进而并发多种疾病，甚至死亡。上百名婴儿重度营养不良，变成畸形的“大头娃”，其间阜阳市共发生 189 例婴儿患轻中度营养不良、12 例婴儿死亡。

目前出现的一些有关食物安全问题，总体上属于局部性（或个别性）的，通过立法加强管理、增加投资、改善生产工作条件等办法能够基本解决。而食物本身存在的深层危机则归于全局性的，需要从战略思想考虑，研究导致食物不安全的根本原因，并进行根本改变和布局，才能得到根本解决。

2. 引起食物不安全性的主要因素

从食物原料的生产、加工、储藏、运输到最终消费等各个环节都会出现诸多因素可能导致食物出现安全问题，总体上可以将这些因素分为外来因素和食物本身因素。外来因素主要是化学性物质污染、致病病原菌（包括细菌、病毒、真菌或者其他低等生物）污染、真菌毒素类污染、兽药残留物等，这些污染物质或者潜在毒物会对人类的食物链造成污染，直接或间接造成食物的不安全性。外来因素污染食物的途径很多，如大气中含有污染物的飘尘直接降落到农作物上，或者农作物从大气中吸收污染物，或者农作物从受污染的土壤中直接吸收。家畜养殖业、水产养殖业则是直接吸收污染物。

（1）外源污染物质致食物不安全　外来有害污染物主要有化学性和生物性物质以及致病性微生物等。

① 化学性和生物性污染。现代农业生产中大量使用农药、兽药、化肥和动植物激素等，直接导致动、植物食物中的化学品残留物过多。对人体影响较大的兽药及药物添加剂主要有抗生素类，包括青霉素类、四环素类、大环内脂类、氯霉素类、磺胺类等；合成抗菌素类包括呋喃唑酮、恩诺沙星等；激素类如乙烯雌酚、雌二醇、丙酸睾丸酮等；还有肾上腺皮质激素、兴奋剂、驱虫剂类等。我国制定了有关兽药及药物类添加剂的用量标准，其中乙烯雌酚、兴奋剂等是国家明令禁止使用的违禁药物。

菜农可能超量使用农药、激素与营养素，以避免病虫害，促进作物超常生长，这不仅使农产品的品质受到影响，而且化学品残留会产生食物安全问题。此外，在农业病虫害防治中经常使用的有机磷和氨基甲酸酯类杀虫剂（诸如甲胺磷、对硫磷、内吸磷、甲拌磷、久效磷、氧化乐果、涕灭威、克百威等）常常污染水果和蔬菜，极易导致农作物污染。

在养猪、鸡、鸭、鱼、牛、羊等饲料中添加激素以刺激这些动物的生长速度、催眠镇静，在动物组织中残留下来，动物性食品（肉、禽、蛋、乳）中这些药物、化学物残留超标。食用后会摄入体内，并在人体内沉积，对人体的生长、发育造成极坏影响，并诱发各种疾病。

环境中的污染物含量本来是很低的，自从人类进入工业时代，并且随着工业化、城市化发展，成千上万种人造化学品被释放到周围环境中。含氯有机化工产品生产厂、钢厂及其他工厂的排放物质，焚化炉燃烧废弃物，汽车尾气，小型造纸厂废水排物等都产生二噁英、重金属和有毒元素如汞、铅、铬、锅、镍、铜、锌、砷、氟、硒等，它们具有明显的致癌性、生殖毒性和免疫毒性。

越来越多的各种人造化学品被释放到环境中，地球大气圈、水圈、土壤以及生物圈都受到不同程度的污染，人类的生态环境质量在整体上趋于恶化。通过大气沉降，大气中的污染物质对土壤和农作物产生污染。

在中国，通过大气沉降进入农田土壤是土壤污染的最主要输入方式。黑龙江松嫩平原土壤重金属来源的研究发现，通过大气沉降输入的Cd、Hg、As、Cu、Pb和Zn含量占总输入量的78%～98%。长江三角洲地区城市发达，人口众多，繁重的交通和发达的工业，大大加重了Cr、Pb、Zn向大气的排放量，大气沉降对农田土壤中的Cr、Pb、Zn污染量比例分别达72%、84%和72%。

在工矿区、畜牧区、郊区和风险管控区的土壤中，由大气沉降输入的重金属含量占总输入的51.21%～94.74%，远远超过由施肥和灌溉等农业生产活动所产生的量。在土壤中富集的污染物必然导致土壤污染，以土壤为生长环境的农作物，如粮食、蔬菜等人类主要食物，长年累月从土壤中吸收有害污染物质。这些有害物质再通过土壤→农作物→人体，或土壤→水→人体的途径间接被人体吸收，最终威胁到人体的健康。

大气中的污染物也会通过农作物的气孔进入农作物细胞，在细胞壁、液泡中积累，当污染物含量过高时会影响农作物正常生长或引起农作物污染物质超标。小麦芽会直接吸收大气中的Cd、Pb、Cu、Zn、Cr、As，这些重金属不仅会转移至小麦根部影响作物生长，同时也会在细胞壁中积累，当含量过高时就会损伤叶绿体功能从而影响小麦光合作用。相比于其他农作物，蔬菜具有相对更大的叶表面积以及更多的气孔，因而更容易受到大气沉降中的重金属影响。

② 食源性病原体污染。一些病源菌可以污染食物，引起人体病毒感染或中毒，即发生食源性疾病。可以说食源性疾病是引发食物安全性的直接表现形式，尽管这种食源性疾病的起因各异，但其突发性强，涉及面广，持续时间长，是当今世界上分布最广泛、最常见的疾病之一，每年有数以万计的人患上食源性疾病。

工业化国家每年患食源性疾病的人数以30%的比例增加。美国每年大约有7 600万例食源性疾病患者，其中32万人住院治疗，5 000人死亡。而在

许多发展中国家，由于食品加工处理不当或发生交叉污染，未能有效杀灭或破坏食品中的致病微生物或有害酶类，致使某些致病性微生物污染食品并大量繁殖，引发寄生虫病、腹泻广泛流行。在过去几十年间，发达国家每年约有1/3的人由于进食含有沙门菌、空肠弯曲菌、出血性大肠杆菌等微生物性有害污染的食品，导致食源性疾病。

包括真菌、细菌、病毒或其他低等生物等，一旦环境条件合适，它们就会迅速大量繁殖。真菌毒素是一类内源性天然污染物，均可能对谷物或其制品造成污染。这种污染还有可能通过食物链传递，对动物源食物造成污染，主要是谷物及其制品和部分加工水果产品造成污染。目前已知能污染人类食物的这类毒真菌素有数百种，主要有黄曲霉菌毒素类，包括Bl、BZ、BZa、GL、GZ、GZa、M、MZ和GMI等；镰刀菌毒素类，目前已经知道有80多种，如玉米赤霉烯酮、串珠毒素、腐马素，以及各种单端孢霉烯族类毒素，诸如雪腐镰刀菌烯醇、脱氧雪腐镰刀菌烯醇、T－2毒素等；青霉菌和曲霉菌毒素类，如棕曲霉素、棒曲霉素、桔曲霉素、环匹阿尼酸、曲酸、青霉酸、红青霉素和杂色曲霉素等；交链孢菌类毒素以及一些麦角碱类毒物等。这些真菌毒素对人产生慢性中毒的严重性，大大超出人类的预料。

食物原料和食物加工过程中会出现某些微生物得以生长的条件，容易发生致病微生物大量繁殖，如沙门菌、副溶血性弧菌、大肠埃希菌、单核细胞增生李斯特菌、霍乱弧菌、痢疾杆菌等，尤其在气温较高的夏、秋季节更为严重。许多鲜果蔬菜也都是这些致病菌的载体。食用长时间冷冻的肉类制品，会感染李斯特菌，而这种致病菌对某些高危人群如孕妇、免疫低下者、儿童和老年人，常引起脑膜炎、流产、胎儿或新生儿脑膜炎等。

目前最为关注的食物污染物主要包括黄曲霉毒素对玉米、花生、豆类、奶制品的污染，腐马素对玉米及其制品的污染，玉米赤霉烯酮对母畜特别是母猪饲料的污染，雪腐镰刀菌烯醇、脱氧雪腐镰刀菌烯醇、T－2毒素对谷物的污染。

海洋中有些藻类，主要是双鞭毛藻、硅藻和蓝藻等，它们能分泌一些毒素并对水产品或海产品造成污染，进而威胁食物安全。特别是当水域形成赤潮时能产生多种毒素，污染水生贝壳类动物。这些毒素主要有健忘毒素

(ASP)、腹泻毒素(DSP)、神经毒素(NSP)、麻痹毒素(PSP)等。此外,在池塘、湖泊、水库、河流等淡水中,一些蓝藻还能分泌有毒的微囊藻毒素。因食物受有害微生物污染致病的重大典型事件有1988年的毛蚶甲型肝炎病毒污染事件、1997年香港的禽流感、英国出现的疯牛病。

1988年,上海市民因食用毛蚶暴发甲型肝炎,有30余万人感染急性甲型肝炎。

禽流感病毒存在于病禽和感染禽的消化道、呼吸道和禽体脏器组织中(图2-4-1)。高致病性禽流感病毒也可通过鸡蛋传播,各品种和不同日龄的禽类均可感染高致病性禽流感,其发病急、传播快,致死率可达100%。人类接触了受感染的禽类及其分泌物、排泄物、受病毒污染的水等,以及直接接触病毒毒株会被感染上禽流感病毒,引起诸多并发症,主要表现为高热、咳嗽、流涕、肌痛等,多数伴有严重的肺炎,严重者会出现心、肾等多器官衰竭导致死亡,病死率很高。

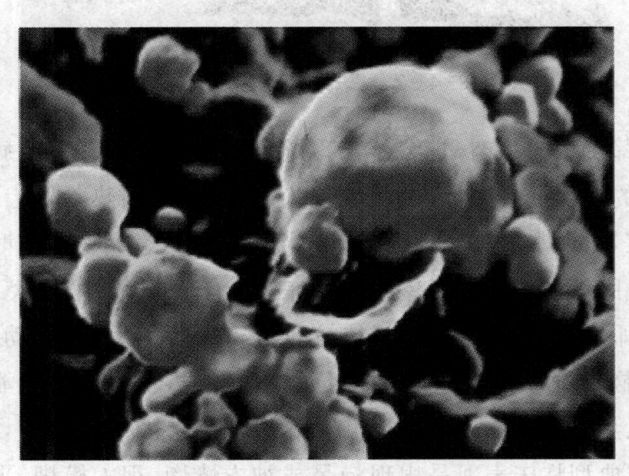

图2-4-1 禽流感病毒攻击健康细胞

1997年5月,中国香港地区的一个养鸡场出现了首例禽流感病例。在随后的几个月里迅速蔓延,大批家鸡死亡。在8月份,香港一名3岁的男童因感染禽流感而死亡,这也是全球首宗人类感染H5N1的个案。香港确诊人数共14 713人,其中456例为严重流感,327人死亡,包括3名儿童,总死亡人数超过香港SARS时期。

口蹄疫是由口蹄疫病毒引起的一种急性、热性、危害极为严重的偶蹄动物传染病。患口蹄疫病的猪无法站立(图2-4-2)。口蹄疫病毒的抵抗力强,体外温度4℃下依然可在动物器官中存活7个月左右,在动物机体内可存活数月乃至数年。

图2-4-2 患口蹄疫病猪无法站立

食用口蹄疫病的猪肉,也会感染口蹄疫病毒。受到口蹄疫病毒传染,经过2～18天的潜伏期会突然发病,表现为发热,口腔干热,唇、齿龈、舌边、颊部、咽部潮红,出现水疱等,皮肤水疱见于手指尖、手掌、脚趾,同时伴有头痛、恶心、呕吐或腹泻。患者数天痊愈,预后良好,有时可并发心肌炎。

疯牛病即牛海绵状脑病,牛感染这种病毒后行为反常、运动失调、轻瘫、体重减轻。脑灰质海绵状水肿和神经元空泡形成,使牛大脑功能退化,导致牛精神错乱、痴呆和死亡。食用被疯牛病污染了的牛肉、牛脊髓,也有可能染上疯牛病,其典型临床表现是出现痴呆或神志恍惚,视力模糊、平衡障碍、肌肉痉挛等,病人最终因精神错乱而死亡。

2001～2002年疯牛病出现新一轮高峰,23个国家发生过疯牛病,其中以英国疫情最为严重。截至2014年3月,英国共发现疯牛病184 624例,占欧盟总病例数的97.1%,占全世界总病例数的96.8%。英国一直是欧洲牛肉出口大国。但自从1996年3月英国承认发现疯牛病后,英国政府下令宰杀了350万头牛，畜牧业遭到严重打击，英国牧民的收入下降了80%以上。

(2) 食物本身的毒素　在天然食物中普遍存在着一些天然毒素。采用适当的方法处理如彻底煮熟，可降低食物毒性或者去除毒素。

① 含天然毒素食物。全球已知的植物中至少有2 000种含有某种毒素。只有几百种植物性食物被人类经常食用，而过量进食或者未经妥善处理就食用，会对人体健康造成不利的影响或者中毒。如北杏和竹笋可产生氰化物；未煮透的黄豆、四季豆等豆类含有酶抑制剂和植物凝血素。

表2-4-2　一些本身存在毒素的农作物

毒素名称	来自农作物名称	对人或动物健康的影响
氰苷类化合物	甘薯、核果类水果、利马豆	肠胃炎、抑制细胞呼吸作用
葡萄糖硫醚类化合物	油菜、芥菜、萝卜、卷心菜、花生、大豆、洋葱	导致甲状腺肿大、削弱新陈代谢能力、降低对碘吸收、降低对蛋白质的消化能力
配糖生物碱	土豆、西红柿	压抑中枢神经、肾炎、致癌、流产以及降低对铁的吸收
棉籽酚	棉籽	能降低对铁的吸收，能杀死精子，有致癌作用
植物凝血素	多数谷物、大豆及其他豆类、土豆	肠炎，能降低对营养物质的吸收
草酸盐类	菠菜、大黄、西红柿	降低食物中钙、铁和锌的溶解度
酚类化合物	多数水果和蔬菜，也包括谷物、大豆、土豆、茶叶和咖啡	破坏维生素B，提高血液中胆固醇，能起到雌激素作用
香豆素	芹菜、欧芹、欧洲防风、无花果	轻度致癌物，对皮肤有刺激作用

贝类、甲克类动物和鱼类吃下由有毒微藻类后会在其体内积累，生吃贝类有时会患胃肠道疾病。未经处理的海蜇也不能食用。

② 含过敏原食物。一些食物成分（如变应原或过敏原）会刺激人体免疫系统，产生一种异常的病理性免疫应答，即过敏性疾病。在临床上的轻度表现为皮肤（荨麻疹）、胃肠道过敏症状（腹痛和腹泻等），重度可致哮喘、过敏性

休克，甚至死亡。

容易过敏的食物主要有以下几大类：含有麸质的谷物及其制品，如小麦、黑麦、大麦、燕麦、斯佩耳特小麦或其杂交品系；甲壳纲类动物及其制品，如虾、龙虾、蟹等；鱼类及其制品；蛋类及其制品；花生及其制品；大豆及其制品；乳及乳制品，包括乳糖；坚果及其果仁类制品，如杏仁、榛子、核桃、腰果、美洲山核桃、巴西坚果等。这些食物引起的过敏占到90％左右。除此之外，一些水果类如柑橘、猕猴桃、草莓、香蕉等，肉类如牛肉、羊肉、鸡肉、猪肉等，其他如芹菜、芥末、芝麻等食物都可能引起过敏。

全球有22％～25％的人患有过敏性疾病，而且人数逐年增加，其中食物过敏占绝大部分。

第三章 资源危机

资源包括水资源、能源资源、矿物资源、生物资源、人口资源等，它们是人类生命活动和生产活动的物质基础，是人类生存的根本。地球储备了各种资源，而且数量很大。但是，经过人类几百万年的消耗，也逐渐走向枯竭。

一 可用水资源危机

我们放眼一望，地球上到处都有流着水的河流，装满水的湖泊，一望无际的海洋，然而今日人类却面临着水资源危机的威胁。这绝不是危言耸听，而是地球现在的真实状况。全球水资源危机已经引起各国高度关注，1995 年，全球有 4 亿人口面临水资源匮乏的压力，预计到 2025 年，这一人口数字将上升到 40 亿。非洲因水资源危机每年致使 6 000 人死亡，约有 3 亿人口因缺水过着贫苦的生活。在未来的 20 年里，非洲至少有 5 亿人口将由于缺水而生活在困境中。

从 20 世纪以来，特别是中叶以后，由于世界人口快速增长，经济快速发展，已经从局部性水资源短缺，迅速发展成为世界性水资源危机，严重制约了世界经济、社会和环境的可持续发展。水资源危机包括两方面：一是水量短缺，即无水可用或供不应求，称资源性缺水；二是水质被污染，虽然有水，但不能使用或受限制使用，称水质性缺水。水缺乏正在演变成为一场全球性的资源危机，正在成为一个关系人类生死存亡的问题！给各国社会的稳定、食品安全性、人体健康、整体经济状况乃至国与国的关系带来一系列问题。

（一）全球可用水短缺状况

水是一种自然资源，又是经济资源，更是战略资源。水资源是可以不断循环和更新，能自我增值的资源，它涉及人类的生活水平和生活质量，涉及国民经济的各个部门；水还是生命的基础，是人类无可替代的生命之源。人类需要的是淡水、不含任何污染物质的清洁水，即可以用的水。如果世界各国正视水资源危机，并采取切实可行措施保障水资源，解决水资源危机的前景是乐观的。许多农业专家甚至预测说，若按以色列的节水效率（国际领先水平），地球可以多养活当今3倍人口，即全球水资源危机是可以化解的。

1. 评判水资源短缺标准

根据国际公认的标准，年人均可支配用水量低于3 000 m^3 为轻度缺水，低于2 000 m^3 为中度缺水，低于1 000 m^3 为重度缺水，低于500 m^3 为极度缺水。不论是发展中国家还是发达国家，现在都有为数不少国家年人均可支配可用水量低于1 000 m^3。在人口众多且常闹旱灾的发展中国家，淡水供应难以满足需求；尼罗河、约旦河、黄河、恒河等河流不但超负荷供水，而且近年来出现长期断流，已使新德里、北京等城市面临巨大的供应压力；中东许多国家已面临缺水困境，成为世界上缺水国家最集中的地区；欧洲约有数万人无法获得足够的饮用水。由于干旱，美国的佐治亚州北部和美国西南大片地区许多城镇陷入了用水恐慌。即便是俄罗斯这样的水资源大国，如今也面临巨大的用水危机。

2. 可用水量地区分布

目前世界上60%的陆地面积，80多个国家，近30亿人口面临水资源短缺。其中缺水最严重的有20个国家，主要是位于气候干旱和半干旱地带、人口众多、经济和社会相对落后的非洲和亚洲发展中国家。这些国家依次（括号中的数字为年人均可支配用水量，单位为 m^3）是：马耳他（82）、卡塔尔（91）、科威特（95）、利比亚（111）、巴林（162）、新加坡（180）、巴巴多斯（192）、

沙特阿拉伯(249)、约旦(318)、也门(346)、以色列(389)、突尼斯(434)、阿尔及利亚(527)、布隆迪(594)、佛得角(777)、阿曼(874)、阿联酋(902)、埃及(936)、肯尼亚(1 112)和摩洛哥(1 131)等。从联合国的人口预测来看，到2050年缺水将影响到全球2/3人口，约54亿人，届时利比亚将位居缺水国家之首，年人均可用水仅为31 m^3；而人口增长速度不那么快的马耳他，也将由世界缺水第一位退居成第四大缺水国，年人均可用水为68 m^3。到2030年，全球半数人口将生活在缺水的环境中，大概有20%的人口无法获得安全的饮用水，超过45%的人口无法享用安全的基本卫生设施。在《全面评估报告》指出："全球每3人中就有1人面临这样或那样的缺水问题"，其中包括北非、中国北部、美国西南部地区的居民。

中国水资源总量是比较丰富的国家，为世界六大重要的淡水国家之一，其中地表水占到水总量90%以上。但中国水资源禀赋条件并不优越，可供人类经济社会活动开发利用的水资源十分有限，而且人口众多，人均可用水资源占有量约为2 100 m^3，其中宁夏、河北、山东、河南等6省(区)的年人均水资源量低于500 m^3，属于严重缺水地区。由于长期以来追求经济增长，忽视对水资源和生态环境的保护，用水粗放、过度开发和不合理利用水资源等人为因素，更加剧了可用水资源短缺。在水量危机程度上表现为海河流域高于淮河流域，高于辽河流域，高于黄河流域，高于西北诸河流域，高于松花江流域，高于长江流域，高于珠江流域，高于东南诸河流域，高于西南诸河流域。海河流域水量危机最为严重，达到危机程度，淮河流域、辽河流域和黄河流域的情况属于濒临危机。

3. 可用水质量地区分布

联合国世界水资源报告显示，按水质指数对世界122个国家排名，位于前10位(水质好)的是：芬兰、加拿大、新西兰、英国、日本、挪威、俄罗斯、韩国、瑞典和法国。排在后10位(水质差)的是：卢旺达、中非、布隆迪、布基纳法索、尼日尔、苏丹、约旦、印度、摩洛哥和比利时。

在水质方面，中国危机程度表现是，淮河流域、松花江流域、海河流域、辽河流域均达到危机程度，黄河流域濒临危机，珠江流域和西北诸河流域属于不安全，其余流域相对较为安全。综合水量、水质这两方面，危机程度的表现是，海河流域高于淮河流域，高于辽河流域，高于松花江流域，高于黄河流域，高于西北诸河，高于珠江流域，高于长江流域，高于西南诸河流域，高于东南诸河流域。其中海河流域、淮河流域、辽河流域均达到危机程度，松花江流域和黄河流域次之，西北诸河和珠江流域的情况属于不安全，其余流域相对较为安全。

4. 水短缺的危害

缺水的危害主要有以下几方面。

(1) 威胁人类身体健康　人类疾病80%与水有关，日益严重的可用水短缺对人类的生命健康造成了极大的伤害。据世界卫生组织发布的报告，发展中国家的各种传染性疾病有95%以上与使用受到污染的水源有关。非洲每年大概有400万人，包括200万左右的儿童，由于饮用不洁净的水引发各种疾病，如疟疾、伤寒、霍乱等。在所有传染性疾病导致死亡的案例中，由水造成的传染性疾病是第三大杀手。中东及中亚地区每年大概有100万人由于缺水而直接死亡，平均每8秒就使一个孩子死去。

(2) 威胁食物安全　由于缺水，导致了非洲很多地区粮食连年歉收；由于缺水，造成土地沙漠化和沙尘暴加剧，减少耕地面积，造成粮食生产萎缩。联合国粮农组织预测，由于严重的缺水，到2030年会导致一些发展中国家的主要产粮区的产量下降两成以上。20世纪中叶以来，占全球41%的干旱地区水量减少、土地退化，其中10%～20%的土地已无法耕种。目前，全球有110多个国家，10亿人受到沙漠化威胁，其中面临流离失所危险的有1.35亿人。其分布分别是：非洲约有2/3面积沙漠化和干旱土地，沙漠化土地占世界的50%；亚洲有50%以上的干旱地区受到沙漠化影响；拉丁美洲及加勒比海地区有近1/4土地出现沙漠化。

逐水草而居是人类的天性。今天，致使人类背井离乡的各种因素中，水排在第一位。由于水资源匮乏，非洲及中东地区已经出现大规模的难民迁徙潮。据联合国统计资料，截至2012年生态难民已经达到了5 000万人；到2030年，预计将会增长到2亿人。

(3) 破坏生态环境　干旱缺水一般可分为背景性、气候变化性和使用超量性3种类型。这3种干旱缺水类型大多一起发生，特别是在发展中国家，

这导致了一系列生态环境的恶化和破坏。一方面降低了地表水体的自净能力，另一方面污水利用（特别是灌溉）不仅污染了土壤和农作物，也加重地表水体污染，而且还污染了河流水体。地表水和地下水遭受污染，又使得很多水源无法提供饮用水，再加上对水资源的浪费和管理不善，全球性水危机变得更为严重。

（4）影响人类正常生活　在缺水比较严重的城市，为了能够维持最低限度的水供给（图 3－1－1），只得实行限时供水。这引发了各种恐慌：人们疯狂抢购瓶装水、排队接水，正常生活被打乱。缺水也会打乱工业生产和经济建设工作正常活动，将导致国家的经济增长放缓。

图 3－1－1　居民提着各种水体在排队接水

（二）　危机根源

地球上的水量其实并不小，全球储存的水总量大约有 13 816 亿亿立方米，其中淡水大约为 3.334 亿亿立方米，占总水量 2.5%左右。估计全球每年消费的水总量大约为 70 亿立方米，这个消费数字与全球淡水总量相比，仅占 1/422 万，应该是不缺水用的。水危机主要由自然原因和人为因素造成。

1. 自然因素

引发可用水危机的自然原因主要是淡水资源有限，而且分布不均衡；人口消费水量不断增加以及气候变化，造成大量淡水流失和淡水来源减少等。

（1）淡水资源不足　海水占地球上储存水总量的 97.5%，大约为 137 亿亿立方米。海水既不能直接饮用，也不能直接用于农田灌溉。可用的淡水占地球水总储存量不到2.5%，其中地球深层的地下水、两极及高山冰川、永久积雪和永久冻层地的冰，占到淡水总储量的97.01%。与人类生产生活密切且较易开发利用的湖泊、河流以及浅层地下水等储量仅是地球总水资源很小的一部分，只分别占地球水总储量的0.009 1%和淡水总量的2.99%，大约为230万亿立方米。而且，自然损耗量也很大，单是土壤蒸发就损失63万亿升水，而每年全球的降水量只有100～150万亿升。地球表面水的"收支"对比，每年淡水"亏空"达243万亿升。地下水通常是不可再生的，过度开采取用会越来越少，还可能引发自然灾害。

(2) 淡水资源分布不均衡　地球上潜在可用水量的空间分布很不均衡，世界各地的实际水资源和人口数量也就限定了该地区的人均实际用水量，因而也就造成了一些地区必然缺乏可用水。

世界上大部分淡水资源分布在美国、加拿大、俄罗斯、巴西、中国、印尼、刚果、印度等少数国家，这些国家的淡水资源总量占到了全球的60%。占世界总人口40%的80个国家(其中9个国家在近东和中东)严重缺水，另外26个国家(共有人口2.32亿)的水资源也很少。

在同一个国家，其内部不同地区的水资源分布也是不均衡的，一些地区缺水。美国的水资源总量丰富，估计达29.702亿立方米。其东北部五大淡水湖的湖水总面积为242.984 km^2，为美国东部提供了丰富的淡水资源。然而，西部17个州属于干旱和半干旱区域，年降水量在500 mm以下；而东部则是湿润与半湿润区域，年降水量为800～1 000 mm。中国长江流域及以南地区，国土面积只占全国的36.5%，而其水资源量则占全国的81%；长江以北地区，国土面积占全国的63.5%，而其水资源量仅占全国的19%。

(3) 水消费量增长　随着世界各国工业化发展、城镇化率不断提高，估计到2030年，世界城镇人口比例将从2000年的42%提高到67%，因而城镇需水量也将大幅度增长。农业生产灌溉用水量也在增加。据世界气象组织和联合国教科文组织2000年报告，全球水消耗量由20世纪初每年消耗的$5\ 000 \times 10^8\ m^3$，20世纪末将增长至每年消耗$50\ 000 \times 10^8\ m^3$，增长约10倍。按地区分布，欧洲和亚洲用水量增长最快，北美洲和非洲居中，南美洲和大洋洲增长最慢。

考虑到人口数量和迁移等因素,全球各个地区的实际人均潜在可用水资源是不同的(表 3-1-1)。其中亚洲人均潜在可用水量最低,大约为 3.26×10^3 m^3;其次是欧洲,为 3.92×10^3 m^3;大洋洲最高,达到 66.69×10^3 m^3;南美洲,大约 31.19×10^3 m^3。需要说明的是,每个洲各个地区实际潜在可用水量的差距很大,如大洋洲年人均潜在可用水量是 66.69×10^3 m^3,而澳大利亚实际年人均潜在可用水量仅仅是 19.7×10^3 m^3。整个非洲的年人均潜在可用水量比亚洲和欧洲都高,但实际上北非很多地区只有 0.71×10^3 m^3。总的来说,年人均潜在可用水量较低的地区大多是干旱和半干旱气候,且人口增长较快。

表 3-1-1 全球各个洲的潜在可用水量

地区	面积($\times10^6$ km^2)	2011 年人口总数($\times10^6$)	每平方千米潜在可用水量($\times10^3$ m^3/a)	人均潜在可用水量($\times10^3$ m^3/a)
非洲	30.10	994.5	135	4.08
亚洲	43.50	4 140.3	311	3.26
大洋洲	8.95	36.1	269	66.69
欧洲	10.46	738.5	277	3.92
北美洲	24.30	528.7	325	14.94
南美洲	17.90	385.7	672	31.19
全球	135.00	6 850.0	316	6.23

中国虽然淡水资源总量不低,大约为 2.8 万亿立方米,占全球水资源总量的 6%,仅次于巴西、俄罗斯和加拿大,居全球第四位,但人均只有 2 200 m^3,仅为全球平均水平的 1/4、美国的 1/5,在全球上名列 121 位,是全球 13 个人均水资源贫乏的国家之一。

(4) 全球气候变化 全球气候变化主要是气候冷暖变化、干湿变化,与水资源量和水质量有着密切关系。气候变暖最主要的影响是冰川面积减少、径流减少,河流、湖泊枯竭,从而导致淡水资源减少。

① 冰川面积减少。气候变暖将使地球南、北极覆盖的冰雪融化并流进海洋,变淡水为咸水或半咸水。冰川是地球上最大的淡水水库,全球70%的淡水储存在冰川中,冰川面积的减少和消失,意味着淡水大量减少。

地球的南极洲、北极地区是人类最大的淡水资源库,面积为1 400×10^4 km^2,95%以上面积常年被冰雪覆盖,巨大的冰块厚度达2 450 m,冰雪总量约为2 700万立方米,占全球冰雪总量的90%,储存了全球可用淡水的72%。据估计,这一淡水资源可供全人类用7 500年。然而,由于气候变暖,这个巨大的淡水库正在大范围缩减,大约每年有152 km^3 的冰雪融化,估计北极地区到2040年将不再有冰雪。而被称为地球第三极的高亚洲地上的冰川,最近30年也正全面退缩。1912～2000年,非洲乞力马扎罗山的冰川面积减少了81%,如果情况持续恶化,15年后山上的冰盖将全部消失。1976～2000年,坦桑尼亚境内的Furtwangler冰川面积缩减了60 000 m^2,约减少了一半。肯尼亚山的冰盖也大范围融化,自1963年以来该山脉40%的冰盖已经消退。

由于冰川消退导致许多发源于此地的湖泊、河流日渐干涸,如阿特拉斯山的积雪融化,使摩洛哥的季节融水供应量减少;维多利亚湖和乍得湖的水量在1973～2002年减少了一半;尼罗河、尼日尔河和赞比西河等也都出现了严重的水量下降情况。

② 径流减少。大气环流异常影响降雨的分布,使一些地区降雨量减少,径流量减少,河流枯竭。有关资料显示,全球的600多条主要河流中,已经有超过半数完全枯竭。这种情况加大了当地的水资源供水压力,南部非洲地区尤为严重。非洲的斯威士兰主要流域的径流量在未来的2021～2060年将出现不同程度的减少,最严重的减少值达40%。到2050年,南部非洲的赞比西河流域(南部非洲第一大河)的径流量也将减少,其中Cuando Chobe流域的径流量甚至会下降100%。此外,气候整体变暖,土地水蒸发量加大,使农业需水量加大,也加剧了缺水严重性。

2. 人为因素

由于工农业生产活动污染一些淡水水源,导致大量淡水水质下降,达不到可用水标准;河流、湖泊过度开发利用以及森林植被遭受破坏等,导致了河

流流量减少甚至断流(图 3－1－2),湖泊水量减少甚至干涸,淡水来源大幅减少,引发水资源危机;其次,水资源浪费也是导致水资源危机的一个重要因素。

图 3－1－2　在枯竭河流的河水

(1) 水体污染　联合国的有关报告指出,目前全球上大概有 60％的大江大河已经被污染,其中大部分污染还比较严重。地下水的污染更是触目惊心,而全球的液态淡水大概有 90％是储存在地下水层中的,地下水是地区淡水的主要水资源。

世界水资源报告显示:有 50％以上的发展中国家面临水资源被污染的危险;发达国家也依然存在水污染问题,只是管理和治理较好,污染程度较轻。

① 河流水污染。工业生产过程中产生的废水,尤其是城市中的施工现场,泥浆、油漆、酸碱盐、各种无机金属化合物等,以及居民生活废水和农业种植过程中使用的大量农药、化肥等流入河流,致使河流水体的金属含量、化学物品含量增加;细菌与微生物含量上升;河流底层污泥长时间悬浮于河流中,使水体富营养化,人可以直观感觉到河流气味难闻、河水混浊等(图 3－1－3)。

世界每天有约有 200×10^4 t 垃圾被倒进河、湖和小溪中,许多河流、湖

图 3-1-3 被污染物覆盖的河流

泊、水库覆盖着各种污染物，使河流、湖泊、水库的水体受到污染。每年还有约 $4\,200\times10^8\ m^3$ 以上的污水排入江河、湖泊，每年污染了大约 $55\,000\times10^8\ m^3$ 淡水。全球径流总量的 21.4%以上受到了污染。

美国河流污染状况比人们预想的更为严重，水源中含有的重金属、有机污染物质已经对人类、水生物造成了严重的威胁。在检测的 38 条主要河流中，总共含有近 400 种有机污染物和近 10 种主要重金属，个别污染严重的河流中的有机污染物达到 160 种，即便是位置偏远的河流中也至少含有一种或两种有机污染物。

因此，一直以来，美国始终认为自己喝的水是世界上最安全、最干净的饮用水，因此在美国家庭中，仅仅只安装简单的自来水过滤装置是极为常见的。但事实上，现在美国有数千万家庭饮用的自来水是含有有毒物质的“污水”，这从美国河流严重污染不难找到其答案。从 2004 年以来，有近 5 000 万民众饮用的水源中含有砷、铀等危险化学物质及各类有机物、细菌。在某些地区的饮用水源中，镭的含量超过了法律规定的 20 倍。而这些危险的重金属及化学物质只需要较少的剂量就可能使人致癌。

欧洲受到长期监测的水源地中有 24%受到了不同程度的污染，而近 50%的水域正在受到重金属和化合物的慢性污染。

中国每年约有 $625\times10^8\ m^3$ 工业废水和生活污水排入江河。中国主要

江河受污染河段为45 800 km，占河流总长的46.4%，其中V类水的河段10 247 km。黄河最大支流渭河流域和湖北襄阳的河水水体溶解氧为0(溶解于水中的分子态氧称为溶解氧，用每升水里氧气的毫克数表示)，以致鱼草不生。

② 地下水污染。地下水是看不见的水源地，是非常重要的自然水资源，也是许多国家可用淡水的重要资源。美国有52.5%的人口依赖地下水作为饮用水。中国600多个城市中有400多个都是以地下水为饮用水源，40%的耕地部分或全部依靠地下水进行灌溉。中国地下水的供给量已经占到了全国总供水量的20%，北方缺水地区还占到52%，在华北和西北的城市供水中占到了72%和66%。全球地下水的开采量也很大，20世纪80年代中后期，地下水开采量为每年$5\,500\times10^8$ m^3。

这个重要的淡水资源现在却受到了越来越严重的污染。中国有90%地下水遭受了不同程度的污染，其中60%污染严重。同时地下水污染正由点状、条带状向面上扩散，由局部向区域扩散，由浅层向深层渗透，由城市向周边蔓延。地下水污染状况与地表水污染状况有着极大的不同，并且地下水污染存在较大的隐蔽性。地表水污染能够根据水体的变化直接判断，但要发现地下水质变化以及污染情况需要耗费大量的时间，因此，其污染的具体情况极难被发现，容易出现居民误饮被污染的地下水。地下水流较为缓慢，其自净能力难以消除人类活动所带来的污染，因此一旦出现地下水被污染的情况，在短时间内难以恢复原有的水质标准。

③ 产生污染的根源。工农业生产中的农药、化肥、有机废物、城市生活污水、工业废水及一些自然地下溶解物都是造成水源污染的原因。农业上用的氮肥利用率仅有35%，其余65%都流入江河湖泊；喷到农作物上的农药仅有10%～20%被植物吸收，其余80%～90%都降落于湖泊、江河中。工业生产每年排进环境的SO_2废气大约1.5×10^8 t，废水大约4×10^{11} t，各种固体废弃物大约3×10^9 t；主要的有害物质有硝酸盐氮、亚硝酸盐氮、氨氮、铅、砷、汞、铬、氰化物、挥发性酚、石油类、高锰酸盐等。这些有害污染物质将给江河、湖泊和地下水的水体造成污染。

工业“三废”，即废气、废水和废渣。工业废气如二氧化硫、二氧化碳、氮氧化物等有害物质会对大气产生一次污染，然后这些被污染的气体会随降雨落到地面，并经地表径流而流入河流、渗进地下，造成河流、地下水二次污染。未经处理的工业废水如电镀工业废水、工业酸洗污水、冶炼工业废水、石油化工有机废水等有毒有害废水都是经由城镇排水管道排放，而这些废水不仅会进入各大水系，还会在排放过程中流入到河流、地下。

此外，城市废水处理也存在问题。距离污水处理厂排放口越近的水样，其所含的有害化学物质含量越高。

生活污水中的固体悬浮物和颗粒含有大量的氨、氮、磷、细菌等物质，城镇居民生活产生的垃圾会释放出大量的重金属、放射性等物质，这些生活垃圾与生活污水无害化处理率低。中国每年累计产生垃圾达 720 亿吨，堆放占地面积约 5.4 亿平方米，并以每年约 3 000 万平方米的速度扩大，现在中国已有 200 多个城市陷入垃圾重围之中。大量有毒物质及危险废弃物与生活垃圾一起混合填埋，处理技术落后、垃圾填埋选址不当，垃圾填埋场的渗漏已经造成地下水严重污染，成为地下水的主要污染源之一。

农业灌溉不但消耗水资源，同时也会带来严重的污染。农药利用率不足 10%，化肥的利用率也仅有 45%左右，大部分的农药、化肥残留物随着灌溉用的水，或者随着雨水渗入土壤，经过上层用水的挤压，最终慢慢流入河流和地下水系统。

另外还有自然污染、突发性污染。有些地区，由于特殊的自然环境与地质环境，地下水天然背景不良，如部分地区地下水含有高砷水、高氟水、低碘水等。由于自然灾害、机械故障、人为因素及其他不确定性因素，引发固定或移动的潜在污染源偏离正常运行状况而突然排放污染物，经各种途径进入水体，从而造成突发性水污染事故。

据统计，2006～2011 年，中国发生重大突发性水污染事故 179 起。如 2012 年发生的广西龙江镉污染、山西长治苯胺泄漏等事件；2005 年发生吉化爆炸事件，100 t 苯类进入松花江，引发松花江严重水污染，从而导致哈尔滨全市停水数日，300 多万人无水喝。

(2) 工业生产、农业灌溉用水量增加　在全球范围内，2010 年与 1900 年相比，农业用水增长了 6 倍多。农业对水的需求量增长速度在经济欠发达地

区尤为显著，如非洲、亚洲和南美洲，在这些地区农业用水占了总用水量的90%。印度的灌溉面积位居全球第一位，从1955年到今天，印度利用地下水灌溉的面积增加了近120倍，利用地表水灌溉增加了50倍左右。而美国的农业科技非常发达，但是其利用地下水灌溉的面积从20世纪50年代以来也增加了45%左右，而且大部分灌溉之后的水白白地流失，这种现象在发展中国家则尤为明显。

到2030年，发展中国家的灌溉用水预计将增长14%；经济和工业增长也会导致企业用水增加，预计到2025年其用水量将上升55%。工业和生活用水的增长速度更快。1900～2010年，全球工业用水和生活用水增长了大约20倍，其中以生活用水增长更快，达25倍(表3-1-2)。

表3-1-2　全球不同用途年均消费水量($\times 10^3\ m^3$)

用途	1900年	1950年	1980年	1995年	2010年	2025年(预计)
农业	321.00	722.0	1 445.0	1 753.0	1 987.0	2 252.0
工业	4.61	16.7	38.3	49.8	60.8	74.1
生活	4.81	19.1	70.9	82.6	117.0	169.0
总数	330.42	757.8	1 554.2	1 885.4	2 164.8	2 495.1

(3) 河流、湖泊过度开发利用　由于自然因素和人为因素，造成了一些河流、湖泊水量减少，甚至干涸，其中又以人为因素造成的影响更大；其次，不断加剧的地下水开采，降低了河流、小溪和湖泊的基流，湖泊水网被切断。

河流有一定自身需要的流量，称为生态流量。人为控制河流中的常流水量作他用，流量逐年减少或者发生干涸。全球15 m以上的大坝在1950年时仅5 000多座，到1995年便增加到大约38 000座。许多河流的水量因此大幅减少，20世纪中叶以来，世界著名大河主要是人类过度开发利用造成了断流，如美国的科罗拉多河和非洲的尼罗河。黄河在1972～1999年这28年间，中下游有21年出现断流，在1997年断流时间长达226天，河口约300天无水入海。

死海在过去40年间水面面积减少1/3，水位降低25 m，现在还正以每年

1.2 m 的速度下降。中国的白洋淀在50年代，其水面面积有561.6 km^2，但到2006年已缩减到366 km^2。由于近几十年入淀水量锐减和淀内淤积，曾多次发生干淀现象，其中在1983～1988年曾出现连续5年干淀。三峡水库建成后，入洞庭湖径流量大幅降低，导致湖泊水面面积锐减，加重了洞庭湖干涸程度。三峡水库运行前15年(1988～2002年)，总入湖水量为35 755 $\times 10^8$ m^3，后15年(2003～2017年)，总入湖水量降为31 286 $\times 10^8$ m^3，下降大约10%，水域面积缩小。

此外，围湖造田和农业结构调整，以及湖区水产养殖业迅速发展，随之而来的是大量天然湖泊被分割成养殖水区。

(4) 森林植被遭受人为破坏　降雨通过森林的冠层与林下植被的灌草层的分配与固定，渗透到地面，通过枯枝落叶及草丛的层层吸收及下渗到地下，形成地下水。有部分水会蒸发返回大气中，植被越丰富多样，越容易被地面吸收，返回成为地下水的量也就越多。在干旱地区，森林植被对河流的径流量影响尤为明显，森林植被受破坏甚至会使干旱地区的中小流域径流量减少5%。

森林植被还能控制土壤不被侵蚀，从而减少河流的泥沙。这种控制侵蚀的能力与森林的树种、结构及树木的年龄有一定关系。足够封闭的多层次森林能够减少80%以上的土壤侵蚀量，而土壤侵蚀量的减少对水资源总量增加是大有裨益的。森林生态系统还能够进行养分循环，从而能够在一定程度上过滤、吸收与分解各类水体中富氧物及污染物质，减少水体中细菌的数量，能够保护和改善水质。

森林因其硕大的林冠、丰富的枯枝落叶、复杂的根系，具有调节气候、涵养水源、净化水质、调节径流、保持水土等的生态功能。林区森林在保证区域水资源平衡、水安全和水供给等方面发挥着巨大的作用，森林植被变化势必会引起水量平衡以及水质变化。

1997年，卫星照片告诉我们：地球上的森林面积正在迅速地减少，其中一些国家的森林正在消失。在近50年里，菲律宾失去大约90%的热带丛林；泰国在1961年森林覆盖率为50%以上，而现在仅剩下18%；非洲大陆几乎一半以上的面积被埋没在沙漠荒山之下；整个中东地区，印度半岛，中国的西

藏、青海、新疆，蒙古国以及俄罗斯的大部分地区呈现的都是土黄色。在地球生态史上，森林面积曾达到76亿公顷，有2/3的陆地面积被森林所覆盖。而现在，全世界仅有林地约28亿公顷。

联合国粮农组织报告称，在1990～2000年这10年间，被砍伐的森林面积为1 460×10^4 hm^2，如果考虑到人工造林每年增加的面积（每年增加大约310×10^4 hm^2），全球平均每年减少的森林面积为940×10^4 hm^2（表3-1-3）。欧洲森林面积呈增长的趋势，年均增长88.1×10^4 hm^2，年均增长率为0.08%。其他各大洲的森林面积都是呈减少的趋势，其中非洲森林面积减少数量最多，每年毁林达526.2×10^4 hm^2，年均毁林率高达0.78%。

表3-1-3　1990～2000年全球各大洲森林面积增减情况（×10^4 hm^2）

欧洲	+88.1	+0.08
非洲	-526.2	-0.78
南美洲	-371.1	-0.41
北美和中美洲	-57.0	-0.10
大洋洲	-36.5	-0.18
亚洲	-36.4	-0.07
世界	-939.1	-0.22

（5）用水严重浪费　在工农业生产中以及在日常生活各个方面都普遍出现水资源浪费现象，这加重了水资源短缺程度。

① 农业灌溉水有效利用率低。农业是用水大户，每年用水量很大，占总用水量的70%以上，也是用水浪费最严重的。不少农业生产区仍在重复着历史沿袭下来的传统灌溉方式，如土渠输水、大水漫灌，以致近50%的水损失于蒸发和渗漏。目前有多达60%的灌溉用水在白白流失，造成巨大浪费。联合国粮农组织正着手制定一项粮食安全计划，准备在一些发展中国家因地制宜地采取措施，帮助它们提高用水效率，并促进发展中国家之间进行技术和专利转让。

② 工业生产用水重复利用率低。在工业领域的水资源浪费现象也突出，如冷却水回收利用率较低。

③ 生活用水浪费。在建筑物的给排水工程中，由于管道及设备问题造成的漏水现象非常多，管道锈蚀、阀门质量问题等导致的水资源浪费随处可见，几乎每天都存在因给排水管道设备损坏或者是出现的砂眼而导致漏水问题。城市居民生活用水同样浪费严重，一个水龙头一秒钟滴漏一滴水，35 分钟就可滴满一个 240 ml 的量杯，一年就要浪费上百吨水。中国每年马桶漏水这一项就漏掉 5 亿吨，仅北京市每年水管和马桶漏水就损失上亿吨。全自动洗衣机、洗碗机、电热水器、冲水马桶等，方便了生活的同时，不可避免地引发了生活用水的浪费。仅长春、吉林、沈阳和哈尔滨等城市的洗浴、嬉水场所，每天大约有 4 万吨宝贵的水资源变成了污水。洗车用水量越来越多，不合理的洗车方式必然带来水资源浪费。郑州市工商部门登记的近 300 家营业性洗车行年消耗自来水约 300 万吨，北京市洗车一年洗掉 13 个昆明湖的水。

（三） 解决危机办法

世界各国、各地区也都采取了一些积极有效的措施，应对水资源危机，主要有提高海水淡化技术水平、利用雨水、改革工农业用水方式、保护生态环境、强化污水再生与回用、增强节水意识、搞好水资源管理、减少水资源消费等。

1. 海水淡化

海水淡化是从海洋中获取淡水的技术和过程，使经过处理后的海水达到生活和生产用水标准的水处理技术。20 世纪 50 年代，美国专设盐水局，30 年内拨专款 14 亿美元研发新的脱盐技术，世界海水淡化技术的研究正式开始，逐渐被全球重视。经过 60 年的发展，取得了重大技术突破，海水淡化的产量飙长，世界上最大的多级闪蒸法（MSF）淡化厂规模每年达 88×10^4 m^3，最大的反渗透（SWRO）淡化厂规模每年超 52×10^4 m^3。2011 年世界淡化水日产量约 $7\,190\times10^4$ m^3，解决了 2 亿多人口的供水和区域发展问题。近 30 年内，海水淡化成本降低了约 2/3，淡化水能耗降到 3 kWh/m^3，淡化水成本为每立方米 0.5 美元左右，世界海水淡化工程额每年为 50 亿～100 亿美元。这是海水直接利用、获得可用水有很大潜力的途径，是应对全球水资源危机

的有效手段。大规模海水淡化应用已有成功事例，沙特、以色列等国家70%的淡水资源来自海水淡化。1999年，全球的海水淡化能力为每天2 700×10^4 m^3，到2004年，上升到4 000×10^4 m^3。据不完全统计，全球已有160多个国家和地区在利用海水淡化技术，有超过16万家海水淡化工厂，每天可生产9 500×10^4 m^3 淡水，其中近半由中东和北非地区生产。此外，马尔代夫、新加坡、卡塔尔等8个国家利用海水淡化技术生产的淡水，甚至超过了取自天然水源的淡水量。美国、日本、西班牙等国为解决本国淡水资源，也在大力发展海水淡化产业。2004年美国拥有海水淡化厂2 560多家，淡化水日产量约360万吨，跃居世界第一。截至2017年底，中国已建成海水淡化工程136个，日均产水规模近120万吨。中国北大港电厂建成日产7 200 t海水淡化装置，年产淡水200×10^4 m^3，直接用做北大港电厂的冷却水；塘沽也建成日产1万吨的海水淡化厂，用于天津碱厂溶碱，年替代自来水400×10^4 m^3。

海水淡化就是将海水中的淡水和其中的盐类分离，从中获得淡水。分离方法可分为两类：一类是从海水中分离出淡水，如蒸馏法、反渗透法、水合物法、冰冻法、溶剂萃取法等；另一类是从海水中除去盐类，如电渗析法、压渗析法等。实际应用规模化的主要方法是蒸馏法、反渗透法和电渗析法。截至2015年中期，全球海水淡化技术中反渗透法占总产能的65%，多级闪蒸占21%，电去离子占7%，电渗析占3%，纳滤占2%，其他占2%。

(1) 蒸馏法 又称蒸发法，是最早采用的海水淡化技术，早期主要用于少量蒸馏水的生产和制糖工业的液浓缩，近代工业逐渐用于电厂和大型工业锅炉供水。蒸馏法海水淡化的技术类型较多，主要有多级闪蒸海水淡化、多效蒸发海水淡化和压汽蒸馏海水淡化。多级闪蒸海水淡化是将海水加热到一定温度后，引入到一个闪蒸室，其室内的气压低于海水的饱和蒸汽压，于是部分海水迅速汽化，冷凝后即为所需要的淡水。而另一部分温度降低的海水，则流入另一个气压较低的闪蒸室，又重复前面的蒸发和降温过程。将多个闪蒸室串联起来，室内气压逐级降低，海水温度逐级降温，就可以同时产出淡化水。多效蒸馏技术是将一系列水平管喷淋蒸发器串联起来，蒸汽进入第一效蒸发器，与注入的海水进行热交换时蒸发海水，冷凝成淡化水；蒸汽进入第二效蒸发器，并使几乎同量的海水以更低的温度蒸发，自身又被冷凝。这

一过程一直重复到最后，在此过程中连续产出淡化水。压汽蒸馏技术是海水蒸发过程所产生的二次蒸汽，经压缩机增压，蒸汽饱和温度相应提高，再输入到蒸发器管束内，作为注入进料的海水蒸发的热源，并自身冷凝为淡化水。上述过程周而复始，连续生产出淡水。

实用的大规模蒸馏设备为多级闪急蒸馏和多效多级闪急蒸馏。所谓闪急蒸馏（以下简称“闪蒸”）是利用海水本身在降温时放出的热量来供给海水蒸发时所需的热量。闪蒸过程是在一个压力低于水温相应的蒸汽压的室内进行的，若将闪蒸室一个个连接起来，且一个比一个压力低，则海水每从一个压力较高的闪蒸室流向压力较低的闪蒸室时就蒸发了部分海水，而用作冷凝的海水逆向上行，回收热量，这样便实现了多级闪蒸。在一个闪蒸室中产生的蒸汽在下一个室中冷凝，其汽化潜热用作下一室的加热热源，每个室就叫做一效。多效和多级相结合的海水淡化法就是多效多级闪蒸法，它既保留了闪蒸法结构简单的特点，同时也保留了多效法的高效率优点。

（2）电渗析法　直流电为推动力，利用阴、阳离子交换膜对溶液中的阴、阳离子作选择性透过，使水体中的离子通过膜迁移到另一个水体中，实现物质分离。两种浓度不同的液体通过一张渗透膜时，浓度大的电解质穿过膜向浓度小的液体中扩散，这种现象称为渗析，这是由于液体浓度不同而发生的一种自然现象。渗析过程与溶液浓度差大小有关，浓度差值越大，渗析速度就越快，反之则速度越慢，其推动力就是浓度差。靠浓度差这种自然渗析效率太低，假如在膜的两边增加直流电场，扩散速度会大大加快。液体中电解质离子在直流电作用下迅速地穿过隔膜，迁移至隔膜的另一边，这就是电渗析原理。电渗析用于海水淡化，就是用直流电将浓盐水与淡水分离，从而得到淡水。一般用于海水淡化的膜为阴、阳离子选择性膜，分为强酸性的阳离子选择性膜和强碱性阴离子选择性膜。

（3）反渗透法　用一张只透过水而不能透过盐类的半透膜将淡水与海水隔开，淡水会自然地透过半透膜至另外一侧，这种现象称为渗透。当渗透到海水一侧的液面达到某一高度时，渗透的自然趋势被一压力所抵消，从而达到平衡，这一平衡的压力即为该体系的渗透压。如果在海水这一侧加一个大于渗透压的压力，海水中的水会透过半透膜到淡水这一侧，这种与自然渗

透相反的水迁移过程称为反渗透。反渗透膜是一种用特殊材料和加工方法制成的具有半透性能的薄膜，它能够在外加压力作用下使水溶液中的某些组分选择性透过，从而达到海水淡化、净化或浓缩分离的目的。反渗透膜组件有多种结构形式，最常用的是中空纤维和螺旋卷式两种；根据膜材料或成膜工艺又可分为非对称反渗透膜、复合反渗透膜。目前反渗透膜组件使用寿命为3～5年。

用于海水淡化的半透膜材料通常是三醋酸纤维素。为了得到较大的淡水产水量，单位容积的淡化器中填充的膜面积需尽量大。实际使用时采用两种形式：一种是将膜做成中空纤维，另一种是将一长条膜卷成筒状，前者叫中空纤维式，后者叫卷式。反渗透法目前已成为投资最少、成本最低的海水淡化技术，其应用十分广泛。

海水淡化技术的进步虽然令人鼓舞，但其衍生的环境问题也不容忽视。高温、高盐、掺杂化学药剂的废水等，通常直接排入海洋，在一定程度上影响着海洋生态环境，甚至使海洋生物种群改变。因此，人类在利用海水“解渴”的同时，还应加强对海域生态环境的保护，重视废水的处理工作。

2. 利用雨水

雨水是天赐的重要淡水资源。许多沿海城市年降雨量很高，如墨尔本和悉尼的年平均降雨量大约为 1 000 mm；新加坡的年平均降雨量更大，可达 2 000～2 400 mm；上海、北京和台北的年平均降水量也有 1 500～2 000 mm 之多。高降雨量对于这些人口稠密的大城市有特殊的意义，如果能将降雨收集起来，可以缓解全球水危机。北京市每年雨水径流流失量为 2.81 亿立方米，大约相当于 100 个昆明湖的水量。雨水的水质一般很好，不含有毒物质，经过简单沉淀处理即可用于灌溉、消防、冲洗汽车、喷洒马路等。由于不是直接使用自来水，可以减少可用水的消耗，同时也能节省开支。

（1）雨水利用历史悠久　雨水利用可追溯到公元前 6000 多年的 Aztec 和玛雅文化时期，那时人们已把雨水用于农业生产和生活所需。由于受副热带高压和东北信风带控制，中东地区常年干旱少雨。为了解决生活和农业用水，公元前 2000 多年，典型的中产阶级家庭就利用雨水收集系统收集雨水用于生活和灌溉。阿拉伯人收集雨水种植了无花果、橄榄树、葡萄、大麦等。埃

及人用集流槽收集雨水作为生活之用。阿拉伯闪米特部族的纳巴泰人在降雨仅100 mm的内盖夫沙漠创造了径流收集系统，利用极少量的雨水种出了庄稼。公元前1700年，古罗马凯撒宫殿内建有先进的雨水收集和存储系统。

中国早在4 000年前的周朝，就利用中耕技术增加降雨入渗土地，提高农作物的产量。2 500多年前，安徽省寿县修建了大型平原水库——芍陂，拦蓄雨水用于灌溉。在春秋末期，人们用围田来收集雨水，用以干旱时节灌溉农田。先秦时期，人们开沟起垄利用雨水抗旱。东汉时期修筑梯田利用雨水。宋代修筑坡塘，开挖池塘，用以积蓄雨水，为梯田提供灌溉。在生活用水方面，建涝池、水窖和天井蓄积雨水，以备人畜饮用，或每家每户挖一水窖，或一村挖一大池塘，其底与壁均用胶泥或米汤和泥打造以防渗水。甘肃的"121"雨水导流工程，就是在农户院中砌面积100 m^2 水泥集流场，并挖两口淡水窖，发展一亩左右的庭院经济。

不过，雨水落地以后流经地面和排水管道，会被各种矿物质、农药、化学品、细菌等污染。如能在雨水落地之前将其收集起来，得到的雨水就会比较干净，无需专门工厂过滤或其他化学处理。

(2) 现代雨水利用方式　美国制定所谓就地滞洪蓄水，于是芝加哥市兴建地下隧道蓄水系统。英国伦敦创建世纪圆顶示范工程，即屋顶收集雨水，建筑物内铺设水循环设施，城市的马路、建筑物、屋顶、公园、绿化地等成为截留雨水的场所。

日本自1980年开始推行雨水储留渗透计划，各种雨水入渗设施得到迅速发展，包括渗井、渗沟、渗池等。这些设施占地面积小，可因地制宜地修建在楼前屋后。1992年开始将雨水渗沟、渗塘及透水地面作为城市总体规划的组成部分。东京有83%的人行道采用透水性柏油路面，使雨水渗入地下，汇集后利用。在传统和功能单一的雨水调节池基础上，已发展成集景观、公园、绿地、停车场、运动场、居民休闲和娱乐场所等为一体的多功能雨水调蓄利用设施，即"微型水库"。日本目前已拥有利用雨水设施的建筑物100多座，屋顶集水面积达 20×10^4 km^2。

新加坡有着完善的集雨和蓄水系统，共分为6个集雨区，建成了10余个水库和蓄水池，以便尽可能地收集雨水。以前，新加坡的蓄水池还主要分布

在居民相对比较少的西部和北部，目前在东西的商业旺区也已建成了豪雨收集蓄水池，实现了雨水100%收集，平均每天收集的雨水可满足日常用水量的约40%。

美国雨水利用常以提高天然入渗能力为目标，在许多城市建立了屋顶蓄水池和就地入渗池、井、草地、透水地面组成的地表回灌系统。如加州富雷斯诺市的地下回灌系统，10年间(1971～1980年)该地下水回灌总水量达1.338×10^8 m^3，其年回灌量占该市年用水量的20%；芝加哥市的地下隧道蓄水系统，以解决城市防洪和雨水利用问题；波特兰市“绿色街道”的改造设计项目，在街道绿化改造中将一部分街道上的停车区域改建成种植区，栽种多种植物，形成一个集雨水收集、滞留、净化、渗透等功能于一体的生态处理系统，并营造出自然优美的街道景观。

家庭雨水收集利用在澳大利亚非常普遍，在农村几乎已经得到全面普及，主要用于农业灌溉或家庭非饮用的水资源；在城市内设有两套集水系统，一套是生活污水集水系统，另一套是雨水汇集系统。

中国在20世纪80年代后期，开始将收集的雨水用于发展庭院经济和大田农作物补充灌溉。自1988年以来，在中东部干旱缺水地区开展了雨水利用试验示范研究，如甘肃省的“121雨水集流灌溉工程”、内蒙古的“112集雨节水灌溉工程”、宁夏的“窖水蓄流节灌工程”等。在2008年北京奥运场馆中，有15个场馆安装了高水平的雨洪利用系统，并使用了透水性强的铺装材料，每年可收集雨水100×10^4 m^3，鸟巢和水立方是其中的代表。在鸟巢内部钢架结构中暗藏了特制的雨水斗；在国家游泳中心的屋顶设有雨水收集系统，经过收集、初期弃流、调蓄、消毒处理等过程，将雨水用于室外的灌溉、景观补充用水，以及室内卫生间用水。除此之外，诸如网球中心、射箭场、曲棍球场都设有雨水收集和污水处理系统，这些场馆可以不依靠外界的水源补给，实现场馆内部水资源循环使用。

上海浦东的孙桥现代农业园区，将面积6×10^4 m^{3}大棚顶盖的雨水都收集起来，通过连接的排水侧沟送往4座大型蓄水池。每座蓄水池容积60 m×25 m×3 m，能积蓄3 000 m^{3}的雨水，并经沉淀和过滤处理后作为农业用水，浇灌农作物。上海浦东机场利用周边环绕全长32 km的围场河作为蓄水池，围场河里的天然雨水经过简单处理后，不仅能满足第二航站区的冲厕用水、宾馆洗车用水，还能作为能源中心冷却塔补充用水、景观水池补充用水、道路冲洗及绿化浇灌等用水。

陆地上雨水收集往往受到地形地貌、建筑物和人类活动的限制，相比之下，海上雨水收集较为方便。海上雨水收集消耗很少能量，是对海水淡化方法的一个补充，特别适用于年平均降雨量大的沿海城市。事实上，雨水落地也是回到海里。一种海上雨水收集装置由两部分组成：一个大型的海面雨水收集器和一个水下雨水储存箱。雨水收集器是圆形的，可充气，由纤维塑料或橡胶做成；雨水储存箱是圆柱形的，可伸缩，由金属和纤维塑料做成，固定在海底基座上。暴雨来临之前给雨水收集器充气，浮到水面上收集雨水并通过管道传送到储水箱，收集的雨水抽到岸上的水厂，经简单处理后送入供水系统。为了收集足够的雨水，可能需要几个雨水收集器联合使用。

3. 废水回收和利用

这既可降低生产成本，又有利于环境保护。废水在本质上还是水，只要把水体中的污染物去掉，还是可以成为可用水。把废水回收处理后，也将是巨大的水资源。城市污水处理是实现水资源重新利用、提高水资源利用率的有效途径。瑞士、德国、瑞典等国学者在20世纪90年代相继提出的“污水源分离”理念，简化了生活污水处理回收利用过程。

生活污水主要来自盥洗、淋浴、洗衣、卫生间冲厕以及厨房等的废水，其污染物浓度差异很大，可简单将其分为灰水、黑水与厨房废水，其中的灰水为洗浴、洗衣和盥洗等废水，占生活用水量的30%～45%，其污染物浓度低，一般没有病原微生物和色度，容易净化；黑水为来自卫生间大小便冲洗的废水，占生活用水量的25%～35%，其有机碳和氮磷等的含量占70%以上，而且含各类病原微生物和色度；厨房废水主要包括餐饮和厨房用水，约占生活用水量的20%～30%，主要污染物属于有机碳类、油类和表面活性剂等。污水源分离技术就是将生活污水从源头进行分离和收集并输送。

污水回收系统是通过工程工艺来模拟自然界的水循环，包括有计划的污水再生、循环和回用。污水处理技术的迅速发展，也使人类不得不重视污水作为第二水源的可利用价值。现在，污水处理回用已经成为世界不少国家解决水资源不足的战略性措施，在一定程度上满足了工农业生产和城市发展对可用水的需要。

(1) 废水回收利用状况　美国的污水处理再利用项目已经取得成效，有300多座城市实现了污水处理后再利用。加利福尼亚州Irvine大农场将处理的污水用来农田灌溉、洗车和工业用水，污水处理回收利用规模达日1 500 t。弗吉尼亚州Upper Occaquan回用水补给水资源，利用规模日7 200 t。得克萨斯州的EI Paso回用水补给水库，利用规模日1 368 t。美国自20世纪70年代初以来，虽然总用水量增加了约1.4倍，但从自然可用水资源中总取水量反而减少(表3-1-4)。

表3-1-4　部分国家再生水利用情况

国家	城市	再生水利用规模 ($\times 10^4\ m^3/d$)	回用对象
俄罗斯	莫斯科	55.5	工业用水
美国	拉斯维加斯	24	电厂冷却水
波兰	费罗茨瓦夫	17	灌溉、地下水回灌
墨西哥	联邦区	15.5	浇灌花园
沙特阿拉伯王国	利雅得	12	石油提炼、灌溉、商业大楼杂用水
美国	伯利衡	40	钢用水
南非	约翰内斯堡	5	电厂冷却水
日本	东京	37	工业用水、中水

日本在1955年开始污染水处理回收水利用，从中央到地方都制定了指导计划。1980年以东京为首的利用规模迅速扩大，在1991年日本的“造水计划”中明确将污水处理再生利用技术作为最主要的开发研究内容加以资助，并开发了很多污水深度处理工艺，在新型脱氮、除磷技术、膜分离技术、膜生物反应器技术等方面取得重大进展，对传统的活性污泥法、生物膜法进行不同水体的工艺实验，建立起以赖沪内海地区为首的许多“水再生工厂”。

作为世界上最缺水国家之一的南非，再生水是重要的供水资源，通过水的再生和回用提供的水量占到总供水量的22%。纳米比亚温德霍克市建成了世界上第一座回用饮用水厂，污水经二级处理后进入熟化塘，经除藻、加氯、活性炭吸附后与水库水混合，作为该市自来水水源，回用水量在城市供水体系中的比例达20%～50%。目前在南非已广泛采用双重供水系统(也称双轨或双管系统)，再生水厂位于污水管网的中上游，接近用水点。

尽管分质供水系统一次性投资费用高，但对于水资源严重短缺的城镇，仍不失为一种有前途的供水方法。由于回收水中含有营养盐，使灌溉的植被大大节省了肥料。另外，回用水用户支付回用水的费用比自来水低得多，体现了再生水在经济上的竞争优势，并可使污水处理的运营盈利。

以色列再生水利用最突出的特点是，把再生水作为国家水量平衡的重要组成部分。早在20世纪60年代，以色列就把污水再生利用列为一项国家政策，到1987年，建造了210个市政再生水利用工程，规模最大的每天供水$20\times10^4\ m^3$，一般为每天$(0.5\sim1)\times10^4\ m^3$。现在已实现再生利用100%的生活污水和72%的市政污水，其中42%的再生水用于灌溉，30%回灌地下和排入河道，供间接回用，其余的用于工业和城市杂用。以色列还建有127座污水库，其中地表污水库123座，污水库与其他水源联合调控、统一使用，污水再生利用量在总供水量中所占的比例已超过了10%。

20世纪80年代以来，中国不少城市也开展了污水回用的试验研究，污水处理回受利用作为一个大课题列入攻关计划，并取得了成果，同时提出了相应的污水资源化技术。在大连、北京等相继运行的污水回用工程，也取得了一定成效；山东全省城市污水集中处理率在2010年以及2030年将分别达到60%、80%，回用率分别达到60%、75%，回用水量分别为9亿立方米、24亿立方米。

(2) 回收再生水主要用途　目前城市污水经处理后主要用于农业灌溉、工业低级用水(如冷却水等)、中水(即冲厕用水)，以及绿化、喷洒道路、公园水面补给、回注地层等。不同国家、不同城市，污水处理回收利用的用途、比例不同，目的是因地制宜。

① 用于农业灌溉。全球淡水总量中有60%～80%用于农业，污水处理回收用于农业有广阔的天地，也能够方便地将水和肥源同时用到农田，又可

通过土地的处理改善水质。污水处理回收利用往往首选农业灌溉，大约从19世纪60年代起，法国巴黎等世界上许多地方，就一直将城市污水处理回收的水用于农业灌溉。

② 用于工业。面对可用水日渐短缺、水价渐涨的现实，工业除了尽力将本厂废水循环利用，以提高水的重复利用率之外，对城市污水处理回收再用于工业也越来越受到重视。美国污水处理后回用于工业的比例占40.5%，水量达年2亿立方米。美国马兰州的伯利恒炼钢厂在工艺和冷却水方面使用中水已有20多年经验，每天达$(28\sim40)\times10^4$ m^3。美国加州中唐特拉科期塔污水处理厂每天将11.4×10^4 m^3的污水经过处理后，回收用到旧金山南部作工业用水。俄罗斯莫斯科的污水处理再利用的水量规模为每天55.5×10^4 m^3，主要是用于工业生产使用。南非首都约翰内斯堡的污水处理回收利用水规模是每天5×10^4 m^3，主要用作发电厂的冷却水。

③ 用于城市生活。城市生活用水量比工业用水量小，但是对生活用水的水质要求比较高。世界上大多数地区对生活饮用水源的控制很严格。例如，美国环保局认为，除非别的无水源可用，尽可能不以再生污水作为饮用水源。现今再生污水回收再用于城市生活，一般限于两方面：市政用水，即浇洒、绿化、景观、消防、补充河湖等用水；杂用水，即冲洗汽车、建筑施工以及公共建筑和居民住宅的冲洗厕所用水等。在日本，20世纪70年代，大阪市用回收再用水补充护城河，以及用于景观水体；1980年之后又逐步将深度处理水注入城市枯竭小河或者建造人工水流浅溪，从1985～1996年约有105条小溪复活，深受居民欢迎。据初步统计，补充公园、庭院水池、城市水渠、小河、景观用水可占污水处理回收再利用水量的45%。

④ 回注地层用水。将污水处理后注入地下，有助于土地渗液的进一步回收利用；补充地层水，防止地陷；注入含水层，防止海水倒灌等。在美国洛杉矶地区奥伦治县的21世纪水厂，成品水每天由56 775 m^3的回收水、18 925 m^3的反渗透脱盐水和22 710 m^3的深井水混合而成，通过23口回灌井注入土地含水层，形成防止海水入侵的水力挡水墙，同时补给奥伦治县供水量70%的地下水库。

4. 节约用水

用水严重浪费是导致可用水危机的原因之一，节约用水是提高水资源的利用效率、减少浪费，以及协调水资源与社会、经济、环境关系的行为。一些国家由于重视节约用水，开发了一些节水技术，缓解了可用水紧张状况，收效明显。美国水资源丰富，对节水也是非常重视的。中国采取了各种节约水技术，水资源利用效率也显著提高。如 2011 年与 1997 年比较，农田实际灌溉亩均用水量由 492 m^3 下降到 415 m^3；按 2000 年可比价计算，万元国内生产总值用水量由 705 m^3 下降到 208 m^3，在 14 年间下降了 70%；万元工业增加值用水量由 363 m^3 下降到 114 m^3，在 14 年间下降了 69%。

（1）节约农业用水　发展节水农业以缓解水资源危机的战略选择，已成为世界各国的共识。特别是发达国家都把发展节水高效农业作为农业可持续发展的重要策略。各国均积极开展工程节水、农艺节水、生物节水和管理节水以及结合与集成工作，重视节水农业的综合效益。

在输送灌溉用水过程中往往会损失很大一部分，尤其是在蒸发强烈的干旱地区。对渠道进行衬砌或者采用管道输送，能减少田间灌溉过程中水分的深层渗漏、地表流失以及蒸发损失，提高灌溉水的利用率并减少单位灌溉面积的用水量。经济欠发达国家受经济条件和技术水平的限制，可以渠道防渗技术和地面灌水技术为主；经济发达国家则可以采用高标准的固化渠道和管道输送水技术、现代喷施技术、微灌技术以及改进后的地面灌水技术。随着节水灌溉技术的发展，行走式节水灌溉技术、管灌技术在提高水资源农业利用效率方面效果显著。行走式节水灌溉技术主要是借助农村现有的行走式动力机械，在行进的过程中灌溉，包括坐水播种技术、禾苗期灌溉技术，以种子周围洒水和苗根处洒水的灌溉形式，保障种子正常发芽和成长。这是通过局部灌溉的方式，将少量的水按照一定的植物需求播撒到种子周围，能够有效减少水资源浪费现象，达到节水灌溉的效果，全面提高了水资源的有效利用率。

中国宁夏回族自治区采用节水灌溉技术后，粮食的单位耗水量总体呈减少趋势，由 2007 年的每千克粮食耗水量 2 t 下降到 2017 年的每千克粮食耗水量 1.53 t。

农作物本身具有一定的节水能力，可以从农作物本身入手，通过调节农作物自身所具备的节水能力，满足现代农业节水技术要求。生物节水技术就是利用现代生物技术挖掘植物抗旱节水基因和培育抗旱节水作物品种，利用作物本身的生理功能调节和挖掘作物本身的节水潜力。

(2) 节约城镇生活用水　节约用水主要是通过制造节水器具，如节水龙头、节水卫生器具，以及加强节水意识，包括节水科普教育、完善节水管理制度等。在各项生活用水中，冲厕用量所占比例最大，高达26.8%，因此，卫生器具节水是实现生活节水最重要的环节。传统的卫生器具后续的排水系统，存在高耗水、高耗能及水资源流失等弊端，很难大幅度降低厕所冲洗水量(即水浪费比较严重)。超低用水量的真空便器、无水气冲便器以及基于负压的新型节水卫生器具等，可以实现大幅降低冲洗水量。

以色列、日本等国通过节水型卫生器具，家庭用水量减少20%～30%，其中日本使用真空式抽水便池可节水1/3。中国具有环保节能功能的厨卫器具主要有双筒浮球阀、液压浮球阀、呼吸阀陶、自闭淋浴器等，可以减少水电资源浪费现象，提升水资源的利用率。陶瓷阀芯节水龙头可以克服原有水龙头水压过大的缺点，获得了良好的节水效果(表3-1-6)。

表3-1-6　水龙头流量和节水量对比

水龙头类型	流量	节水
陶瓷节水龙头	50%	20%～30%
普通水龙头	99%	0～1%

也需要采取多种配套政策，推广节水器具。以色列、意大利以及美国部分州，要求新建住宅、公寓和办公楼必须达到一定的节水标准，制造商只能生产低耗水量的卫生洁具和水喷头。

(3) 节约工业用水　用水量大而集中的行业是节水的重点，如电力、冶金、化工、石化、纺织、轻工。工业用水按用途分为冷却用水、工艺用水、锅炉用水和生活用水，其中冷却用水占主要。工业用水节约的重点工作是提高水的重复利用率。过去冷却水和空调用水都是一次使用后便排走，造成了大量可用水浪费。现在，大多数工业生产部门都采用立式冷却和空调水循环使用，水的重复利用率可达到75%～80%。青岛、大连、北京、太原等城市，工业用水重复利用率已超过70%，采用汽化冷却代替水冷却，还能进一步提高节水效果。如首钢2号高炉从1979年开始用汽化冷却，节约用水量80%以上。

5. 兴建调水工程

调水是指从水资源充足的区域向水资源匮乏区域调动，实现区域水资源再分布，提高水资源利用率。对于水资源分布不均的国家，建设合理的调水工程，将促进各区域社会、经济发展，缓解缺水区域的工、农业用水矛盾。世界各国尤其是一些发达国家普遍采用了这一手段。世界上最早的跨区域调水工程可以追溯到公元前2400年的古埃及，从尼罗河引水灌溉至埃塞俄比亚高原南部，在一定程度上促进了埃及文明的发展与繁荣。20世纪50年代以后，各国先后提出了许多调水规划，据不完全统计，已有40个国家建成了350项大大小小的调水工程，这还不包括干渠长度在20 km以下、年调水量在1 000 m^3 以下的小型调水工程，调水总量约为5 000亿立方米，主要分布在加拿大、美国、印度、巴基斯坦、南非、中国等。

中国也是世界上最早兴建大型调水工程的国家之一。公元前486年开始修建的京杭大运河，贯穿五大流域；公元前255年～公元前251年修建的都江堰引水工程，引水灌溉成都平原，成就了四川"天府之国"的美誉；20世纪90年代以来，中国大型调水工程的建设步伐明显加快，兴建了一批大型骨干水资源开发工程，实现跨地区或跨流域的水资源调配，其中著名的有为解决京、津、河北西部和河南缺水问题的南水北调中线工程。

需要指出的是，采用水渠跨流域调水工程来解决水资源分布不均问题，将会人为地改变了地区的水情和原有的生态环境，会打破原有的生态平衡，甚至造成严重的、不可逆转的生态环境破坏。在实施调水工程的同时，应注重对生态与环境的保护。

(1) 科罗拉多河调水工程　缺水一直是美国亚利桑那州所面临的最大危机，为了满足用水需求，大量抽取地下水，约占全州总供水量的60%。地下水过度超采，每年超采地下水量达30.8亿立方米，抽取量远远大于天然补给量，造成了地下水水位持续下降，每年下降90～180 cm。地下水亏空也引起了一系列问题：水井打得越来越深才能抽到水，运行费用也就随之持续增

长；而且还出现了地面沉降和裂缝，导致建筑物、道路和农田遭受破坏。因此兴建调水工程以补给透支水量，保存地下水（以避免地下水枯竭），又能满足生产经济发展和人民生活可水的需要。调水系统总长约为539 km。每年从科罗拉多河调水18.5亿立方米至图森，向亚利桑那州中部的马里科帕、皮纳尔、皮马等县送水。调水工程于1973年5月开工，1992年建成全线通水。该工程虽不是跨流域的，但却是世界上知名的大型调水工程之一。调水工程促进了该州的经济发展，改善了人民生活质量，保证了社会的可持续发展；有400万人受益，约占亚利桑那州人口的80%，受益面积6.22×10^4 km^2，约占该州面积的20%。

（2）尼罗河调水工程　尼罗河上较大的调水工程是埃及兴建的西水东调工程及南部的东水西调工程。西水东调工程在20世纪90年代初全面开工建设，将尼罗河水引向埃及国土的亚洲部分，即西奈半岛，横贯西奈北部平原，大片沙漠因有水而变为良田沃野，并为150万人口提供生活用水，有效地缓解埃及粮食的短缺状况，促进了西奈经济、社会全面发展与繁荣。东水西调位于埃及南部，东起尼罗河干流上的纳赛尔湖，西至埃及西南部沙漠腹地。于1997年1月开工建设，工期大约为20年。该调水工程建成后，将使埃及西南部大约7 530万公顷的荒漠变成农田，从而构成整个新河谷及新三角洲，昔日的荒凉大漠变成充满生机活力的工业、农业、商业、旅游业全面发展的新区。

（3）印度河流域调水工程　印度河发源于中国，经克什米尔进入巴基斯坦，全长2 880 km，年径流量为$2\,072\times10^8$ m^3。20世纪，印度在印度河流域建造的较大调水工程有比亚斯河-萨特莱杰河调水工程，巴基斯坦建造的较著名的调水工程有西水东调工程。比亚斯河-萨特莱杰河调水工程是印度在东三河上修建的调水工程，西水东调，引水灌溉印度境内的耕地。工程于1978年6月竣工投入运行，可保证年调水量47×10^8 m^3，供3个邦灌溉约53×10^4 hm^2的干旱土地，改善了布哈克尔地区的灌溉条件。巴基斯坦的西水东调工程是连接东西三河的输水渠道，将西三河的河水调往东三河。于1960年开始施工，1977年基本建成。西水东调工程建设进一步完善了巴基斯坦印度河平原的灌溉系统，逐步恢复并发展了东三河地区灌溉系统的供水，年调水量 148×10^8 m^3，灌溉农田面积 15.33×10^4 m^2，保证了东三河流域广大平原地区的农、牧、工业等获得持续不断的发展。

（4）亚雪山调水工程　澳大利亚是世界上降雨量最少的大陆，年平均降雨量仅 470 mm，地区分布很不均匀，主要集中在东部，中部和西部年均降雨量不足 250 mm。降雨的年内分配也不均匀，主要集中在冬、春季之间。雪山工程将东部的水调至西部干旱地区，供灌溉和发电。每年提供工农业用水量为 23.6×10^8 m^3，灌溉总面积 26×10^4 hm^2，并为南澳首府阿德雷德 88.5 万人口的城市提供用水。为重要工业区铁三角提供水源，大大促进了农牧业的发展，还产生了巨大的发电效益。电能输送到堪培拉、悉尼等重要城市，承担了三大州（新南威尔士州、维多利亚州、南澳大利亚州）电网的调峰任务。

（5）以色列北水南调工程　以色列北部湿润，南部干旱，北部年降雨量约 400～1 000 mm，南部降雨量则只有 25～250 mm，水资源的地区分布极不均衡。南方水资源缺乏，严重干旱缺水，给经济和社会发展，尤其是农业的发展造成了很大困难。北水南调工程就是把北方较为丰富的水资源输送到干旱缺水的南方。工程在 1953 年动工，1964 年建成投入运行。年调水量达 12×10^8 m^3，其中调到南部的水量达 5×10^8 m^3，高峰时日供水 450×10^4 m^3，缓解了制约南部地区经济发展的主要限制因素，南部得以利用其充足的光热条件，生产出高质量的水果、蔬菜和花卉等农产品。

（6）虚拟贸易调水　虚拟水是指生产商品和服务所需要的水资源量，也称为嵌入水和外生水。虚拟水不是真正意义上的水资源，是以“虚拟”的形式嵌入在产品或服务中的、看不见的水资源；由于虚拟水的流动必须通过商品贸易才能实现，因此贸易是虚拟水流动的手段；实体水运输工程量大、距离长、成本高，且可能造成未知的生态后果，而虚拟水无形地寄存在便于转移的商品中，便于运输。

主要采用农作物需水量这一指标来计算农作物虚拟水含量，例如，每吨大米平均需水 2 656 m^3，每吨玉米平均需水 450 m^3，每吨大豆平均需水 2 300 m^3。虚拟水贸易是指从水资源丰富的国家或地区调入高耗水型产品，以虚拟形式向水资源比较缺乏的国家或地区流动，以确保其国家或地区的用水安全。

现在，虚拟水被看作是缓解水资源压力的手段，进口虚拟水占据了干旱、

半干旱地区可用水资源总量的很大比重。中东、北部非洲、撒哈拉沙漠周边地区，通过虚拟水贸易进口虚拟水，有效地缓解了这些地区的水资源短缺情况。摩洛哥有14%的水资源来自进口，而荷兰则有95%的水资源来自进口，约旦的净虚拟水进口量为 $45 \times 10^8\ m^3$，以色列的净虚拟水进口量为 $46 \times 10^8\ m^3$。

世界上许多国家对粮食进口的补贴政策，实际上是补偿本地区水资源的不足。中东和北非地区从20世纪80年代起，每年要进口超过400万吨的谷物和面粉，其中包含的虚拟水量甚至超过了尼罗河的径流量。

6. 恢复森林植被

理想的森林恢复是通过改变当地条件，模拟当地顶极森林生态系统的结构、功能，彻底恢复到具有地带性特征的顶极森林生态系统。但这往往不切实际，因为地带性植被的确定比较困难，而且即使可以确定，恢复的投入巨大，维护管理难度大。由于植被退化相当严重，现有的立地条件很差，缺少可供借鉴的顶极植被类型。可以采用部分恢复或阶段恢复的策略，恢复目标可以是顶极群落之前的某些中间稳定状态。森林植被的完全恢复有赖于去除人为干扰后，经过相当长时期植物自组织作用下的自我维护和有序发展，但实际上也是不可能的，也是不必要的。所以，森林植被恢复只能是在目前生态环境条件下的部分恢复。对于自然森林植被已不复存在的生态系统，最佳选择是人工重建森林植被，并且对不同森林植被的破坏退化状态采取不同的技术与步骤。

(1) 极度退化状态森林植被的恢复　极度退化状态的特点是土地极度贫瘠，理化结构也很差，伴随着严重的水土流失，每年反复的土壤侵蚀更加剧了生态环境的恶化，因而无法在自然条件下恢复森林植被，其恢复整治的第一步就是控制水土流失，可采取工程措施和生物措施相结合的方法控制水土流失。工程措施包括开截流沟、建谷坊工程、削坡开级工程和拦沙坝工程；生物措施是因地制宜选用合适的植物，人工造林、种草，这是一项治本的工作。生物措施与工程措施相配合可以相互取长补短，有效地控制水土流失，然后在此基础上进行森林植被的重建。

(2) 次生林地状态的恢复　次生林地一般生态环境较好，或植被刚破坏

而土壤尚未受破坏，或仅仅是次生裸地但有林木生长，或者说次生林受到严重破坏形成的残林迹地、生有稀疏乔木和幼树的灌丛地，有防护意义的疏林地以及乡镇周围期望封育成林的灌木林多代萌丛等，其恢复的步骤是采取演替规律，人为地促进顺行演替的发展，主要的做法如下。

① 封山育林。封山禁牧，严禁人为活动对森林的破坏，再辅以破土补植以及人工促进天然更新等技术措施，以快速提高林草植被的覆盖率。主要目标是恢复生物多样性（物种、结构）、功能多样性（能量、水分、营养、动态演替及稳定性等）。这是比较简便易行，而且经济省事的措施。封山育林可以为阔叶树种创造适宜的生态条件，促使林木生长，进而顺行演替为地带性季风常绿阔叶林。实践已经证明，封山育林是森林植被恢复最行之有效的措施和途径之一，也是生物多样性保护的重要途径。封山育林，增加森林覆盖率，提高森林的功能，是一种发展趋势。封山育林后，提高了森林抗自然灾害的能力和稳定性。

封山育林的周期因立地条件、树种、管理水平等的不同，可分为：①快速封育（5～10 年），其立地条件好，面积较小（几十到几百公顷），选用速生树种，在短期内使森林郁闭度达 0.3 以上，然后在管护下使其向地带性森林演替；②短期封育（10～50 年），立地条件一般，选用乡土树种及适宜的外来树种；③长期封育（50 年以上），立地条件差，短期难以恢复，需经过长期的封育，最好利用乡土植物种类。

不过，实际工作会遇到许多困难，其中包括生态因素、经济因素和社会因素。生态方面，生境条件差是主要的因素，如土壤瘠薄、持续干旱等；社会因素方面有管理人员和群众生态意识、技术支撑能力等；经济方面因素是封护和发展、局部利益和全局利益、近期与长期、资金来源、林牧矛盾等。

② 人工植苗造林。在技术上根据林木生态适应性和生长发育规律进行科学植树造林，保护林草资源，增加地表植被，提高森林群落稳定性。

树种选择的正确与否是提高造林成活率和保存率的关键。树种选择不当，不仅成活率受影响，而且林木长期生长不良，造成苗木、人力和时间大量浪费，土地生产力也得不到充分发挥，最终只能形成低质低效的“小老树林”。应根据当地条件，正确划分类型，按照“适地适树”这个总的原则选择树种，

整地方式是影响造林成活率的重要因素。整地不但能蓄水保墒，而且能疏松土壤，改善土壤理化性质。针对当地的降雨特点，选择造林前整地的时间，以存蓄大量的雨水，供给春秋季造林时树苗成活的需要。造林前一年或者在雨季以前整地效果非常显著，其成活率可以高达90.5%，而未经整地就造林的生荒地，其造林成活率则仅为65.1%。为了避免因整地而加剧的水土流失，一般应采取局部整地。整地方式多采用水平沟、鱼鳞坑以及穴状整地，水平沟整地的造林成活率最高。

苗木质量影响造林成活率，而且能决定苗木成林后的生长。苗木规格要根据造林地立地条件、树种生物学、生态学特性，因地制宜确定树种和乔灌林比例，即选择多树种造林，防止树种单一；充分利用优良乡土树种，积极推广引进取得成效的优良树种；选择具有较好稳定性和抗病虫害能力的树种，防止造林后大面积发生病虫害。此外，需要选择根系发达、高径比例适当的壮苗上山造林，可以有效地抵御不良环境条件，提高造林成活率和保存率。

结合当地气候条件和树种特性等因素，因地制宜地确定造林时间。例如，辽西地区造林以春季最好，应在每年的4月初至4月末完成。选择在小雨或阴天进行，空气和土壤湿度较大，既可减少水分的蒸散损失，也可使苗木易于从土壤中取得水分，有利于苗木的成活和生长。风沙较大或干旱地区，可在秋季9月底10月初，在大雪覆盖地面以前、白天地温降至5℃以下时植苗造林，苗木翌春可较早生根发芽，增强抗旱能力。

7. 加强对水资源的科学管理

通过科学管理水资源，制定水资源的开发、利用政策，并利用立法、经济手段管理水资源。立法是规范节水行为最具权威性的手段，许多国家特别是水资源短缺问题较为严重的国家，十分注重完善水资源的法律法规，对取用水作出强制性规定，以增强水资源管理的权威性和严肃性。限制水资源开发利用总量，强制推行节水措施，规范使用水效标识，加大非常规水资源开发利用力度等。限制水资源开发利用总量，对河湖水资源开发总量的上限、地下水开采的上限、地区水资源开发利用的总量等设置强制性规定。总量限制通常针对某个具体流域或区域，能够间接促进提高用水效率，减少过度用水或浪费。对生产的产品、生产技术或相关建筑等用水标准以及供水系统节水标准等做出强制性要求,直接提高用水效率。强制采取节水措施,推广和使用节水技术、设施,包括供水公司的供水设备、家庭及公共场所的用水器具等。创建广泛的尽可能包括所有影响水资源因素的管理框架,提升人们对水资源问题的理解和解决水问题的能力,这需要物理、生物和化学(硬科学)和人文社会科学(软科学)的综合。同时,在水资源方面进行教育和培训,使人们清楚水资源的可利用量、需求、消费及其相关问题。

澳大利亚成立莫累河和达令河流域管理委员会,这是世界上最大的综合管理联合体,对农业用水实行许可证制度,对全流域 $120\times10^{8}\ m^{3}$ 的水实行总量控制。农民只有申请到用水许可证,才能量水种地,极大地提高了水的利用率。针对减少家庭用水,也作出了一些规定,市场上诸如洗衣机、餐具洗涤器、淋浴头、厕所设备、水龙头等产品都必须进行节水等级标识,必须符合澳大利亚产品执行标准。此外,澳大利亚还为家庭提供各种器具的正确使用方法,对可能造成浪费水的各种现象进行了细致研究,并通过各种途径义务向家庭介绍。澳大利亚对水严格综合管理的经验对其他国家也有借鉴意义,美国新墨西哥州规定把用水多的草地改造成用水少或不用水的砾石覆盖花园;在丹麦大力推行节水技术,例如改进抽水马桶、淋浴和洗衣机,年人均耗水量大大降低了;英国对管道和沟渠的渗透制定了管理目标,每天节约相当可观的水量。

8. 中国的应对策略

中国是世界上水资源严重短缺的国家,被联合国列为 13 个贫水国家之一,全国正常年份缺水量超过 500 亿立方米,400 多座城市缺水,110 座城市严重缺水,水资源短缺问题十分突出。因此,中国采取了积极有效措施,在水资源合理开发、高效利用、有效保护和综合管理等方面进行了大量实践探索,获得了很好成效,以占全球 6%的水资源量支撑了全球 22%的人口和近 10%的经济增长速率。

新水资源主要包括海水淡化、再生水、集蓄雨水、虚拟水、云水资源等。2012 年实行最严格水资源管理制度以来,新水资源开发利用量增速较快,截至 2018 年底已达到 86.4 亿立方米,占全国供水总量的 1.44%。其中,2018 年再生水利用量为 73.5 亿立方米,约占当年新水资源开发利用量的 85.1%;

雨水集蓄利用量为9.2亿立方米，约占当年新水资源开发利用量的10.6%；海水淡化等其他非常规水资源开发利用量为3.7亿立方米，约占当年新水资源开发利用量的4.3%。

(1) 海水淡化　在1967～1969年全国组织海水淡化会战，开展了海水淡化的研究。1981年建成西沙每天200 m^3 电渗析海水淡化装置。进入21世纪以来，中国政府相继出台了规划政策，鼓励海水淡化产业发展。国务院发布的《关于加快发展海水淡化产业的意见》，从宏观层面把海水淡化提到了国家战略高度。经过几十年的研发和示范工程建设，海水淡化技术已日趋成熟，为大规模应用打下了良好基础，中国已成为少数几个掌握海水淡化先进技术的国家之一，在低温多效蒸发技术(MED)方面，已形成了一批关键材料和设备的制造技术，掌握了MED海水淡化的成套技术。截至2017年年底，全国已建成海水淡化工程136个，日产万吨以上的海水淡化厂超过10个。

传统的海水淡化厂一般依赖于大型火电厂提供能源，产水成本高，温室气体排放量增大。由于可再生能源驱动的海水淡化技术可大大减少温室气体的排放，其中风能无疑是最好的能源提供方式。2011年1月，江苏大丰市建成了日产100 m^3 风电反渗透法(RO法)海水淡化示范工程，利用1台30 kW风机直接给海水淡化装置供电。风能海水淡化不仅实现零排放，而且成本低于目前中国市场最低的传统海水淡化成本4元/m^3。

(2) 集蓄雨水　雨水集蓄利用在中国也有着悠久的历史。2010年国务院在《关于加快水利改革发展的决定》中进一步明确提出："显著提高雨洪资源利用和高度重视雨水、微咸水利用"。截至2016年，有25个省区700多个县相继实施雨水集蓄工程。这些区域不仅包括半干旱和亚湿润地区，还包括季节性缺水的湿润地区；全国累计建成1 200多万个小型蓄水设施，惠及2.6亿人口的生活用水，为4 300万亩农田补充灌溉提供稳定价廉的水源。

中国的雨水集蓄利用工程形式灵活多样，各地根据当地自然条件、地形地貌、降雨分布等实际情况确定不同的工程形式和布局。一些地区受地理条件限制，不具备修建大型雨水集蓄的条件，通过微型雨水集蓄工程，有效解决了水资源短缺问题。甘肃"121"雨水集蓄工程利用屋面和硬化面收集雨水。

在北京奥运场馆中，有15个场馆安装了高水平的雨洪利用系统。在鸟巢内部钢架结构中，暗藏了特制的“雨水斗”，经过收集、初期弃流、调蓄、消毒处理等过程，将雨水用于室外的灌溉、景观补充用水，以及室内卫生间用水。

（3）利用再生水　再生水的利用不但能缓解水资源供需矛盾，而且对防治水体污染、提高水资源利用效率、促进水资源节约保护、推动循环经济和实现绿色发展都具有重要意义。

2015年4月，中国国务院出台的《水污染防治行动计划》进一步提出了再生水利用的要求和目标，对再生水利用作出了专门规定，要求“到2020年，缺水城市再生水利用率达到20%以上，京津冀区域达到30%以上”。中国再生水利用量增长迅速，由2005年的10.9亿立方米，增长至2015年的52.57亿立方米；截至2018年，中国再生水厂的生产能力为每天3 578.0万立方米，再生水管道总长10 339 km。未来中国再生水开发利用将继续保持高速增长趋势，到2025年用量有望达到129亿立方米。

（4）调水工程　中国是世界上最早兴建水渠调水工程的国家之一。公元前255年～公元前251年修建都江堰，引水灌溉成都平原，成就了四川“天府之国”的美誉。20世纪90年代以来，中国大型调水工程的建设步伐明显加快，兴建了一批大型骨干水资源开发工程，实现跨地区或跨流域的水资源调配。1949～2019年中国的已建、在建、拟建不同规模的调水工程共计400余项，其中已建成工程约占一半，在建工程占30%。调水工程设计引水流量总计10 000 m^3/s左右，设计年引水量总计约1 700亿立方米。其中，已建工程设计引水流量总计约6 400 m^3/s，设计年引水量总计约800亿立方米。

比较重要的调水工程有南水北调、引滦入津、辽宁东水西调、东深供水工程、珠海澳门供水工程、引黄济冀、引江济太、黔中水利枢纽、引大入秦、引大济湟等。南水北调是世界上最大的调水工程，是一项跨流域、跨省市的特大型水利工程，是实现中国水资源战略布局调整、优化水资源配置的国家重点工程。水干渠全长1 273 km，年调水规模达130亿立方米，重点是解决北京、天津、石家庄、郑州等沿线20多座大中城市的缺水问题，该工程极大地改变了北方用水短缺状况，并兼顾沿线生态环境和农业用水（图3-1-4）。

(5) 通过虚拟水贸易调水　近年来，中国与东盟国家间农产品贸易快速增长，中国藉此从后者输入了大量的虚拟水，与欧盟国家的棉花贸易而间接进口了 151.28×10^6 m^3 的水资源。中国在 2001 年净进口的虚拟水量几乎相当于南水北调工程东线工程的年调水量。在 2003～2012 年间，平均每年净进口 964.81 亿立方米虚拟水，足以补充北京、天津、福建、浙江和广东等地人口消耗粮食所需的水缺口总量。

中国在 1990 年就形成了“农业北水南调虚拟工程”，1990～2008 年北方到南方的虚拟水流动量为 233.83 亿立方米。2002 年，北京市虚拟水输入量为 16.3 亿立方米，为 1990 年的 46.8 倍，相当于北京市平均年自产水资源总量(37.39 亿立方米)的 43.6%。2000 年，甘肃省生产和消费产品中的虚拟水含量分别为 222.02 亿立方米和 183.75 亿立方米，分别是实体水资源利用量的 1.8 倍和 1.5 倍。

(6) 建设节水型社会　从 2006 年开始在全国范围内推动节水型社会建设。目前，全国 29 个省 631 个县(区)完成或基本完成达标建设工作，占全国县级行政区的 22%。中国在 20 世纪年 90 代就开始倡导节水农业，并不断地研究新技术，将节水农业和节水设施在农村中推广使用。中国也探索出了许多符合国情的农业节水技术综合模式、旱地农业高效利用降水模式或技术体系，从传统的粗放型灌溉农业和旱地雨养农业，转变为节水高效的现代灌溉农业和现代旱地农业，并开发出工程节水技术、生物节水技术、农艺节水技术、化学节水技术和管理节水技术。

中国在建设节水工业上已经取得了很好成效，自 1997 年以来，全国万元国内生产总值用水量和万元工业增加值用水量均呈显著下降。与 2010 年相比，按可比价计算，2010～2017 年的全国万元工业增加值用水量降幅为 48%，至 2017 年工业万元增加值用水量降至 45.6 m^3。

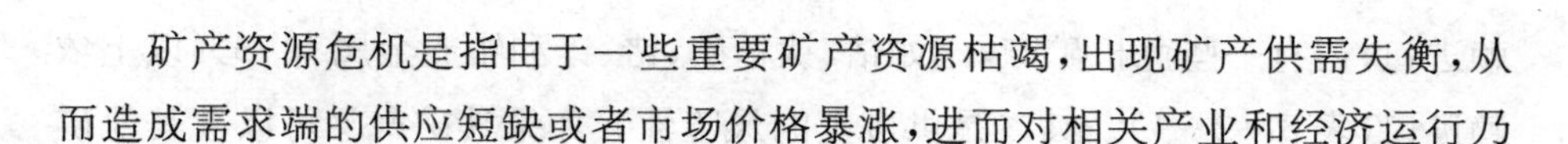

二　矿产资源危机

矿产资源危机是指由于一些重要矿产资源枯竭，出现矿产供需失衡，从而造成需求端的供应短缺或者市场价格暴涨，进而对相关产业和经济运行乃

至生活等产生明显影响。矿产资源是生产、经济发展和人民生活的重要物质基础,在世界经济中80%以上的工业原料和70%以上的农业生产资源来自矿产资源;同时矿产资源也是人类主要生活资料的来源,如一次性成品或深加工产品,广泛地用于人们的生活之中。

目前世界上已知的矿产有1 600多种,其中80多种应用较为广泛。按矿产特点和用途通常分为3大类,即金属矿产资源、非金属矿产资源和能源矿产资源。

(一) 危机矿产

随着现代科技高速发展,与战略性新兴产业发展相关的矿产资源保障问题愈加凸显,为适应资源保障和储备的需要,提出了矿产资源新概念,即危机矿产、关键矿产等。各国在制定这种矿产类别时均是以保证本国经济和国家安全为出发点,入选矿种也会随着不同时期的需求变化而动态调整。一般来说,其确定与工业化进程和产业发展调整密切相关。

1. 危机矿产主要特征

危机矿产是一些为制造业提供最基本服务的矿种产业链,此产业链一旦脆弱甚至中断,将会极地大影响国民经济或国家安全,它们对促进社会进步、经济发展和保障人类生存有着巨大意义。它的主要特征包括重要性、稀缺性和动态性等。

(1) 重要性特征　危机矿产必定是十分重要的矿产资源。其一是在社会和经济发展上有至关重要性。从全球范围来看,危机矿产的重要性越来越明显,支撑高科技企业,对许多行业的持续发展至关重要。欧盟提出了一种比较实用的方法评价某种矿产的经济重要性,认为其矿产品原材料的终端消费比例揭示了其在不同领域的重要性,特定的矿产品在一个领域的应用比例越大,表明该矿产品原料在这个领域的重要性也越大。在国内产量不能满足自身需求是危机矿产资源重要性的另外一个重要特点。在美国所列的危机矿产中,只有少数是通过循环利用维持生产,有18种危机矿产是100%地依赖进口;还有一些危机矿产,比如钴、钛精矿、锗、锌和铂族金属有75%以上依赖进口(表3-2-1)。其二是供应上的风险性。如果其矿产品可以被其他矿产品替代，或者本身的回收利用率较高，那么这个矿产品的供应来源就很广泛，供应风险大大降低。

表 3-2-1　2014 年美国的 18 种危机矿产进口依赖程度

序号	矿种	净进口(%)	序号	矿种	净进口(%)
1	砷	100	10	铌	100
2	石棉	100	11	石英晶体	100
3	铝及铝土矿	100	12	铷	100
4	铯	100	13	钪	100
5	萤石	100	14	锶	100
6	铟	100	15	钽	100
7	碘	100	16	铊	100
8	锰	100	17	钍	100
9	云母	100	18	钒	100

(2) 稀缺性特征　稀缺性特征表现在其产品原料没有满意的替代原材料，或者只有很少量的替代原材料。其次，它会受到供应量限制，一是其在国内的储量很少，或者国内难以开发利用的；二是其进口来源不稳定、不安全，从国外获取的渠道不畅通、不连续，因而关系到国家能源、生产安全的；三是开发利用会对生态环境造成严重影响。由此可见，危机矿产的危机程度关系到国家经济安全、能源安全、生态安全。

(3) 动态性特征　危机矿产是一个动态的与时俱进的概念，不同历史时期具体的危机矿种的界定受下列因素影响：经济建设和社会发展对矿产资源的需求量，国内矿产资源开发利用状况及其对国民经济建设的保障程度，国际市场价格关系及其供应稳定程度，境外供应国和境外矿产勘查国的政治、经济、军事关系等情况。

一些大宗矿产品生产包括开采和冶炼环节，由于矿产品位不确定，会导致其在世界范围内资源评估量有着明显的不确定性。一些矿产资源储量和资源数据无法获取(如碲、汞、砷、镓、铟、锗、镉、萤石和硒)，还有一些矿产资源(如砷、锑、铋、镉、汞、硒和碲)伴生在镍、铜等金属中,因此需要认真评估其动态性。有的矿种长期都是危机矿产,有的矿种的重要性、战略性和稀缺性特征则随着时间轴的改变而改变。例如,早期的电脑需要不到10种矿物成分,而现在的智能手机和平板电脑需要50多种矿物成分;那些被认为是当今最关键的矿物中的稀土元素(REE),仅仅在此前10年左右才被列入危机矿产名单。

2. 主要危机矿产

界定危机矿产评估的主要指标有矿产的危机性、供应风险性。危机性是危机矿产最根本的属性。具有危机性的矿种是在全部矿产资源中表现出重要性、关键性、战略性和稀缺性特征的矿种。供应风险是指在一定条件下和特定时期内,该种矿产的供应预期结果和实际结果之间的差异程度。供应风险的来源有4个主要因素:该矿种的稀缺性、该矿种供应的多样性和稳定性、该矿种开采过程中的形式是否只是其他矿种的共伴生矿、该矿种生产的集中度等。由此可见,危机矿产界定评估还涉及以下指标:产量变化率、市场应对力、生产集中度、可替代性和回收利用率、政策稳定性(如世界政府指数WGI、政策潜力指数PPI、人类发展指数HDI)、矿种生产类型、环境风险、共伴生矿情况等,各国最终根据自己的情况作出选择。

(1) 美国危机矿产　2016年3月,美国国家科学技术委员会(NSTC)通过测算矿产资源供应风险、产量增长率和市场应对力3个一级指标,测算矿种危机值,并界定危机矿产,确定了32个矿种的危机值,从高到低为铱、铑、钌、锑、钨、稀土元素组、钒、锗、精炼铋、钼铁、汞、云母、钯、硅锰、钇、铋矿、铟、铌、钽、铌铁、钒铁、菱镁矿、独居石、钴矿、铁矿、金属镁、铼、铍、铬铁、锰铁、钼、硅。

(2) 欧盟危机矿产　欧盟委员会每3年对危机矿产名录进行一次更新,评估危机矿产主要依据是危机性矩阵。也有学者提出进行两个维度的评价,一是其供应风险;二是其经济重要性。2010年的界定评估结果,推出14种危机矿产名录,它们是锑、铍、钴、萤石、镓、锗、铟、镁、天然石墨、铌、铂族金属、重稀土、轻稀土、钨、钽。在2014年,欧盟更新了危机矿产名录,增加了6种矿种,减少了钽矿种,总数为20种,即危机矿产名录是锑、铍、钴、萤石、镓、

锗、铟、镁、天然石墨、铌、铂族金属、重稀土、轻稀土、钨、硼酸盐、铬、炼焦煤、菱镁矿、磷矿、金属硅等。2017年，欧盟第三次更新危机矿产名录，总数为26个矿种，它们是锑、镓、镁、钪、重晶石、锗、天然石墨、金属硅、铍、铪、天然橡胶、钽、铋、氦、铌、钨、硼酸、稀土、铂族金属、钒、钴、铟、磷矿、萤石、轻稀土、磷等。

(3) 英国危机矿产　英国采用危机性指标组，共7个指标：生产集中度、储量分布情况、回收利用率、可替代性、主要产出国政府情况、储量集中国的政府情况、共伴生矿占比等。对每个指标都进行定量计算，并将每个指标分成3组得分。例如，生产集中度分为3档，集中度小于33.3%的属于低档，在33.3%～66.6%的属于中档，大于66.6%的属于高档。每个矿种都必须将7个指标分别测算并分档，然后进行综合，最后计算其标准化得分。界定结果是，危机矿产供应风险指数从高到低依次为稀土元素矿产组、锑、铋、锗、钒、镓、锶、钨、钼、钴、铟、砷、镁、铂族金属、锂、钡、石墨、铍、银、镉、钽、铼、硒、汞、萤石、铌、锆、铬、锡、锰、镍、钍、铀、铅、锌、铁矿石、钛、铜、铝、金等矿产。

(4) 澳大利亚危机矿产　澳大利亚是大宗矿产品主要出口国，相对消费量较小。因此，其他国家危机矿产评估方法对澳大利亚来说并不合适。考虑澳大利亚危机矿产的资源量和资源潜力，界定危机矿产评估主要分为4个方面：一是对比主要机构的危机矿产，这是一种关键程度排序；二是矿产供给分析，包括全球产量、主要产出国产量、全球储量和澳大利亚储量；三是矿产的需求分析，即主要进口国的贸易金额；四是矿产的可替代性。界定评估结果分为一类矿产危机性指数和二类矿产危机性指数，一类矿产危机性指数的矿种在澳大利亚具有较高的资源潜力，其中包括铜、镍、铂族金属、稀土元素组、锆等。

(5) 日本危机矿产　日本从20世纪60年代开始分析工业生产所需的矿产资源，并调查了海外矿产资源，以应对国家资源匮乏状况。2009年出台了《稀有金属保障战略》，确定锂、铍、硼、钛、钒、铬、锰、钴、镍、镓、锗、硒、铷、锶、锆、铌、钼、钯、铟、锑、碲、铯、钡、铪、钽、钨、铼、铂、铊、铋、稀土元素等31种矿产作为危机矿产，并确定了从海外资源供应、回收利用、开发替代材料、资源

储备等4个方面采取措施，保障本国战略性新兴产业发展。

(6) 中国危机矿产　中国在当前和今后一段时期内的危机矿产是稀有金属矿产（锂、铍、铌、钽、铷、锶、锆、铪、铯等）、稀土金属矿产、稀散金属矿产（镓、锗、铟、铊、镉、硒、碲、铼等）、稀贵金属矿产（铂族金属）、稀有气体矿产（氦、氖、氩等）、能源金属矿产（铀）、关键黑色和有色金属矿产（铬、钒、钛、镁、镍、钴、钨、锡、铋、钼、锑、汞）、特种非金属矿产（特定类型的金刚石、石墨、萤石、硼、脉石英、高岭土、膨润土、硅藻土）。其中，铂族金属和稀土金属的元素性质比较接近，分别包括锇、铱、钌、铑、铂、钯和镧、铈、镨、钕、钷、钐、铕、钆、铽、镝、钬、铒、铥、镱、镥、钇和钪共23个矿种。

（二）金属矿产危机

地球上的金属矿产储藏量是有限的，供给量也是有限的，同时又是一种不可再生资源。随着矿产的开发利用数量和种类的快速增长，某些矿产的储量不断减少。以现有一般消耗水平粗略估计，几种重要金属现在探明的世界储量，可供开采的年限也就300年左右。这个时间段对于地球的历史长河来说，如同一瞬间。随着世界对矿产需求量日益增加，有较好开采条件的矿床正在消失，新矿床勘探和开采条件越来越复杂，贫矿、难找、难探、难采、难选的矿床造成矿产的开采成本在不断上升，世界矿产储量在枯竭，矿产资源面临危机，我们需要及早找出对策，应对已经出现的局面。

1. 金属矿产资源储量和分布

金属矿产资源是指经过地质成矿作用，埋藏于地下或出露于地表，并具有开发利用价值和潜在经济价值的金属矿物、岩石，或有用元素的含量达到具有工业利用价值的集合体。

(1) 金属矿产资源储量　根据工业用途及金属元素的性质，金属矿产分为：黑色金属矿产如铁、锰、铬、钛、钒等；有色金属矿产，又分为重有色金属矿产、轻金属矿产、贵金属矿产、半金属矿产、稀有金属矿产等。储量是目前探测的数值，随着探测技术的发展会更新；同样地，开采年限也是以目前的矿产储量和消费量估计的，随着社会和经济发展，矿产的消费量也增加，实际的开采年限也会变化（表3-2-2）。

表 3-2-2 几种重要金属的世界储量及可供开采的年限

种类	储量($\times 10^6$ t)	每年消耗增长率(%)	可用年限(a)
铁	1×10^6	1.3	109
铝	1 170	5.1	35
铜	308	3.4	24
锌	123	2.5	18
钼	5.4	4.0	36
银	0.2	1.5	14
铬	775	2.0	112
钛	147	2.7	51

中国素称“地大物博”,但从人均占有资源量而言,则是一个金属矿产资源相对匮乏的国家。人均资源占有量超过世界人均值的只有锑矿和钨矿,超世界人均值一半的是铁矿和锡矿,其余金属矿产资源几乎不到世界人均占有量的一半,位居世界第 80 位(表 3-2-3)。

表 3-2-3 中国有色金属矿产资源情况(2005 年)

种类	单位	世界储量	中国储量	占世界比例(%)	世界人均储量	中国人均储量	中国人均与世界比(%)	中国可采年限	世界可采年限
铁矿石	亿吨	1 600	112.9	7.1	24.8 t	8.65 t	35	26.9	105
铜	万吨	47 000	1 630	3.5	73 kg	12.5 kg	17	25.5	31
铝土矿	亿吨	250	5.55	2.2	3.87 t	0.425 t	11	32.6	151
锌	万吨	22 000	2 600	11.8	34 kg	20 kg	58	11.3	21
镍	万吨	6 200	231	3.7	9.6 kg	1.8 kg	18	32.0	41

(2) 金属矿产资源分布　世界金属矿产资源储量分布是不均衡的,全球 40 多个重要金属矿种中,有 13 种矿产全球储量的 3/4 以上集中在 3 个国家,它们的储量占到世界总储量比例最高达 30.7%;23 种矿产的 3/4 以上的储量集中在 5 个国家,它们的储量所占比例最高达 45,8%。这一分布的不均衡

性意味着世界上几乎没有一个国家的金属矿产资源是完全自给自足的。

① 有色金属资源分布。铜矿主要分布在智利、美国、秘鲁、中国；铅、锌矿等主要分布在澳大利亚、中国、美国、哈萨克斯坦；锡矿主要分布在东南亚、南美中部、澳大利亚的等国家和地区（表3-2-4）。

表3-2-4 一些主要有色金属资源的空间分布

种类	资源的空间分布特征
铜矿	主要分布在智利和美国，其次分布在秘鲁、波兰、印度尼西亚、墨西哥、中国、澳大利亚、俄罗斯等国家，其资源储量合计约占世界铜矿总储量的90%。中国铜矿资源储量约占世界铜矿资源储量的14%
铅矿	主要分布在澳大利亚、中国、美国、哈萨克斯坦及加拿大等国家，其资源储量合计约占世界总储量的70%。中国铅矿资源储量约占世界铅矿资源储量的12%
锌矿	锌矿资源储量较多的国家主要有澳大利亚、中国、美国、哈萨克斯坦和秘鲁，其锌资源储量合计约占世界总储量的70%。中国锌矿资源储量约占世界锌资源总储量的11%
镍矿	主要分布在澳大利亚、哥伦比亚、印度尼西亚、南非、俄罗斯、古巴、加拿大等国家，其镍资源储量合计约占世界总储量的90%。中国镍矿资源储量约占世界镍资源总储量的6%
钨矿	主要集中在中国、俄罗斯、加拿大和美国，其资源储量合计约占世界总储量的84%。中国钨矿资源储量约占世界钨总储量的50%，钨基础储量约占世界总储量的70%
锡矿	主要分布在东南亚、南美中部、澳大利亚和俄罗斯远东等地区，其储量合计约占世界总储量的70%。中国锡矿资源储量约占世界总储量的20%
锑矿	主要分布在中国、俄罗斯和玻利维亚等国家，其资源储量约占世界总资源储量的80%以上。中国是世界上最大的锑资源国，资源储量约占世界总资源储量的44%
钼矿	钼矿资源储量主要分布在中国、美国、智利、加拿大和俄罗斯等国家，其资源储量合计约占世界总资源储量的90%。中国钼矿资源丰富，储量居世界第一位，资源储量占世界钼总资源储量的38.4%
铝土矿	世界铝土矿资源丰富，保证程度较高。集中在几内亚、澳大利亚、牙买加和巴西等国家，其资源储量合计约占世界总资源储量的70%。中国铝土矿资源储量约占世界资源总储量的11%

② 贵金属资源分布。贵金属包括金、银和铂族金属，其中铂族金属包括铂、钯、钌、铑、铱、锇6种元素。它们具有熔点高、耐腐蚀性、热稳定性、抗电

火花的蚀耗性好，优良的高温抗氧化性和良好的催化性作用及色彩美观等优良属性，使之成为现代科学、尖端技术和工业上不可缺少的原材料，被广泛用于石油、化工、汽车、信息产业、航空、航海、军事及宇航等高科技领域。

世界黄金资源总量估计为10万吨，其中15%～20%为其他金属矿床中的共伴生资源。黄金储量主要集中在南非、美国、澳大利亚、俄罗斯、印尼、中国和加拿大等国家，其储量约占世界总储量的70%，其中南非约拥有世界近半数的黄金资源，巴西和美国各占9%。美国估计有9 000 t黄金资源，中国黄金储量仅次于巴西，位居世界第八位。

世界银储量和储量基础分别为28万吨和43万吨，静态保证年限分别为16年和24年，其中墨西哥、秘鲁、澳大利亚、中国、美国和加拿大等国的银矿资源约占世界总储量的63.3%，中国银储量居世界第六位。

2003年探明世界主要铂族金属储量为7.10万吨，并且集中分布在南非、俄罗斯、美国、加拿大等国家，其中南非资源储量约占世界总储量的80%，俄罗斯约占9%。世界铂族金属储量和储量基础分别为7.1万吨和7.3万吨，静态保证年限在百年以上。南非是世界最大的铂族金属生产国，其铂产量约占世界铂产量的2/3以上。俄罗斯是世界第二大铂族金属生产国。中国的铂族金属查明资源储量以伴生的铂、钯矿为主，铂族金属矿资源主要分布在甘肃、云南、四川等地，其资源储量约占全国总储量的75%。中国的铂族金属矿查明资源储量比较少，而且是以伴生矿为主(占全国查明储量的51.2%)。

世界对铂族金属的需求量逐年增长，以近10年的需求量计算，铂平均以4.8%、钯平均以8.3%、铑平均以6%的速度递增。显然，世界铂族金属储量是难以维持这种增长的需要的(表3-2-5)。

表3-2-5 铂族金属矿产资源的资源和可利用年限

项目	铂	钯	铑	钌	锇+铱	总计
矿产资源(Moz)	163.9	80.5	14.4	23	5.7	287.5
1995年世界需求(Moz)	4.71	5.87	0.422	0.28	0.045	11.327
可利用年限	≈35	≈14	≈35	≈70	≈105	≈26

需要说明的是，这里的矿产资源估计值是仅以南非、美国、加拿大和津巴布韦的储量为依据。如果考虑到其他国家的资源，如俄罗斯的资源，世界铂族金属资源大概够用35年左右。

2. 危机原因

与水危机产生的因素相类似，矿产资源危机产生的主要因素也有自然因素和人为因素。

(1) 资源耗竭性　1931年，美国数理经济学家Harold Hotelling提出了矿产资源耗竭性理论，认为矿产资源的耗竭是一个矿产连续不断消耗的动态过程，它既具有数量上的相对性，又具有质量上的绝对性。数量上的相对性是指随着矿产资源开采量的不断增加，某些矿产资源基础会逐渐削弱、退化，甚至最终耗竭。但为了实现矿产资源在功能上达到可持续开采利用，许多国家一直致力于新的替代资源的开发利用研究，确保在某种矿产资源耗竭之前，可以寻找到新的具有经济价值的可替代资源。因此，当前矿产资源的数量只是相对的减少。质量上的绝对性是指随着人类对矿产资源过度的开采和消耗，矿产资源的质量逐渐恶化。

在工业革命以前人类对矿产的需要量很少，当时地球的大部分地区仍然是未开发的处女地，只要有需要就能找到所需的矿产，因此当时不用担心矿产资源会枯竭。自英国工业革命后，人类对不可再生矿产的需要量和消耗量与日俱增。据估计，全球主要金属和非金属矿产将在几十年到百余年间耗竭，不可再生的化石能源也面临着类似的耗竭性危机。

目前，中国现有的国有矿山中，有30%的煤矿、40%的有色金属矿和50%的铁矿将面临储量枯竭；大中型矿山有2/3进入衰老期，而其中近1/3面临资源枯竭。尽管中国的铁矿石原矿产量一直在攀升，由2001年的2.17亿吨增长至2011年的13.27亿吨，年均增长率为19.9%，但铁矿石品位低。华北地区部分矿产的开采品位已降到17%以下，并且埋藏在地下100 m以下，开采成本高。

(2) 自然因素　矿产是世界的自然禀赋，属于不可再生的资源，而且地球上存储量有限，按目前探明的储量以及人类的消费水平，估计可供人类开采几百年，因此，出现危机也是必然的。其次，世界矿产储量的分布也极不均

衡，包括矿产资源分布的地区及人口数量分布两个方面。矿产储量的空间分布不均衡造成一些国家很快便出现矿产资源不足。

(3) 人为因素　人为因素是导致矿产资源危机的主要因素，如掠夺性矿产开发、矿产消耗日益增大、浪费严重、找到的矿量跟不上需求量等。

① 掠夺性矿产开采。"采富矿、弃贫矿"，即开采主矿弃共生(或伴生)矿；首先选择埋藏浅、品质好的和容易开采的矿开发利用，而为了利润最大化，又常常乱挖滥采。这种粗放开采和掠夺性开采严重破坏一些矿产资源，从而招致资源短缺、矿产资源浪费和环境污染问题严重。掠夺性开采矿产资源的利用率普遍低下，回收率也低，同时也会因采矿而造成山体滑坡、崩塌及其他地质灾害。

② 矿产消耗量日益增大。按重量计，矿物原料在各种工业原料中占75%～80%，大约90%的工业品和17%的日用消费品都是用矿物原料生产出来的。随着世界经济的不断发展和人口数量的增大，矿产的需求量也在加速增加，矿产资源的消耗量在日益增大(图3-2-1、图3-2-2)。在1961～1980年这20年间，铁矿石的采矿量增长80%，铝土矿的采矿量增长2.5倍，磷矿石的采矿量增长2.2倍。世界黄金的需求量持续上升，2002年世界黄金需求量为3 066 t，2003年为3 230 t，比2002年增长了5.4%；2004年为3 521 t，比2003年又增长了9.3%。2000～2006年，铂的消费量年均递增3.0%。同时，消费结构也发生了巨大变化，工业用铂占总需求的比例现在已

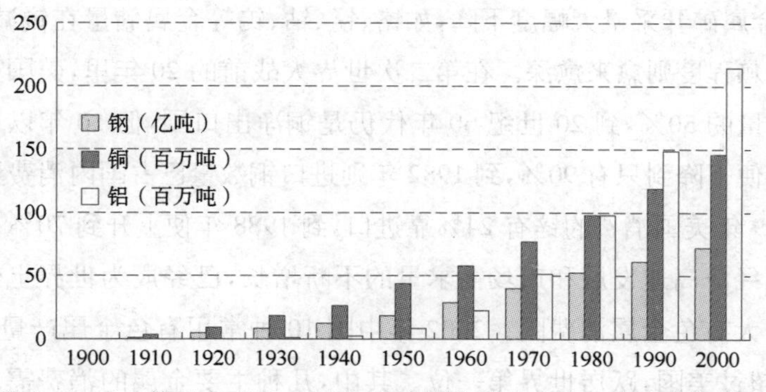

图3-2-1　美国在1900～2000年主要金属矿产资源累计消费总量

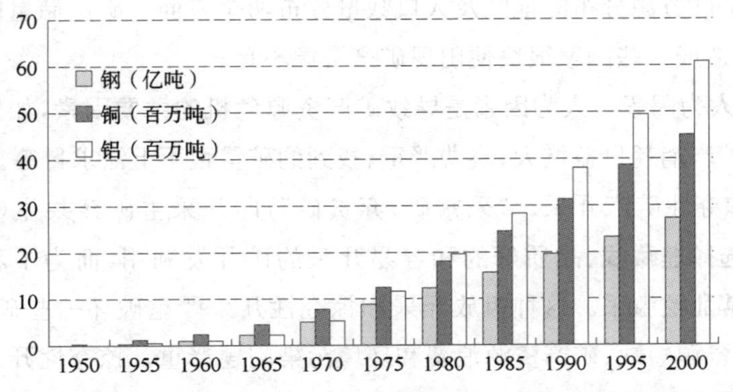

图 3-2-2 日本在 1900～2000 年主要金属矿产资源累计消费总量

经从 57.5%上升到 78.0%。尤其是汽车工业的发展以及各国对环保要求越来越严格，汽车催化剂对铂的消费量逐年增加，并成为最大的消费领域，占总消费的比例从 2000～2006 年上升了 20.8 个百分点，消费量从 214.6 t 上升到 416.6 t。

工业发达国家的人均矿产消费量也增高，是矿产储量枯竭最快的国家。消费量的增长导致全世界采矿量迅速增长，因而全球的矿产储量也相应发生了较大变化，已经探明的矿产储量在迅速下降。全球大宗矿产铁、铝、铜、锌的人均储量分别只有 11 842 kg、3 947 kg、56 kg 和 37 kg，而全球人均铂族金属储量只有 12 g。

美国本是矿产资源极其丰富的国家，现在也成为矿产资源缺乏严重的国家，许多金属矿开采量大幅度下降，如铬、锰、钴、钨等金属储量在锐减；进口矿产品的依赖程度则愈来愈深。在第二次世界大战前的 20 年里，美国生产的铜占世界产量的 50%，到 20 世纪 60 年代仍是铜净出口国，但 10 年以后美国的铜自给率便下降到只有 90%，到 1982 年则进口铜数量已占国内消费量的 35%左右；1969 年美国消费的锌有 24%靠进口，到 1988 年便上升到 70%。

中国经济高速发展和市场需求量的不断增长，已经成为世界上仅次于美国的第二大有色金属消费国。2002 年中国 10 种常用有色金属产量 1 012 万吨，已经超过美国，跃居世界第一位。其中，几种主要金属的消费需求量变化情况是：铜在 2010 年需求量为 450～480 万吨，2020 年预计为 640～690 万

吨，减去二次资源回收量，一次资源需求量为412～562万吨，2002～2020年累计需求量约7 800万吨，超过目前我国已探明铜矿储量的3倍；铝在2010年需求量约800～1 000万吨，2020年为1 400万吨，扣除二次资源回收量，一次铝的需求量为1 120万吨，2005～2020年累计一次铝的需求量约1.5亿吨铝，也超过目前铝土矿探明储量（1 t铝折合4 t铝土矿）；锌在2005～2020年累计需求量约4 500万吨，也超过已探明锌矿的储量；镍在2010年需求量20万吨，2020年需求量上升到25万吨，2005～2020年累计需求量约350万吨，也超过已探明镍矿的储量。

表3-2-7　2002年中国的有色金属产量和世界所居地位

种类	产量（万吨）	占全球产量（%）	居世界位次
铜	163.25	10.5	2
铝	451.11	16.8	1
铅	132.47	20.2	1
锌	215.51	22.4	1
镍	5.24	5.1	6
锡	8.18	28	1
锑	12.32	90	1
镁	23.05	50	1

③ 生产量赶不上需求量。有色金属和贵金属的矿产品消费量一直处于不断增长的态势，产量赶不上需求量，即出现供不应求的局面，从而导致矿产品价格不断上涨。如全球铅精矿产品一直处于短缺状态，2003年世界铅精矿生产量为285.01万吨，比2002年增加了1.84万吨，增长率为0.65%；而在2003年全球精炼铅需求量又上升为687.37万吨，比2002年增长了1.12%，缺口达400万吨。锌精矿产量2003年全球产量为914.74万吨，比2002年增长了3.1%；而2003年全球需求量上升为950万吨，分别比2002年和2000年增长了2.27%和6.84%；2004年全球生产量依然小幅增长，产量为920万吨，而总需求量也增长到985万吨，缺口达60多万吨。2003年世

界精锡产量为27.5万吨，同比增长了2.3%，而这一年世界精锡需求量为31万吨，缺口大约4万吨。

铂族金属消费量不断增长，尽管生产量不断增加，但难以满足需求量的增长，长期存在供应缺口。强劲的需求，推动着价格不断高涨，从2001年的528.8美元/盎司，一路飚升到2005年的896.6美元/盎司(表3-2-8、图3-2-3)。

表3-2-8 2001～2005年世界铂供需状况（单位：万盎司）

项目	2000年	2001年	2002年	2003年	2004年	2005年
总供应量	559.6	603.7	646.8	679.2	716.3	743.7
总消费量	646.1	701.8	752	763	761.5	757.9
供需变化	-60.3	-76.8	-61.8	-57.2	-28.7	-12.9
价格（美元/盎司）	543.8	528.8	539.9	691.2	845.5	896.6

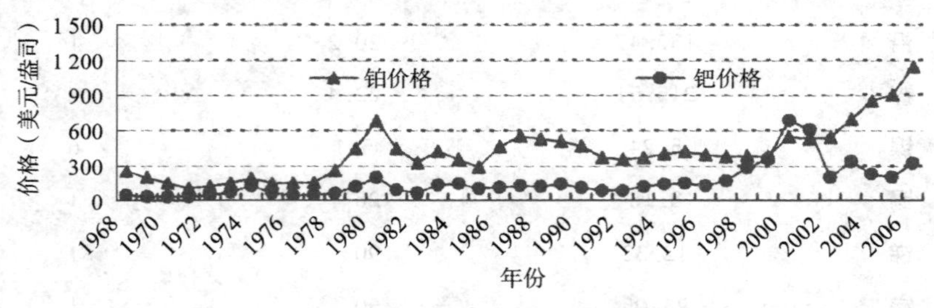

图3-2-3 1968～2006年世界铂、钯价格变化

④ 资源浪费严重。首先，矿山回收率不是很高。中国国有矿山回收率平均为50%，集体矿山为20%～30%，个体矿山则还不到10%。其次，由采矿而造成的山体滑坡、崩塌及其他地质灾害时有发生。所有这些问题都给国家造成了不可低估的损失。当然，这些资源浪费主要是由于对矿产资源开发、利用不合理所造成的，非资源本身所固有。因此，在矿产资源开发利用过程中，在发挥其促进社会经济的发展作用的同时，也需要注意环境保护和矿产资源的综合利用，更加合理地开发利用矿产资源。

3. 解决危机的途径

目前解决的途径主要有开发利用地球深部矿产资源、提高矿物原料综合

回收利用率、开发利用海洋矿产资源和太空矿产资源、节约利用矿产资源等。

（1）开发深部金属矿产资源　地壳深处有流体活动的区域，特别是有大规模流体活动的地方就有形成矿床的可能性，对那些与流体运动密切相关的金、银、锌、铜、锑、汞、锡等矿床来说尤为如此。因此，地壳深部 3～5 km 深部范围内，在一定的构造岩性条件下将发生矿化富集，并形成矿体。成矿有利空间在地下 5～10 km 的深度范围，这个空间正好是地壳内外动力的复合场，也是多种成矿要素发生突变与耦合的转折带，适于大量岩浆矿床、热液矿床的产出。根据对一些成矿区带的综合研究，一个大型热液成矿系统的垂直延伸可达 4～5 km 或更深。地壳和岩石圈是在不断变化的，早已生成的矿床因其所处地质环境发生变化，其产出深度也会相应改变。

事实上，目前矿产开采深度也已经达到了 1 000 m 以上。世界上矿产开采深度超过千米的金属矿山已经有 80 多座，其中印度太古宙绿岩型金矿采矿深度达 3 200 m，南非金-铀砾岩型金矿深达 4 000 m，美国和加拿大的一些大型矿山的采矿深度也超过了 2 000 m，中国也有几座铁、铜和金矿山的开采深度达到了 1 000 m。但是，人类目前尚无法亲眼目睹地下深部的物质成分与地质结构，只能依靠与矿产相关的间接信息找矿，探矿难度比较大，风险也较大，制约着矿产资源开发利用。因此，需要开发新型探矿技术，即深部探矿技术。

目前传统的矿产勘探技术主要有遥感勘探技术、地震勘探技术、微动测探勘查技术、激光勘探技术、钻探法、综合物探法，以及这些技术延伸出来的磁法、电法、放射法等勘探技术。现代化勘探工作建议采用多种技术手段综合应用，对它们各自的优势进行有机整合，可以更精确地探测到矿产，特别是隐伏矿等深部矿产。一种称为综合物探技术据认为是一种比较先进的深部矿产勘探技术，综合物探的全称为综合地球物理勘探，它是在面对特殊勘探对象和勘探任务时，为了能够获得最好的勘探效果而结合地球物理方法进行探测的一种技术。这种技术可以有效地避免只采用地球物理勘探进行探测而出现的解性问题，加强解释效果，在多金属矿探测应用中具有方便、经济适用等优点，又具有定量反演深埋矿体的延伸、埋深、长度和宽度的作用。综合物探能够对矿床储量、分布等进行提前预估，避免盲目钻探造成的不良情况。

（2）开发海洋金属矿产资源　海洋的自然环境与地质基础条件与陆地

相似，同样具备地球化学循环、富集成矿的基本条件。海洋矿产资源的品种与陆地同样丰富，而且种类之多、范围之广、储量之大都是陆地所不及的，基本上囊括了陆地上分布的92种元素矿产。因此，随着陆地的矿产资源日益枯竭，海洋矿产资源的勘查、开发利用已经成为许多国家关注的课题。

推测钴在海底资源数量是陆地资源数量的许多倍(55.2倍)，镍和钼的数量也远超过其在陆地推测资源数量(分别达到6.5倍和2.6倍)，而锰和银在海底与陆地的推测资源数量大致相等(分别为1.2倍和0.9倍)。富钴结壳的钴含量特别高(含钛高达2%，平均0.7%～0.8%)，是陆地含钴矿床的20倍，矿石储量可达300×10^6 t，被认为是目前最有工业开采远景的矿种。贵金属铂质量分数也相当于陆上含铂量的80倍。不过，海底中的铜、铂和锌的推测资源量仅是其在陆地的1/2左右(分别为0.56倍、0.47倍、0.40倍)，铅则约占陆地资源量的20%左右，而金的资源量更为有限(0.04%)(表3-2-9)。

表3-2-9　海底和陆地的推测矿产资源量与矿石中的金属品位

海洋矿物的主要类型	海底			陆地			海底与陆地的推测资源比例
	金属	品位	推测资源量	金属	品位	推测资源量	
氧化钴锰生成物：结核和结壳	Ni	0.6%～1.4%	56 950万吨	Ni	0.3%～2.44%	8 770万吨	6.5
	Cu	0.4%～1.2%	34 850万吨	Cu	0.6%～4.0%	61 900万吨	0.56
	Co	0.2%～0.8%	33 920万吨	Co	0.1%～0.6%	614万吨	55.2
	Mu	20%～42%	181 530万吨	Mu	20%～44%	1 557 100万吨	1.2
	Pt	0.5～0.8克/吨	11 100吨	Pt	3.9～4.2克/吨	24 000吨	0.47
	Mo	0.04%～0.06%	30 200吨	Mo	0.01%～0.12%	11 600吨	2.6
氧化铁锰生成物：结核和结壳	Cu	3.73%	527万吨	Cu	0.6%～4.0%	61 900万吨	0.08
	Zn	8.93%	12 630万吨	Zn	4%～10%	30 300万吨	0.4
	Pb	4.14%	3 190万吨	Pb	0.5%～12.0%	12 380万吨	0.23
	Ag	186克/吨	45.24万吨	Ag	10～400克/吨	50.50万吨	0.9
	Au	2.38克/吨	2 270吨	Au	2～15克/吨	6.18万吨	0.04

① 海洋金属矿产资源。从狭义上讲，海洋矿物资源一般是指海底矿产资源。海洋是巨大的物质资源宝库，海底和滨海地区蕴藏着丰富的矿产资源，其种类多，总储量大。就种类来说现已探明有下列12种：金刚石在水下600 m深处；金和铂在水深200 m左右；砂锡在水深600 m左右；独居石、金红石、错石砂在海面下几十米的浅海底，独居石为高级耐火材料；海底铁矿主要在火山带的浅海底；海底煤矿；硫磺矿；磷灰石结核一般在海底沉积层中；贵重金属软泥，在红海2 000 m以上深度的软泥中含有丰富的铁、铜、铅、锌、金、银等元素，而且储量很大；深海锰结核储量很大，一般分布于3 000～5 000 m三大洋的底部；重晶石蕴藏在海水下6～36 m处；钾盐层矿。

海洋矿产总储量估计达6千亿吨，其中锰结核3万亿吨，仅太平洋底就有1 700亿吨，锰结核是一种再生沉积矿物，因而它取之不尽，在太平洋每年新生长的锰结核就有1 000万吨。

海水中含有大量多种元素。据估算，海水中含有锂2 500亿吨、氟2 000亿吨、铷1 800亿吨、镁1 767亿吨、碘800亿吨、硼640亿吨、钾550亿吨、锰150亿吨、铁137亿吨、铝127亿吨、溴92亿吨、铜45亿吨、铀45亿吨、锡41亿吨、银4亿吨、金0.15亿吨。

大陆架中的矿产资源主要有滨海砂矿，包括重金属矿物砂矿、锡砂矿等。滨海砂矿是陆上碎屑物质被径流搬运至河口、海滨地带，或者原地残留的物质和海底产物经波浪、潮流、沿岸流反复冲刷形成的有用砂矿，含有一些化学性能稳定和密度较大的有用矿物。该类砂矿床规模大、品位高、埋藏浅、沉积疏松、易采易选，主要包括建筑砂砾、工业用砂和矿物砂矿（表3－2－10）。

表3－2－10 海洋金属矿产资源的分布

海岸地貌	海洋矿产资源
滨海	钛铁矿、磁铁矿、金红石、锆英石、独居石、磷钇矿、褐钇铌矿、砂金、砂锡铂砂、金刚石、石英砂等各类滨海砂矿
大陆架和大陆坡	煤、铁、铜、铅、锌、锡、钛、磷钙石、稀土、金、金刚石，以及丰富的石油、天然气和天然气水合物等
深海	多金属结核（锰结核），富钴结壳，大量的镍、钴、铜、铅、锌等金属元素

滨海矿物砂的矿种类很多，例如金刚石、金、铂、锡、铬铁矿、铁砂矿、锆石、钦铁矿、金红石、独居石等。这些矿物在航天、核工业以及电子工业中用途独特，因而它们不仅具有较高的经济价值，而且具有极为重要的战略地位。目前90%以上的金红石、90%的金刚石、80%的独居石、75%的锡石和30%的钦铁矿都来自海滨砂矿（表3-2-11）。

表3-2-11　滨海砂矿资源及主要分布地

滨海砂矿资源	滨海砂矿主要分布地
重矿物砂矿（钛铁矿-金红石-锆石-独居石砂矿）	澳大利亚、新西兰、印度、斯里兰卡、塞内加尔、美国、毛里塔尼亚、冈比亚、南非、莫桑比克、埃及、巴西以及欧洲沿海国家
磁铁矿-钛磁铁矿	日本、新西兰、加拿大、德国、挪威
锡砂矿	美国、英国、缅甸、菲律宾、泰国、马来西亚和印度尼西亚
砂金-铂金砂矿	美国、俄罗斯以及加拿大、智利、新西兰、澳大利亚、菲律宾、南非
金刚石砂矿	纳米比亚、南非、利比里亚、安哥拉
稀有、稀土矿物矿产	泰国、澳大利亚、印度、巴西
宝石砂矿	俄罗斯、波兰、德国、新西兰以及南非北岸、科特迪瓦、越南、泰国、柬埔寨

中国海岸线漫长，目前已探查出的砂矿矿种有锆石、钛铁矿、独居石、磷钇矿、金红石、磁铁矿、砂锡矿、铬铁矿、铌钽铁矿、砂金和石英砂等10多种，并发现有金刚石和砷铂矿等。中国的滨海砂矿的矿种几乎覆盖了黑色金属、有色金属、稀有金属和非金属等各类砂矿，其中以钛铁矿、锆石、独居石、石英砂等规模最大，资源量最丰，总矿产储量约1亿吨。但矿床和储量分布不均，南部较多，北部较少。广东、海南和福建的矿砂储量占中国沿海矿砂总储量的90%。主要可分为8个成矿带，如海南岛东部海滨带、粤西南海滨带、雷州半岛东部海滨带、粤闽海滨带、山东半岛海滨带、辽东半岛海滨带、广西海滨带和台湾北部及西部海滨带等，特别是广东海滨砂矿资源非常丰富，其储量在全国居首位。

深海蕴藏着极为丰富的海底资源，但开发得还远远不够，甚至几乎还未得到开发，包括大洋多金属结核矿、铁锰结壳矿、深海磷矿和海底热液矿等。大洋多金属结核又称大洋锰结核，广泛分布于水深4 000～6 000 m的海底，主要由铁锰物质组成，含有70多种元素，包括工业所需要的铜、钴、镍、锰、铁等金属，其中镍、钴、铜、锰的平均含量分别为1.30%、0.22%、1.00%和25.00%，总储量分别高出陆地相应储量的几十倍到几千倍，具有很高的开采经济价值。据有关勘查资料显示，世界海洋底拥有这种矿产储量超过3万亿吨。

经过探测，有开采价值的有16处，其中认为最有开采前途的一处在夏威夷以南和新西兰东北范围内南北伸展的海域，另一处在克拉里昂-克里帕顿断裂带之间的15个富集地段，并且专家预测其商业开采年限为2020～2030年。目前世界上已有7个国家或集团，主要是印度、俄罗斯、法国、日本、中国、国际海洋金属联合组织、韩国等，获得联合国的批准拥有合法的开采区，除印度以外的其他先驱投资国，所申请的矿区均在太平洋CC区。中国是联合国批准的世界上第五个先驱投资者，已经在太平洋CC区获得了7.5×10^4 km的合同矿区，对该区拥有详细勘探权和开采权。

富钴结壳矿也是一种铁锰矿，与大洋多金属结核矿相似，但它不呈结核状，而是以板状结壳覆盖在洋底海山的基岩上，一般形成在400～4 000 m的海水下，矿层较厚和含钴较多的结壳分布于800～2 500 m的大洋底部。钴结壳最富集地域在各个大洋盆地的平顶山顶部、海山斜坡和海台处，其中以中太平洋和中南太平洋海山区的富钴结壳分布较广、较厚，钴含量较高，并且开采经济价值比较高。在水深1 000～3 000 m的海山顶部或斜坡处，最大厚度达20 cm，它富含钴、铂、镍，磷、钛、锌、铅、铈和稀土金属等的矿产资源，其中钴的含量特别高，平均值为0.5%，最高的达1.8%～2.5%，大约可提供产量10亿吨的钴，是大洋多金属结核中钴含量的4倍。

铁锰结核矿的铁锰沉积物类型呈现为热液壳状，沉积在任何深度的活性热水源附近（表3-2-12）。

表 3-2-12 铁锰沉积物的成分及资源量

类型	副型	金属平均品位(%)					推测资源量(亿吨)
		Co	Mn	Fe	Ni	Cu	
克拉里昂-克利珀顿型,镍铜型(2030)*	Ⅰ(B型)	0.18	26.45	6.69	1.13	1	188
	Ⅱ(C型)	0.21	29.3	6.5	1.47	1.23	
秘鲁型,镍型	Ⅰ(144)	0.07	33.11	5.7	1.35	0.73	36
	Ⅱ(76)*	0.02	42.81	2.55	0.72	0.53	
中太平洋型,镍铜钴型,A型(235)*		0.25	19.85	10.98	0.74	0.59	148
南太平洋型,贫钴型(399)		0.31	15.14	15.72	0.39	0.19	81
夏威夷型,富钴型(2Co)(443)*	Ⅰ(352)*	0.51	17.02	17.17	0.37	0.16	456
	Ⅱ(91)*	1.24	17.76	14.2	0.43	0.08	
热液不含矿型(72)*		—	9.47	19.42	—	—	36

注:* 括号内的数字为取样点数量;A、B、C型系联合国海底国际组织针对拉里昂-克利珀顿区域的分类。

海底热液矿是与海底热泉有关的一种多金属硫化物矿床。它是海水侵入水深 2 000～3 000 m 海底裂缝中,被地壳深处热源加热后,溶解了地壳内的多种金属化合物,再从洋底喷出,遇冷海水而凝结生成的沉淀物,又称为多金属软泥或热液性金属泥,含有铜、铅、锌、锰、铁、金、银等多种金属,其中金、银等贵金属的含量高于锰结核矿。这种矿产分布较广泛并且易于发现,分布规律比较明显,主要分布在大洋的火山、大洋中脊和断裂构造活动带等特定海区。储存在海洋水下较浅,达数十米到 3 500 m,其中在 2 500 m 处居多,因此容易开采、冶炼。成矿速度快、形成时间短,该种矿产每 5 天能堆积 40 cm。在东太平洋的加拉帕戈斯断裂带中,硫化物矿床仅形成 100 年。

② 海洋金属矿产资源开采。开采深海金属矿产资源的作业受到风浪、海流、海水高压及腐蚀等恶劣自然条件影响,与陆地矿产资源开采相比,难度大、风险系数高,对装备要求极高。海底工作设备要承受 20～60 MPa 的压力,作业材料需有较高的耐机械强度以及高耐腐蚀性;电磁波在海水中传播时强度衰减严重,水下定位比较困难;海洋环境的风、浪、洋流构成等也是难

以预测的多流场。

连续铲斗提升采矿系统由采矿船、铲斗、高强度尼龙缆索等组成。尼龙缆索上以一定的间距(25～50 m)悬挂系列铲斗,这些铲斗通过尼龙缆索从海面船只(一船或多船)到海底连续回转,实现采矿作业。该系统具有开采和提升两个功能,采矿系统比较简单、成本也较低。

管道提升采矿系统是利用液体提升固体悬浮物,即从采矿船上吊下输送管到海底,采集矿装置把收集到的矿石输送到提升管道口,再利用液流的循环(如利用气举或射流原理)将矿石通过管道输送到地面。该采矿系统适用于大规模有效开采海底多金属结核矿。

所采用的管道提升又分为水力提升、气力提升、管道容器、轻介质和重介质等提升方法。其中,水力提升是通过接在管道上的水泵提升,所以它又分为矿浆泵水力提升和清水泵水力提升。矿浆泵提升系统主要由采矿机、矿浆泵、中间矿仓、采矿船、软管等组成。泵的入口以下为管道吸入段,矿浆泵提供的动力使管外压力高于管内压力,利用管内外的压力差,并借助海水的位能提升(图 3-2-4)。集矿机在海底工作,把采集的矿石经软管输送至给料机上的中继仓,通过给料机定量地送入扬矿硬管,并由安装在海底的多级矿浆泵提供动力,把矿石提升至采矿船上(图 3-2-4)。

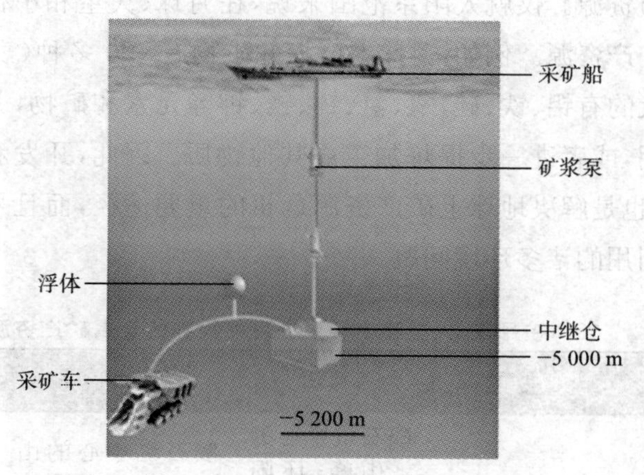

图 3-2-4 矿浆泵提升示意图

穿梭潜水集矿机系统由穿梭潜水集矿机在海底采集矿石，当采集到一定数量后上升至海面，把采集到的矿石卸到海面平台上，然后用废石料作为压载物再下沉到海底继续开采，如此循环作业。该系统具有灵活机动、采矿效率高的特点。但由于仪器和设备较多，控制操作比较复杂，因此会影响作业的可靠性。

海底自动采矿系统是连续铲斗提升采矿系统和穿梭潜水集矿机系统的结合体，是加设了提升管道的穿梭集矿系统，或是由遥控潜水采矿机代替连续铲斗采矿系统。

③ 海洋金属矿产资源勘探。基于地质资料可以勘探海洋矿产资源。根据成矿理论，如矿床成矿系列理论、深部流体作用理论、矿床模式理论、地质异常理论、地质力学理论及成矿系统理论等，探测海底地形、海洋深部的流体活动，能够提供海底矿产信息。从宏观的角度识别不同的地质体，结合其他地质资料进行综合分析，对地表地质体的几何特征进行全面、客观地纪录，便可以判断海底矿产资源。基于这个原理，现在开发了多种海洋矿产资源勘探技术，如核磁感应勘探探术、遥感勘探技术、激光勘探技术等。

(3) 开发外层空间金属矿产资源　外层空间是一个广阔无垠的世界，从离地球表面 500 km 以上直到深空统称外层空间，或称外大气层，外层空间中有丰富的物质资源。仅就太阳系范围来说，在月球、火星和小行星等天体上就有丰富的矿产资源。例如，月球上已探知矿物有 100 多种(表 3－2－13)，拥有储量较大的有铝、铁、硅、氧、氢、镉、镁、钾等元素和矿物，月球上的矿物可以直接利用，或者进一步提炼加工成其他物质。因此，开发利用外层空间的矿产资源，也是解决地球上矿产资源危机的重要途径，而且可以很好地解决矿产资源利用的诸多环境问题。

表 3－2－13　在月球、火星和小行星上可能找到的金属矿产资源类型

矿床类型	主要矿种	月球	火星	其他小行星
镁铁质火成岩	Cr，Pt 族，Ni，Ti	陨石坑中心的山峰；环陨石坑边缘沉积物	陨石坑中心的山峰以及高地上的喷出物	Pt 族，其他贵金属

续表

矿床类型	主要矿种	月球	火星	其他小行星
结晶质花岗岩	Ta，Nb，Be，Li	无	高地上可能有	
热液型	F，Au，Ag，W，Cd，Bi，Hg	无	火山构造、古高地、大型冲击坑	
火山成因	Ag，Pt族，Zn，Hg，Pb，Cu	火山碎屑物堆积；阴影区近火山锥的沉积物	火山、火山台地、可能的碎屑物堆积	Pt族，其他贵金属
化学沉积	Mn，Co，K，Fe，S，P	无	古湖泊底部或假定的北方海洋；Sinus Meridiani赤铁矿床	
机械沉积	Th，Sn，Au	无	溢出通道	
风化	Al，Ni	无	土壤最厚处的古老地表面(在有土壤的前提)	
溶解-重新移动沉积	K，Pb，U，V	无	地下水系统；地表风化层可能也有	
宇宙风化	无	风化层中的太阳风气体；显微金属铁	来自微观陨石的有机组分	

① 外层空间矿产资源。在很早以前，从分析天上掉下来的陨石成分便得知，陨石里含有丰富的金属元素，比如铁、镍、锰、铝、铬和金刚石等。在中国新疆维吾尔自治区青河县曾经降落一块大陨石，重量达30 t，铁成分高达88.67%，还有9.22%的镍，铁和镍的含量比地球上最富的矿石还要富，而且它们都是以金属状态存在。事实上人类最早使用的铁就是从这种含铁的陨石中得到的。在美索不达米亚一带的苏美尔人古墓中，发现在五六千年前用陨石的铁制造的小斧；在埃及金字塔保存着4 000多年前的宗教经文中，就有关于用铁制造太阳神等神像的记述。远古时候，人类还没有掌握从矿石中提炼铁的技术，非常珍贵的铁器是用含铁的陨石制造成的，因此，在苏美尔人的语言中，铁这个字的意思是“天降之火”；在古希腊文中，“铁”和“星”是同一个

字，都表示铁是来自天上的。

仅月面表层5 cm厚的砂土中就含有上亿吨铁，而整个月球表面平均有10 m厚的砂土。月球矿物所含的元素硅、铁、铝、钛、镍、镁等正是地球上用量最大的矿物元素，而且含量很高。有的月球矿物样品中，二氧化钛的含量高达11.14%，三氧化二铝的含量达35.49%。月球上的一些金属元素还具有一些特殊性能，例如铁是一种金属铁，而不是同镍和钴混合而成的合金中的氧化铁，因而它容易被提炼出来，比地球上的铁纯度更高，不容易生锈。月球上的稀有金属储藏量比地球上还多，据模测算，月球上克里普岩中稀土元素钍、铀的数量分别约为6.7亿吨、8.4亿吨和3.6亿吨。

月球上还有在地球上稀缺的被誉为"清洁"能源的核发电材料氦-3。地球上的氦-3十分稀缺，在整个地球大气中，氦气体只占0.000 5%；而氦-3只占这些氦气体中的0.000 14%，其余的99.999 86%都是氦-4。即使把地球大气中的氦-3全部分离出来，也只有4 000 t。整个月面都覆盖着一层由岩石碎屑、粉末、角砾、撞击熔融玻璃等构成的成分复杂、结构松散的混合物月壤。据分析，月壤中氦-3的数量估计为100多万吨。

此外，宇宙中还有很多蕴藏着大量矿产资源的行星和特殊的小行星，如水星上有大量的氧化铁和铁资源，火星上含有众多的硫、铁、镍、钛、锌。有些特殊的小行星本身就是由大量金属（包括铁、稀土等）组成，如太空中的金属型小行星就有丰富的铁、镍、铜等金属矿产，有的还有金、铂等贵金属和珍贵的稀土元素。一个普通大小的金属小行星，所拥有的金属矿产可以达到一个普通金属矿山的几十倍。

太空中还有两种重要矿床，即太阳风矿床（即太阳风粒子注入星球表面风化层所形成的矿床）和火山碎屑矿床。太阳风矿床是地球上所没有的矿床，它是一种独特的太空矿产资源，月球和火星都有这种太阳风矿床。火山碎屑矿床是另一种重要的太空矿产资源，它可能是太空最主要的矿产资源。

一些近地小行星也富含有人类所必需的金属矿产。小行星是早期太阳系形成后的剩余物质，因其体积小而得名。其中能够接近地球的小行星又称为近地小行星。小行星一般有3种，即金属型、石质型和混合型小行星。金属型小行星有丰富的铁、镍和铜等金属，有的还有金和铂等贵金属及稀土元

素。例如，最小的近地小行星 3 554 Amun，是一个宽约 2 000 m，由铁、钴、镍、铂和其他金属组成的块状物体，其金属数量是人类有史以来在地球上开采的金属数量的 30 倍。而它还仅仅是许多已知金属质小行星中最小的一个。目前，在大量近地小行星中还含有高品位的铂族金属元素矿床，铂、铑、铱、钯和金的含量都很高。

② 外层空间矿产资源的开发。目前外层空矿产资源的开采虽然还没有真正付诸实践，但已经露出苗头，开发和利用外层空间的内容也不断丰富，如何开采利用天体资源是目前必须攻克的难题。不过，包括太空钻井技术、太空采样技术、太空资源勘查技术，以及采矿机械研发水平的不断提高，为开发利用外层空间矿产资源创造了有利条件，可以预见，外空矿产资源的开发利用时代为期不远。

(4) 金属矿产原料综合回收利用　金属矿产原料的综合回收利用是合理开发利用和保护金属矿产资源的有力措施之一。在 1913 年回收的金属元素有 15 种，1930 年为 20 种，1940 年为 24 种，1950 年为 43 种，1960 年达到 63 种，在 1970 年以后达 74 种。仅 1970～1975 年，矿产原料综合回收所得的附产品价值，就达到有色金属冶金部门所有产品总产值的 30%。发达国家用废金属生产的钢和主要有色金属分别达到其全部产量的一半以上和 1/3，这不仅节省矿产资源的开采量，还节约了大量能源和投资，如用废金属炼铝，可节电达 96%，炼铜节电 87%。用废金属为原料的炼铝厂比新建以矿石为原料的工厂节约投资达 90%。综合回收率也在不断提高，苏联的胡杰斯克矿是含铜黄铁矿，采用浮选、水冶联合流程，综合回收 8 种元素组分，它们的回收率分别为：铜是 97%，锌为 92%，钴为 66%，镉为 64%，铁为 90%，硫为 82%，碲为 77%，硒为 77%。综合回收利用矿产是一项复杂的科学技术和经济任务，这个任务的实现与有色金属冶金所有的工序（包括采、选、冶、加工）都有密切联系。选矿是综合回收的决定性步骤之一，应用分支和多段的浮选流程、探索选择性更好的浮选药剂、采用联合选矿方法和使用新的工艺流程，都是提高回收率的主要技术途径。

(5) 开发金属矿产开采新技术和新材料　巴基斯坦开发了一种廉价铀矿开采新技术，首先将酸性或碱性的溶液从钻孔注入矿体，然后将含矿溶液从钻孔中泵出。这是一种省钱、开发快又安全的开采新技术，特别适宜在松软的矿层中开采，可用来开采铜矿和金矿。塔吉克斯坦化学研究所开发的一种贫矿开采技术，能从贫矿中提取稀有金属的氯化物，这种高纯度氯化物能从金属含量不足1%的矿石中提炼出钨和铂，能从蕴藏在贫矿中获得大量稀有金属。他们利用棉花加工业、煤炭业和食品业的废料，获得低成本的有益细菌培养基添加剂，利用它可从含金精矿中浸析砷，从尾矿堆中回收提取锑和铜。

湿法冶金是寻找失去的金属的一种新方法。墨西哥国立工学院使用物理与化学技术相结合的方法，将原料溶解、浓缩，并通过电化学回收金属，可以从矿石或工厂排出的污染废物中有选择地提炼出需要的金属。该方法可以在低温下进行，所用溶剂虽然昂贵，但可从有效回收中很快得到补偿。同时，该法通常用可溶解或可挥发的酸性溶剂，既安全又卫生。

提高材料性能也是节省矿产资源出路之一。表面处理工艺，如等离子喷涂、离子注入、气相沉积、激光表面强化处理等，在刀具上形成一层几十微米厚的氮化钛，其使用寿命提高几倍；提高产品使用性能，也能够大大减少金属材料的消耗量。不锈钢与碳钢轧成复合钢板用于化工设备，可以节约大量贵重金属。特别是开发的非晶态金属，用于电气工业作变压器铁芯，可使铁芯材料的消耗量减少2/3。非晶态金属用于电机也可大大降低材料消耗。

一些国家研制的陶瓷发动机，将可以节省30%的燃料，而且陶瓷材料又有取之不尽的原料来源。复合材料在航空、航天、电子、机械、建筑、体育等领域广泛应用，也将大大节省金属矿产资源。

因此，通过这些新材料的不断研制开发，矿产资源危机也将得到缓解。

三 能源矿产资源危机

能源矿产是指蕴含有某种形式的能，并可能转换成人类生产和人民生活必需的热、光、电、磁和机械能的矿产。能源矿物危机会造成经济衰退，影响到经济发展，导致经济危机。特别是前两次世界石油危机，对世界经济发展和人民生活都造成了严重冲击。危机期间，所有工业化国家的经济增长都明

显放慢，石油价格上涨并引起的连锁反应，增加了石油进口国的财政支付负担，许多国家的赤字增加，人们对经济前景预期十分悲观；物价大幅度上涨，通货膨胀严重，失业率普遍提高，经济增速严重下滑。美国在石油危机持续的 18 个月内（1973 年 12 月～1975 年 5 月），国内工业生产下降幅度平均为 10.17%，失业率为 9.1%，物价上涨率为 9.1%。其中最为严重的 1974 年，物价上涨了 11%、工业生产率下降了 11%、国内生产总值增长下降了 4.7%。欧洲经济增长率下降了 2.5%，其中英国、西德、法国的工业生产下降幅度分别为 11%、12.9%和 14.0%；失业率分别为 5.4%、5.1%、3.5%；物价上涨率分别为 13.2%、7.6%、11.3%。在这 3 个国家中，危机持续时间都超过了 20 个月。日本的工业生产下降幅度高达 20.6%，物价上涨率达到 26.3%，引发严重的通货膨胀，经济增长下降了 7%。第一次石油危机持续的 3 年时间中，全部工业化国家的经常项目收支从 1973 年的 141 亿美元盈余变为 1974 年的 214 亿美元赤字。

（一）　能源矿产资源和分布

能源矿产又可分为 3 类，即燃料矿产，如煤、石油、天然气、油页岩、石煤等；放射性矿产，如铀矿等；地热资源，蕴藏于地球内部，可以直接或通过转换间接产生光、热以及动力能量载能体资源。

1. 煤炭

世界煤炭资源非常丰富，2007 年世界煤炭探明可采储量为 8 474.88 亿吨，其中烟煤和无烟煤为 4 308.96 亿吨，亚烟煤和褐煤为 4 165.92 亿吨。根据已探明的煤资源储量，按 2005 年的开采生产水平，还可以供开采 160～170 年。随着不断勘探和勘探技术的提高，估计每年仍会增加较多的探明储量。

煤炭资源分布遍及世界各大洲的大多数地区，不过资源的分布并不均衡，其中美国、俄罗斯和中国的煤炭资源最为丰富，已经探明的煤炭可采储量中，它们分别占世界总储量的 28.6%、18.5%和 13.5%；其次是澳大利亚、印度、南非、乌克兰和哈萨克斯坦，分别占世界总储量的 9.0%、6.7%、5.7%、4.0%和 3.7%。

煤炭是中国的主体能源，也是能源安全的基石。中国主要聚煤盆地有华北盆地、华南盆地、鄂尔多斯盆地、准噶尔盆地、吐哈盆地、伊犁盆地、塔里木盆地、海拉尔盆地群、二连盆地群等；成煤期有8个，其中主要成煤期有石炭-二叠纪、早中侏罗世、早白垩世。煤炭资源分布于中国的30个省区市，分布面积达$80\times10^4\ km^2$。从地理分布看，在秦岭、大别山以北的煤炭资源储量占全国的90％，且集中分布在晋、陕、蒙3省(区)，占北方区的65％；秦岭、大别山以南只占全国的10％，且集中分布在贵州和云南省，占南方区的77％。煤类从褐煤到无烟煤均有，其中以低灰煤和低中灰煤为主，在南部多数是无烟煤、贫煤等高变质程度煤，北部尤其是东北、东蒙和西北为褐煤、长焰煤等，主要是低变质程度煤。

2. 石油

预计石油最终的可采储量在$226.03\times10^9\sim438.36\times10^9$ t，其中中东是石油储量最丰富、开采成本最低的地区，其储量占全球已探明蕴藏总量的2/3，而其开采成本则只有世界其他地区平均水平的1/3～1/4(图3-3-1)。

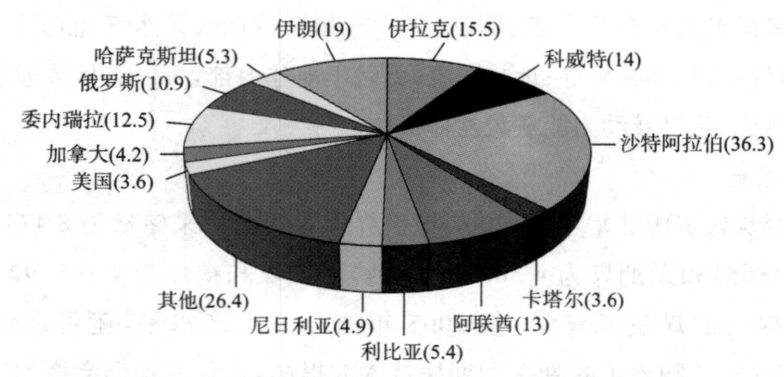

图3-3-1　2007年世界石油探明可采储量主要分布格局($\sqrt{2}$)

截至2005年底，世界石油探明可采储量为164.5×10^9 t，按2005年的实际开采生产水平，还可开采40多年，其中欧佩克大约可开采92年，中东地区可开采105年。在世界103个产油国中，中国石油可采资源总量和剩余可采储量分别居世界11位和第10位，按照最新的中国石油资源评价结果，中国石油资源储量可能增至619亿吨。

3. 天然气

2007 年，世界天然气剩余探明可采储量大约为 177.36 万亿立方米，资源分布也不均衡，中东地区和俄罗斯地区最为丰富，分别占世界总量的 41.3%和 38.7%（图 3－3－2）。其中俄罗斯、伊朗和卡塔尔为世界三大资源国，它们的储量依次占世界总量的 25.2%、15.7%和 14.4%。按现有的开采生产水平，世界天然气证实储量可供开采 60.3 年。其中中东地区天然气的可采年限最长，大约为 205 年，而北美的可采年限最短，仅为 10 年。世界天然气剩余探明储量排名中，中国位居第 20 位，储量大约为 $1.37\times10^{12}\ m^3$。

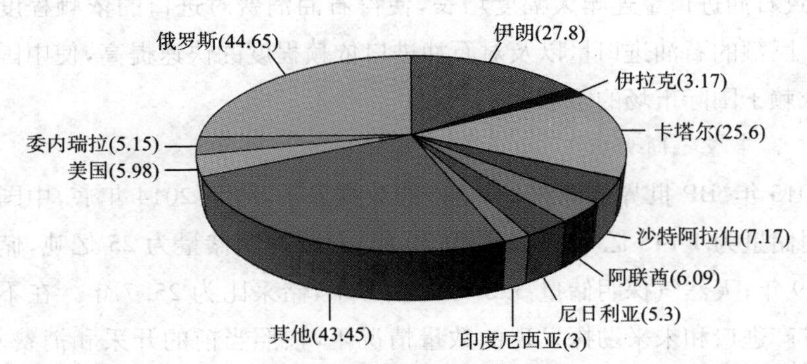

图 3－3－2　2007 年世界天然气探明可采储量主要分布格局（万亿立方米）

（二）　危机的产生

1. 能源矿产资源分布不均衡

几种重要的能源矿产资源，如石油、天然气、煤炭等分布很不均衡，主要集中在少数一些国家和地区，不少国家和地区的能源矿产资源贫乏。中东及海湾地区和非洲发生的几次战争都是由能源矿产资源的重新配置与分配而引发的，而军事冲突又加剧了能源矿产资源危机，而受害的那些靠进口石油的国家会面临着高通货膨胀和经济增长速度放慢，失业率普遍上升，财政赤字提高。石油也会被用来打击别国经济。1973 年 10 月第四次中东战争爆发，为打击以色列及其支持者，阿拉伯成员国在当年 12 月份宣布收回石油标价权，并将其原油价格从每桶 3.011 美元提高到 10.651 美元，油价猛然上涨

了两倍多，从而触发了第二次世界大战之后最严重的全球石油危机。持续3年的石油危机对发达国家的经济造成了严重冲击，美国的工业生产下降了14%，日本的工业生产下降了20%以上，所有的工业化国家的经济增长都明显放慢。1990年8月初伊拉克攻占科威特以后，伊拉克遭受国际经济制裁，伊拉克的原油供应中断，国际油价因而急升，每桶达42美元的高点，又引发一场石油危机，造成美国、英国经济加速陷入衰退，全球GDP增长率在1991年跌破2%。

近年来中国经济持续快速增长，导致能源矿产需求不断增长，特别是石油的需求量快速增长。国内石油生产的产量增长缓慢，而石油消费增长迅速，导致石油进口量连年大幅度增长，使得石油消费对进口的依赖程度不断提高。巨额的石油进口量以及对石油进口依赖程度的快速提高，使中国成为严重依赖于国际市场的国家。

2. 需求量不断增大

2015年《BP世界能源统计年鉴》的数据显示，截至2014年底，中国煤炭的探明储量为1 145亿吨，储采比为30年；石油探明储量为25亿吨，储采比为11.9年；天然气探明储量3.5万亿立方米，储采比为25.7年。在不考虑能源矿产进口和未来勘探发现的数量情况下，按照当前的开采和消费水平，中国的煤炭、石油和天然气这三大能源矿产将分别在30年、11.9年和25.7年后消耗殆尽。全球可以廉价开采的石油数量为1万亿桶到1.6万亿桶，以目前世界石油消耗量速度计算，大约60年后石油储量就会消耗光，没有石油可开采。

经济发展和生产发展需求的能源矿产量在逐年增加(表3-3-1)。国际能源署(IEA)在2010年11月发布的《2010世界能源展望》研究报告预计，到2035年，全球能源矿产需求量将达到167.4亿吨石油当量，现在全球每天消耗石油量已达7 100万桶，几乎每年增加2%。尽管地质勘探技术有了惊人的进步，但所探明的新石油储量在明显减少，以致现有石油消费量同新勘探到的石油量的比例是4∶1，即消费的数量远大于探测到的数量，其结果是不断增加的能源矿产需求量与有限的能源矿产供应能力之间的矛盾越来越突出，需求量的缺口也越来越大，预计的可供开采期还会缩短，或者说危机会提前到来。

表 3-3-1 主要能源矿产需求量统计值和预测值(单位:10^6 t 石油当量)

能源	1971	2002	2010	2020	2030	2002～2030 年增长率(%)
石油	2 413	3 676	4 308	5 074	5 766	1.6
天然气	892	2 190	2 703	3 451	4 130	2.3
煤	1 407	2 389	2 763	3 193	3 601	1.5
核能	29	692	778	776	764	0.4

3. 能源矿产的不可再生性

石油和天然气等是古代湖泊及海洋中的动物、微生物及其沉积物被地壳变迁埋于地下,经过长期(几千万年)的高温、高压地质作用而形成的。现在模拟产生石油的环境是不现实的,尽管有技术可以人工制造,但成本很高,远远超出使用成本,不适合大面积推广。石油的使用是一个不可逆过程。地球已不具备产生新的石油的环境和温度等条件,就目前来看,石油是不可再生的,尽管地球上石油、天然气的储量还比较大,因为缺乏补给,大量地开采利用,总有一天会枯竭。

(三) 应对危机

应对能源矿产危机的主要途径有:①开拓新能源产地,如开发利用海洋能源矿产资源。②开发利用各种可再生能源,补充或者替代现有的能源矿产,如核能、太阳能、风能、水电能、生物质能、地热能以及海洋能等。可再生能源是中国优先发展的能源领域,对增加能源供给、改善能源结构、促进环境保护具有重要作用,也是解决能源矿产供需矛盾和实现可持续发展的战略选择。中国可再生能源开发利用有着得天独厚的优势,自 20 世纪 90 年代以来,已经取得显著进展。中国可再生能源利用总量居世界首位,小水电利用总量占世界的一半,水电勘测、设计、施工、安装和设备制造均达到国际先进水平,并已形成完备的产业体系;中国太阳能光伏电池产量达到 100×10^4 kW,超过日本,位居世界第一;太阳能热水器使用量为 $5\,200\times10^4$ m^2,约占全球使用量的 40%。据测算,使用 1 m^2 的太阳能热水器每年可节约

120 kg标准煤。太阳能利用得到快速发展，在能源供应中占10.32%，居第二位。中国是一个农业大国，生物质能相当于1 600万吨煤；沼气工程实现了标准化生产，沼气技术服务体系已比较完善。中国在可再生能源利用技术上取得很大突破，相当一批技术已发展到商业化初始阶段。材料来源广泛，生物质发电装机容量已达到相当规模，目前农村年产沼气100亿立方米。③开发能源矿产开采新技术，提高开采利用力，减少能源矿产资源浪费等。

1. 开发利用海洋能源矿产资源

海洋中蕴藏丰富的石油、天然气和天然气水合物(可燃冰)资源。后者是一种高能量密度、高热值的非常规能源矿产。海洋中的石油资源量大约为$1\ 350 \times 10^{8}$ t，探明的约有380×10^{8} t；海洋天然气资源大约为140×10^{12} m^{3}，探明的储量约有40×10^{12} m^{3}，它们约占全球能源矿产资源总量的34%，而海洋中的天然气水合物资源量还是陆地冻土带的100倍以上。

(1) 海洋能源矿产资源　天然气水合物是天然气和水分子在高压和低温下合成的一种固体结晶矿产，它是20世纪发现的一种新型后备能源矿产，是21世石油和天然气的理想替代能源。全球海洋天然气水合物中含有的甲烷气体总量大约为2.1×10^{16} m^{3}，约为全球的煤、石油和天然气总碳含量的2倍，是世界年能耗量的200倍。据估算，全球的天然气水合物的总量是石油、天然气和煤炭的2倍，够人类使用1 000多年。正因为如此，一些发达国家和发展中国家都在不遗余力地开发利用这种能源资源。约98%的天然气水合物资源分布在全球的海洋中，仅有2%分布在北极圈陆地上。主要分布区域在东太平洋海域的中美海槽、北加利福尼亚-俄勒冈滨外、秘鲁海槽，西太平洋海域的千岛海沟、冲绳海槽、南海海槽、鄂霍次克海等，大西洋海域的美国东海岸外布莱克海台、墨西哥湾等，印度洋的阿曼海湾，南极的威德尔海、罗斯海，北极的波弗特海、巴伦支海，里海的南部和中部海域，黑海的图阿普谢凹陷和索罗基凹陷，在这些区域内已发现220多个天然气水合物矿点。在海洋中具有厚沉积盖层的盆地区、新生代沉积高速区、俯冲带和增生楔等地区，都是天然气水合物的潜在分布区，其中北冰洋海区、南极洲、大西洋、太平洋和印度洋分别占12.3%、19.7%、38.2%、15.4%和14.4%。海底天然气

水合物富集区往往与海底流体逸出密切相关，这些海区海水相对较浅（大约480 m），在紧靠海底之下的水合物聚集水合物含量相当高（可达沉积物的35%）。

除天然气水合物外，海洋中的原油、天然气资源丰富。1995年全球海洋上剩余原油探明可采储量有389.45×10^8 t，天然气有39.26×10^{12} m^3，分别占全球原油和天然气总剩余探明可采储量的22%和29%。1990～1999年全球发现的巨型油田储量中的36%分布于陆地，64%分布在海洋，其中在浅海区的占44%，深水区的占20%。在2005年世界海洋石油产量已达10.17亿吨，占世界原油总产量的30%以上。目前从事海洋石油、天然气勘探和开发的国家超过100个，海上油气田超过2 200个，全球探明的储量也在不断增加。

中国拥有广阔的大陆架，近海区域和深海区域蕴藏丰富的石油和天然气资源，海洋石油资源占中国石油资源总储量的22%，海洋天然气资源占中国天然气总储量的29%。中国正在建设或扩建12个海上油气田，其中6个位于渤海。在一定温度和压力下，石油细菌和硫细菌在缺氧层深处分解，逐渐形成海上石油和天然气，中国是太平洋沿岸的重要国家，大陆架海区含有石油、天然气盆地面积近70×10^4 km^2，约有300个可供勘探的沉积盆地，大中型新生代沉积盆地共18个。中国近海石油总量估计为225亿吨，经济资源量为78.9亿吨。天然气资源总量估计为8.4亿立方米，经济总资源量为2.9亿立方米。截至2004年底，中国在中国近海地区累计有34.34亿立方米（44.64亿吨）三级石油地质储量，其中已探明石油地质储量为24.89亿立方米（原油24.54亿立方米，凝析油0.35亿立方米），已探明可采储量5.45亿立方米。三级天然气地质储量共计1 249.4亿立方米，天然气可开采量为31 524.3万立方米。

（2）探测海洋矿产资源　基于激光荧光光谱可以探测海洋油、气资源。在世界许多海域的海底都发现有海底烃类渗漏现象。烃类渗漏可以显示各种信息，为油、气勘探提供了物质基础。如采用激光扫描海面，利用海面烃类的激光荧光光谱，便可以了解海洋的石油、天然气资源；在三维激光荧光谱图上，渗漏烃的最大荧光强度出现在同一激发/发射波长附近。在波长270 nm的激光激发下，其发射的荧光波长 360 nm 与 320 nm 荧光强度的比值(R)，能够指示油、气开发潜力；R 值的大小可估计三、四环芳烃对双环芳烃的相对优势，一般三、四环烃主要存储在正常沸点的原油中，而双环芳烃主要存储在凝析原油中，所以 R 值小于 1.0 时，是原油或凝析油区域，而 R 值大于 1.51 时则表示是原油区。经验还证明，随着 R 值增大，潜存原油的可能性也增大，开采价值也大。当 R 小于 0.8 时，原油可能只有很低的含量；R 值在 1.0～1.5 时，仅含有较少的原油；当 R 大于 1.5 时有较大的潜油存在，R 大于 2.0 时虽不一定意味着有更丰富的油、气存在，但显示了油、气组分趋于简单和成熟。

其次，探测实践结果也表明，大油气田的分布常与区域古地理、古构造及沉积环境密切相关。因此，对区域或整个沉积盆地进行综合测量分析研究，并与已知的同类型大油、气田的地质条件对比分析，将能更快发现新的大油、气资源。

海底油、气的储存与海底水体中的平均甲烷浓度有良好的对应关系，每升海水水样中，甲烷平均浓度低于 100 ml 者为无油区，高于 200 ml 者为含油、气区，介于两者之间者为贫油区。在海底大油气田时常有油气渗透至地表，逐步积累将形成一种接近海底的薄沉积层(在海底之下近百米，也可侵入水层)，使用激光荧光光谱也能够发现这种碳氢化物薄沉积层。

2. 开发利用太阳能

太阳能是清洁能源，而且是用之不竭的能源。太阳能还有 2 个特点：一个是广布性，太阳光普照地球，没有地域限制，还无需开采和运输；二是环保性，不会污染环境。

(1) 太阳能光热利用　将太阳辐射能收集起来，通过与物质的相互作用转换成热能加以利用。目前使用最多的太阳能收集装置主要有平板型集热器、真空管集热器、陶瓷集热器和聚焦集热器(槽式、碟式和塔式)等 4 种。通常根据其所能达到的温度和用途，分为低温利用(温度小于 200℃)、中温利用(200～800℃)和高温利用(温度大于 800℃)。目前低温利用主要有太阳能热水器、太阳能干燥器、太阳能蒸馏器、太阳能采暖(太阳房)、太阳能温室、太阳能空调制冷系统等；中温利用主要有太阳灶、太阳能热发电聚光集热装置等；高温利用主要有高温太阳炉等。

（2）太阳能热力发电　是太阳能光热应用最重要的形式，即利用太阳辐射所产生的热能发电，属于太阳能高温热利用技术。太阳能集热器，热能将工质转变为蒸汽，然后由蒸汽驱动气轮机带动发电机发电（图 3－3－3）。前一过程为光-热转换，后一过程为热-电转换，就是集热器代替了常规锅炉，用太阳能热力系统带动发电机发电。世界上现在已经先后建立了几十座太阳能热发电系统。大功率的太阳能热力发电系统常需要较大的占地面积，因此，太阳能热力发电特别适合偏远地区和电力输送困难的地区，尤其适合于我国的西部地区。

图 3－3－3　槽式太阳能热发电站

① 槽式太阳能热发电系统。利用抛物柱面槽式反射镜将阳光聚焦到管状的太阳光接收器上加热管内传热工质，在换热器内产生蒸汽，推动常规汽轮机发电。抛物面可对太阳进行一维跟踪，聚光比在 10～100 之间，产生的温度可达 400℃。槽式太阳能热发电最大的优点是多聚光器集热器可以同步跟踪，故跟踪控制代价大为降低；缺点是能量在集中过程中依赖管道和泵管道系统，结构比塔式电站要复杂得多，而且热量损失较大，降低了系统的净输出功率和效率。

② 碟式太阳能热发电。由许多镜子组成抛物面反射镜，借助双轴跟踪系统将接收的太阳能集中在其焦点的接收器上；接收器内的传热工质被加热到750℃左右，并驱动热电转换装置，从而将热能转换成电能（图3－3－4）。单个碟式斯特林发电装置的容量范围5～50 kW。

图3－3－4　多碟太阳能热发电系统

③ 塔式系统。利用一组独立跟踪太阳的定日镜，将阳光聚焦到塔顶部的太阳能接收器上；接收器将采集的太阳能转化为热能，将通过接收器的气体加热到1 200℃（图3－3－5）。热能由蓄热装置收集，并由工作流体传输至动力设备（汽轮机或燃气轮机）并带动发电机发电。采用高温熔融盐来蓄热储能，聚光比高，容易达到较高的工作温度，接收器散热面积相对较小，可以得到较高的光热转换效率。

(3) 太阳能光伏发电　这是太阳能光电利用的主要形式，是根据光生伏特效应原理，利用太阳能电池将太阳光能直接转化为电能。理论上讲，光伏发电技术可以用于任何需要电源的场合，上至航天器，下至家用电源，大到兆瓦级电站，小到玩具。

① 硅太阳能电池。单晶硅太阳能电池是研究和开发最早的太阳能电池，保持着目前最高的太阳能电池转换效率，技术也最为成熟，转换效率也很

图 3-3-5　塔式太阳能热发电站

高。上海一家薄膜公司采用在硅表面镀特殊薄膜层，能量转换效率最高达40%以上。但是单晶硅太阳能电池成本高，为了降低成本，研发了多晶硅薄膜和非晶硅薄膜作为替代产品。多晶硅和单晶硅的本质区别在于多晶硅内存在晶界，晶体颗粒很小。多晶硅太阳能电池成本低廉，但是转化效率比单晶硅电池低，其实验室最高转换效率为18%，工业规模生产的转换效率为10%。采用在材料表面镀特殊膜层，可到30%以上。非晶硅太阳能电池利用硅氢合金材料，成本低，重量轻，转换效率较高，便于大规模生产。

② 多元化合物太阳能电池。材料为无机盐，主要包括砷化镓(GaAs)Ⅲ～Ⅳ族化合物、硫化镉、及铜铟硒电池等。硫化镉、碲化镉多晶薄膜电池的效率较非晶硅薄膜太阳能电池效率高，成本较单晶硅电池低，也易于大规模生产。砷化镓Ⅲ～Ⅴ化合物电池的转换效率可达28%，具有十分理想的光学带隙以及较高的吸收效率，抗辐照能力强，对热不敏感，适合于制造高效单结电池。但由于GaAs的成本较高，目前主要应用于航天领域。为了充分应用太阳能，还发明了叠层电池，GaAs叠层电池转化率高达35%。铜铟硒电池($CuInSe_2$)适合光电转换，不存在光致衰退问题，转换效率和多晶硅一样，具有价格低廉、性能良好和工艺简单等优点，将成为今后发展太阳能电池的一个重要方向。唯一的问题是材料的来源，铟和硒都是比较稀有的元素，其发展必然受到限制。

③ 有机半导体太阳能电池。含有碳-碳键，导电能力介于绝缘体和金

属之间，如酞花菁铜等，有可能在非常低的温度下，以低廉的价格进行大面积的光伏电池制备。有机半导体太阳能电池虽然光电转换效率低，但制备工艺简单，电池可以弯曲，柔韧性好。

④ 纳米晶体太阳能电池。纳米 TiO_2 晶体是新近发展的非常热门的太阳能电池材料。导电机制建立在多数载流子的传输上，因此允许使用纯度相对不高的原料，带来了廉价的成本、简单的工艺及稳定的性能。其光电效率稳定在 10%以上，制作成本仅为硅太阳电池的 1/5～1/10，寿命能达到 20 年以上。在空间太阳能发电站中，考虑到大型工程的施工成本，纳米 TiO_2 是一个比较理想的选择。此外，考虑到太空低温的环境，有机半导体材料也可以作为空间太阳能发电站的另一选择。

⑤ 薄膜太阳能电池。用单质元素薄膜、无机化合物薄膜或者有机材料薄膜等制作的太阳能电池，厚度为 1～2 μm。薄膜通常用化学气相沉积、真空蒸镀、辉光放电、溅射等方法制得。目前主要有非晶硅薄膜太阳能电池、多晶硅薄膜太阳能电池、化合物半导体薄膜太阳能电池、纳米晶薄膜太阳能电池、微晶硅薄膜太阳能电池和钙钛矿太阳能电池等。钙钛矿太阳能电池是一种新型薄膜太阳能电池，制备简单，光电转换效率高，成本不高，可制备柔性器件。

(4) 未来太空太阳能电站　太阳能在地面上的利用率不高，产生的电功率也不稳定。近年来，空间太阳能电站技术已经成为中国、美国、日本等国家着力攻坚的未来新能源技术。中国在重庆璧山区启动建设世界首个空间太阳能电站实验基地，研究在 36 000 km 外的太空建设兆瓦级太阳能发电站，为空间太阳能电站最终进入商业化迈出了重大一步。空间太阳能电站主要包括太阳能发电装置、能量转换和发射装置、地面接收和转换装置这 3 部分(图 3－3－6)。

在太空建立太阳能电站的最大优势在于，可以几乎不间断地向地面提供清洁的可再生能源。如果能够有效地利用空间太阳能，将可以为人类提供巨大的无尽的清洁能源储备。假设在空间地球静止轨道上每间隔 0.5°(间距约 360 km)布置一个太空发电站，每个发电站的发电功率为 5 GW，则可以为地面连续提供约 3.6×10^9 kW 的电力。太空发电站覆盖面非常宽，可以灵活地

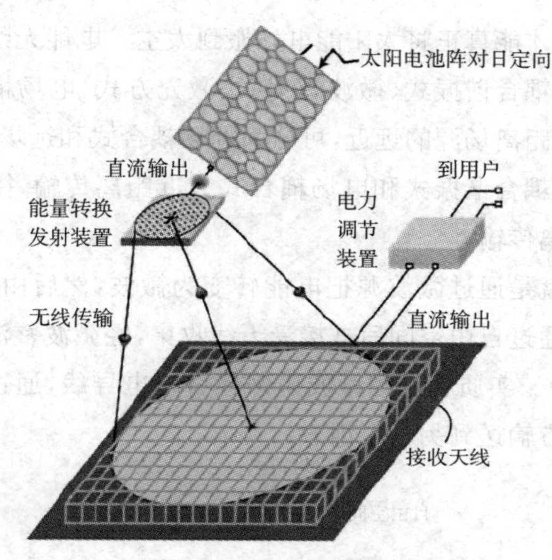

图 3-3-6 空间太阳能电站示意图

用于地面移动目标的供电和紧急情况下的供电，包括偏远地区、海岛、灾区等。此外，太空发电站可以实现对可视范围内的低轨、中轨和高轨航天器供电，未来也可以利用太空发电站直接进行空间燃料生产以及为空间加工生产制造提供动力，使得未来的空间工业发展变成现实。

太空中的太阳能没有受到大气层的阻隔，接受太阳光的强度是地球上的8～10倍，同样面积的太阳能电池获得的太阳能量将比在地面上多许多倍；可以24小时持续不断地接收太阳光能量，解决了地面太阳能发电站的间断性和稳定性的问题；没有重力影响，太阳能发电装置可以做得很大，而且设备使用寿命更长。

未来月表环境非常适合建造大面积太阳能发电站。月表太阳光照条件稳定，不存在空气和水汽的影响，不会影响大面积薄膜太阳能装置的性能。采用转化效率为10%的太阳电池，就可以让面积1 km^2 的太阳能电池板产生130 MW的电能。月球的星体力学条件稳定，不会受到天气、地震活动和生物过程的影响，可以直接利用月球原位资源，生产建造太阳能电站的所需的各种部件。

电能无线传输系统是太空太阳能发电站最重要的一项，只有实现电能的远距离无线传输，才能真正将太阳能电站搬到太空。电能无线传输技术分为磁感应耦合式、磁耦合谐振式、微波辐射式、激光方式、电场耦合式及超声波方式等；按电磁场距离场源的远近，可分为近场耦合式和远场辐射式。其中，磁感应耦合式、磁耦合谐振式和电场耦合式为近距离传输，微波辐射方式和激光方式为远距离传输。

微波输电能就是通过微波源把电能转变为微波，然后由天线发射出去；大功率的微波束通过自由空间后被接受天线收集，经微波整流器重新转变为电能（图 3－3－7）。实质就是用微波束来代替输电导线，通过自由空间把电能从空间一个地方输送到另一个地方。

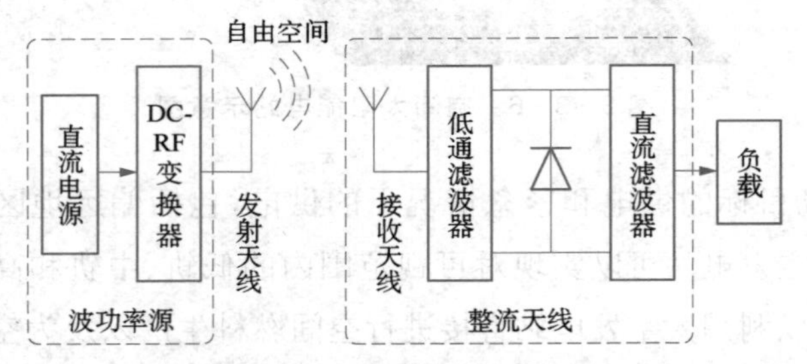

图 3－3－7　微波辐射式无线传输电能的基本结构与原理

激光无线传输通过激光器把电能转变为激光束，传输到地面时被接收后再转换成电能（图 3－3－8）。这种无线能量传输技术主要特点是传输波束窄、发射和接收装置尺寸小，应用更为灵活；通过合理选择激光波长，可以减小大气损耗。这种传能方式比较适合中小功率的空间太阳能电站系统。

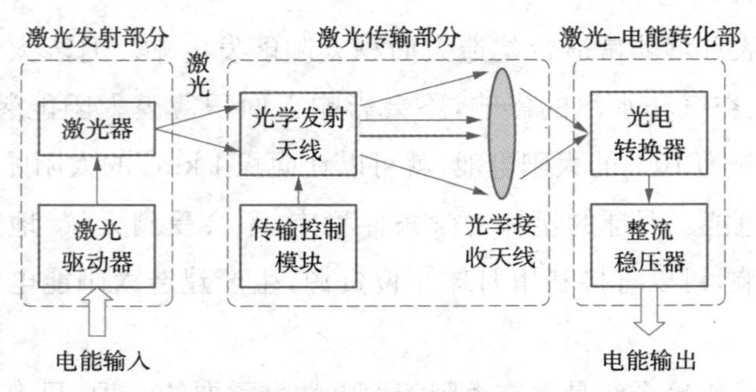

图 3－3－8　激光无线电能传输基本结构与原理

3. 开发风能

风能是人类最早利用的能源之一，是重要的可再生能源。全球可实际利用的风能为 2×10^7 MW，比地球上可开发利用的水能总量还要大 10 倍。

中国风能资源丰富，适合大规模开发。2007 年中国气象局实施了中国风能资源详查与评价工程，并于 2010 年首次公布了中国风能资源结果：中国海、陆距地 50 m 以上的高度，风速达 3 级以上风力资源的潜在可开发量约为 25 亿千瓦，可开发利用的风能资源总量为 2.53 亿千瓦。在东南沿海、山东、辽宁沿海及其岛屿年平均风速达到 6～9 m/s，内陆地区如内蒙古北部、甘肃、新疆北部以及松花江下游也属于风资源丰富地区，均有很好的风能开发利用条件。

(1) 风能主要特点　风能作为可再生能源的重要类别，具有蕴藏量巨大、可再生、分布广、无污染等特点。风能不仅能弥补石油、煤炭、天然气等不可再生能源矿产资源的缺点，而且基本上不产生环境污染物质，属于绿色能源。风能主要取决于风速，而地球陆地和海洋上常年随时随地都有风，而且风速不低，因此风能资源非常丰富，从理论上讲只要全球风能的 1%就能满足全世界能量的需要。

中国风能资源丰富的地区主要分布在东北、华北、西北(并称为三北地区)、东南沿海及附近近岛屿。其中，新疆达坂城、内蒙古和广东南澳等风力场装机容量都已经超过 5×10^4 kW，占全国的 50%以上。

(2) 风能发电　风能最主要利用形式是风力发电，利用风力驱动风车转动，带动发电机运转，把风能转换成电能。

① 优越性。风能发电不消耗能源矿产，不用担忧发电机运转的燃料缺乏问题，节省了燃料费用，减低了发电成本。由于地球上煤炭储量日趋减少，开采日益困难，煤炭价格不断上涨，另外火力发电的环境治理费用也不断提高，因此火力发电的价格也随之呈上涨趋势。随着风能发电的技术进步，规模的扩大，风电成本将继续呈下降趋势。风能发电的设备比其他类型少，装置也简单，建站的费用较低。风力发电的经济优势越来越明显。

不出现火力发电排放问题。一台单机容量为 1 000 kW 的风能发电机与同容量火电装机相比，可减排 2 000 t/a 二氧化碳气体、10 t/a 二氧化硫气体、

6 t/a 二氧化氮气体。跟核能发电相比较，不会产生核辐射污染。电站建设周期短，一台风能发电机的运输安装时间不超过 3 个月，万千瓦级风电场建设期不到一年；而且安装一台便可投产发电，装机规模灵活，可根据资金多少来确定其规模，这也为筹集资金带来便利。对地形要求不高，在山丘、海边、河堤、荒漠等地形条件下均可建设电站；发电方式多样化，运行简单，可完全做到无人值守。电站实际占用的土地少，机组与监控、变电等需要的建筑物仅占风电场 1%的土地，周围其余场地仍可供农、牧、渔业生产使用。

在发电装置组成上和火电、水电的大容量机组不同，可以单机运行，也可以几百台甚至几千台同时运转来实现大规模风能转换为电能。

1941 年，美国在巴蒙特州研制并建立了当时世界上最大的风力发电机，风轮的直径为 53 m，塔高 34 m，发电能力为 1 500 kW。在 50～60 年代，西欧各国开始制造大型风力涡轮发电机。从 70 年代初起，世界上许多地区研究和安装了超大型风力发电机（表 3－3－2）。美国风能协会预测，到 2050 年，风力发电将至少占全美国所需电量的 10%。英国、加拿大、印度、阿根廷、乌克兰、中国、日本和澳大利亚等国，也正在兴建大型风力发电工程。

表 3－3－2　近几十年间全球风电累计装机容量和发电量

情景	项目	2015 年	2020 年	2030 年	2050 年
参考情景	累计装机容量（GW）	297	417	574	881
	发电量（TW・h）	729	1 022	1 408	2 315
稳健情景	累计装机容量（GW）	451	840	1 735	3 203
	发电量（TW・h）	1 106	4 258	6 530	8 417
超前情景	累计装机容量（GW）	521	1 113	2 451	4 062
	发电量（TW・h）	1 277	2 730	5 684	10 497

② 风能发电系统。风能发电系统有多种类型。按机组容量分为小型系统、中型系统、大型系统特大或巨型机组。其中，机组容量 0. 1～1 kW 为小型，1～1 000 kW 为中型，1～10 MW 为大型，10 MW 以上的为特大或巨型的。根据风能发电机的运行特征和控制方式分为恒速恒频风能发电系统、变速恒频风能发电系统。前者是 20 世纪 80、90 年代常见的一种风力发电系

统，机组容量已发展到兆瓦级。风电系统常用的发电机包括异步感应电机和电励磁同步机。异步机运行稳定可靠、坚固耐用、结构简单、便于维护，适用于各种恶劣工况条件，但转速运行范围窄。电机定子一般通过变换器或软启动器与电网相连，通常还需并联无功补偿器，提供足够的无功补偿以维持机端电压稳定。软启动器的主要作用是限制并网时过大的冲击电流对电网的不利影响。这种恒速恒频风能发电系统主要缺点是，当风速发生变化时，风力机的转速不变，风力机必定偏离最佳转速，造成风能利用率偏离最大值，输出电功率下降，浪费了风能资源，其效率大大降低(图 3-3-9、图 3-3-10)。

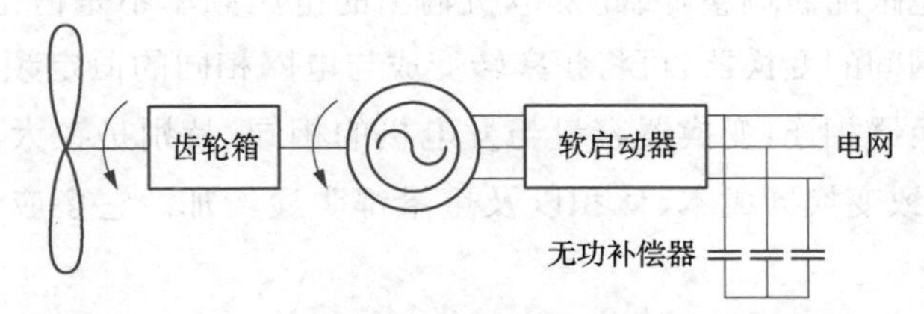

图 3-3-9 采用软启动器的异步机恒速恒频风能发电系统

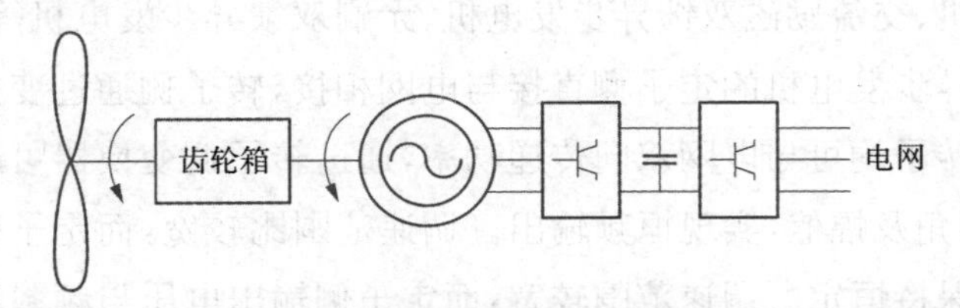

图 3-3-10 采用双脉宽调制的异步机恒速恒频风能发电系统

电励磁同步电机带有独立的励磁系统，是同步电机必不可少的组成部分(图 3-3-11)。必须通过励磁系统的激磁才能建立旋转磁场，此旋转磁场以同步转速旋转运行。根据励磁系统的励磁方式，可分为直流励磁、静止交流

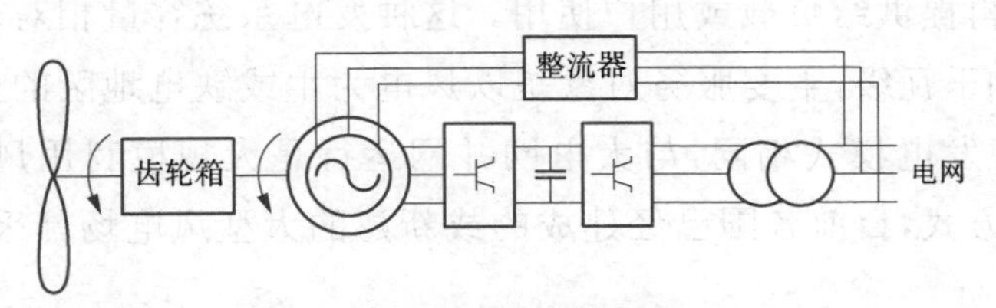

图 3-3-11 电励磁同步机恒速恒频风电系统

整流励磁和旋转交流整流励磁。其中旋转交流整流励磁无需电刷及滑环，可靠性大为提高。调节励磁可以改变电机无功功率以及功率因素，且并网运行供电可靠性高，频率稳定，电能质量好。

变速恒频风能发电系统的风力机转速可以变化，当风速改变时，可适时地调节风力机的转速，使之保持最佳运转状态，风能利用率能接近或达到最佳。目前，各国已经建成的或新建的大型风电场中的风电机组，多采用这种运行方式，尤其是兆瓦级的大容量风电系统，已成为主流风力发电系统。

笼型异步电机是因转子结构像鼠笼而得名，当风速改变时，风力机和发电机的转速也跟随着调整，因此发电机输出的电压频率不是恒定的，利用电机定子和电网间的变换器，可将频率转变成与电网相同的恒定频率。由于电机定子与变换器相连，变换器容量与发电机的相同，特别是在大容量风电系统中，这将导致变换器成本、体积以及重量都明显增加。它多应用于离网型风电系统。

绕线式异步电机包括普通绕线式异步发电机、双速异步发电机、滑差可调异步发电机、交流励磁双馈异步发电机、无刷双馈异步发电机等。其中，交流励磁双馈异步发电机的定子侧直接与电网相接，转子侧通过变换器与电网相连，定子、转子均可与电网双向传递功率，通过转子侧变换器可改变转子电流的频率、相角及幅值，实现恒频输出。调速范围比较宽，而定子侧输出电压与频率均可保持恒定。调速范围较宽，而定子侧输出电压与频率均可保持恒定。这是一种较为优化的变速恒频运行方案，在风力发电系统中得到了日益广泛的应用。

另外，运行方式可分为离网型风力发电系统、并网型风力发电系统。前者是一种以单机独立运行为主的小型风电系统，系统的三相交流输出经整流稳压后，再提供给负载或用户使用。这种发电系统容量相对较小，一般为百瓦级和千瓦级，主要服务对象是以风电为主或缺电地区的广大农户。后者与常规发电模式相同，与大电网并网运行是大规模利用风能的最有效、最经济方式，目前各国已经建成的或新建的大型风电场都采用这种运行方式。

(3) 海洋风能发电　陆地上的风力发电技术已经比较成熟，应用也广

泛，而海洋风能电开发的历史时间还不长。然而相对于陆上风能发电，海上风能发电优势更为明显。目前许多国家都制订了大规模开发利用海上风能发电计划，欧盟在该领域处于绝对优势地位，占全球海上风电装机容量的90％；中国华能集团新能源公司在2011年下半年投资60亿元，在江苏大丰C4国家潮间带建立300 MW风能发电项目，成为世界上装机规模最大的海上风电场，每年提供约7.4亿千瓦时的清洁电能。

① 主要特点。海面相对于陆地平整光滑，风受到的摩擦力小，海洋风的湍急度较小，风向也比较稳定。而由于陆地表面高低不平，风力大小以及风向都会发生改变。海洋风力比陆地稳定，海上风的湍流强度低。海面上空气温差也比陆地表面小，又没有复杂地形对气流的影响，作用在发电装置的风叶的疲劳载荷会减少，因此可以延长风电设备的使用寿命。在陆上一般为20年，而在海上可以长达25～30年。

海洋风能资源更丰富，风力也比较大。有数据显示，离海岸线10 km的海洋面上，风速通常比沿岸陆上大约高20％，产生的发电电量可增加70％。在海上的发电噪声标准可以提高，风机的转速可增加，风轮转速可增加10％，风机的有效性可以增加5％～6％。海面风速随高度的变化比较小，塔架不需要太高，降低了风能发电站电机组的成本。

不过，风能电站需要承受更强的载荷和海浪的冲击，要能抵抗海洋环境的盐、雾腐蚀，吊装和维护工作比陆地更困难，基础建设也比陆地更困难（一般来说，海上风能电机组占投资51％，基础建设占投资16％，电器占投资19％，其他占投资14％）。

中国天津沿海和河北黄骅沿海海水很浅，距离海岸20 km处，海水深度只有10 m，还有很大的滩岸，风力又很大，是建海上风能电场很理想的场所。辽宁营口地区风力也很大，中国现在单机容量最大的风电机组就装在该地区，海水深度也只有7 m。苏北从连云港到长江口约有700 km，沿海风力很大，海水深度只有10 m，在近海就可以建设近亿千瓦的风能电站。福建的平潭县是一个岛，在其近海、浅滩及山上可建1×10^6～2×10^6 kW的风能发电站。广东的南澳把风能电站建在山上，若能建在近海中可能效果会更好。

② 海洋风能发电站组成。海洋风能发电站主要包含发电机组和机座平台两部分。与陆地风能发电站不同，海洋风能发电站的机座平台是在海洋中。按照平台是否与海床直接接触，可分为着床式和漂浮式两种结构形式，或称固基和浮基形式。

着床式基础与陆上风能电站的相类似，是通过钢桩、沉箱、网架等结构将塔筒固定在海床上，适用于近海区域（水深小于 50 m）。漂浮式是塔筒不与海床直接接触，而通过锚索或缆绳将其与海底相连，风能电机组可在某一相对固定区域内自由移动。这种方式在发展深海风电站有较好的应用前景。

漂浮式平台又有 4 种类型，分别是单柱式平台、张力腿平台、驳船型平台和半潜式平台（图 3 - 3 - 12）。单柱式平台利用固定在浮力罐中心底部的配重（压仓物）来实现塔筒平台的稳定，在系泊系统和主体浮力控制下，具有良好的动力稳定性；张力腿平台通过处于拉伸状态的张力腿将塔筒平台与海底

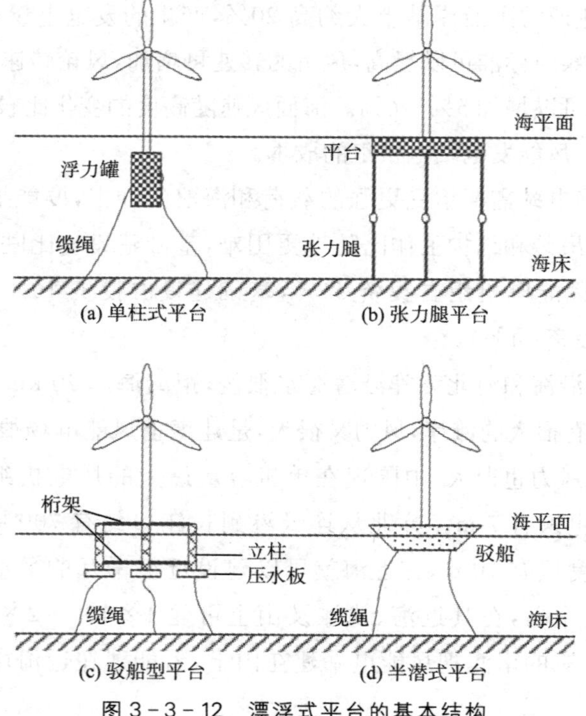

图 3 - 3 - 12　漂浮式平台的基本结构

连接，抑制平台垂直方向上的运动，保持水平状态；驳船型平台利用大平面的重力扶正力矩，使整个平台维持稳定，其原理与一般船舶基本相同；半潜式平台主要由立柱、桁架、压水板和固定缆绳构成，是一种吃水较浅的改进型张力腿平台。

4. 开发波浪能

波浪能是指海洋表面波浪所具有的动能和势能，它的来源也是太阳能。地球表面的热温度差异形成了风，起风时平静的海洋水面在摩擦力作用下便会出现水波；风速逐渐增大，波峰随之加大，相邻两波峰之间的距离也逐渐增大。当风速继续增大到一定程度时，波顶会发生破碎，这时就形成了波浪。

波浪能与波高的平方、波浪的运动周期以及迎波面的宽度成正比，还与风速、风向、海水流速等诸多因素有关。在海洋中放置适当结构的发电装置，利用波浪驱动其运转便可以发电，即把波浪的动能转换成电能。根据国际能源署的预测，全球能够获得的波浪能电功率达 2.5 TW，可以满足全球年用电量的 10%～50%，潜力巨大。

(1) 海洋波浪能的转换和聚集　从波动的角度出发，人们最感兴趣的是波浪能的一级转换，即收集海洋表面波浪的动能和势能，并将其转换成其他形式的能量，如通过与海浪直接接触的吸能体与波浪间进行能量转换。其做法主要有 3 种方式：将波浪能转换成动能，即将波浪能转换成吸能体的运动，吸能体在波浪的作用下做强迫运动；将波浪能转换成势能，改变波浪的运动状态可将其动能转换成势能；将波浪能传递给其他介质，如传递给空气、油、水等。

波浪能是一种能量密度低的能量，人们总希望先将波浪能聚集起来再转换，使波浪能聚集在占较小空间的转换装置上。波浪能聚集的方式主要有以下 3 种。

① 共振聚集。选择振动体的参数，使受迫振动物体与波浪发生共振。海洋中的波浪是在不断变化着的，只能在某些波浪条件下发生共振。若能控制相位，便可以常处于共振状态。系统的相位控制可以是通过机械控制、动力输出控制或气流控制等方式。

② 折射聚集。按照波浪理论，波速和波长随海底深度的减小而减小，因

此，当波浪入射波阵面的方向与海底等高线之间存在一定夹角时，在不同波速的两个区域交界处会产生折射，利用这一特性也可以聚集波浪能.

③ 反射聚集。考虑在海上建弧形垂直墙，设该弧线为抛物线，根据波的反射原理，波浪将在抛物线的焦点处聚集。工程中经常采用的反射聚集装置是“收缩槽”，通常是将它设计成喇叭形。当波浪沿着不断变窄的导槽往里面传播时，由于槽侧墙的反射使波浪的高度不断增大，波浪能将被聚集在槽底。

(2) 波浪能转换装置　波浪能发电是波浪能最主要的应用。这种能量转换装置通常包括3级转换：第一级为受波体，它将海洋的波浪能量以动能的形式转换过来；第二级为中间转换装置，通常是将受波体或者波浪的动能转换为压缩气体内能、液压能或蓄水重力势能；第三级为发电装置，与通常的发电装置类似。现在已经研制成功多种波浪能量转换装置，其中应用最广的有振荡水柱式波浪能转换装置、摆式波浪能转换装置、聚波水库波浪能转换装置、振荡浮子式波浪能转换装置等。

① 摆式波浪能量转换装置。摆体在波浪力的作用下前后或上下摆动，将波浪能转换为摆轴的动能。与摆轴相连的通常是液压装置，它将摆的动能转换成液力泵的动能，再带动发电机运转发电。

② 振荡水柱式波浪能转换装置。以空气作为能量转换的介质，其一级能量转换机构为气室，二级能量转换机构为空气蜗轮。气室的下部开口在水下与海水连通，气室的上部也开口(喷嘴)，与大气连通。在波浪力的作用下，气室下部的水柱在气室内做强迫振荡，压缩气室中的空气往复通过气室上部开口，将波浪能转换为空气的压力势能和动能，压缩气流通过上部开口处安装的蜗轮驱动发电机发电(图3-3-13)。

③ 筏式波浪能转换装置。它是一组顺着波浪方向漂浮在波浪表面上的漂浮筏体，相邻两个筏体铰接在一起并安装液压缸。筏体受到波浪驱动上下起伏，相邻筏体之间不断产生角位移，反复压缩液压器的活塞，并将波浪能转换为液压能，进而转换为电能。

将筏体改为金属圆柱浮筒，相邻两个浮筒铰接在一起，做成了所谓海蛇波浪能转换装置(图3-3-14)，形似一条巨大的海蛇漂浮在海面上。将金属

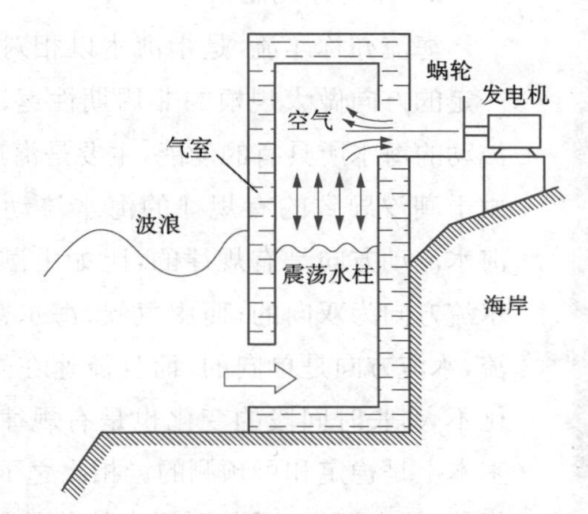

图 3-3-13　振荡水柱式波浪能转换装置与原理

图 3-3-14　海蛇波浪能转换发电装置

海蛇的嘴垂直于海浪方向，其关节依靠海浪推动相互铰接的金属圆筒，像海蛇一样随着海浪上下起伏。铰接处的上下运动与侧向运动的势能，推动金属圆筒内的液压活塞往复运动，从而驱动发电机发电。据估计，面积为 1 km^2 的海面上放置 40 个海蛇，其总发电功率可达 30 MW，可满足两万户英国家庭的用电。

④ 浮筒波浪能转换装置。当波浪涌动时，浮筒内的加压气缸会引起浮筒振荡，并驱动发电机运转（图 3-3-15）。浮筒振荡的振幅取决于气缸在海水体不同深度所承受的压力。

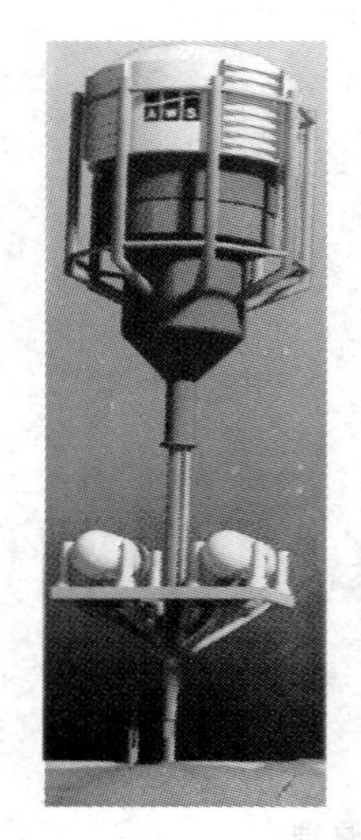
图 3-3-15　浮筒波浪能转换装置模型

5. 开发海流能

海流亦称洋流，是指海水以相对稳定的速度、沿一定的方向做大规模的非周期性运动。海流能是指流动的海水所具有的动能，主要是海底水道和海峡中由于潮汐导致的有规律的海水流动而产生的能量。海水流动方向是有规律的，比如由潮汐引起的海流，水流方向为双向的；而由气候、海水密度差产生的海流，水流方向是单向的，而且流速在短时间内幅度变化不大，长时间段的变化也是有规律的。因此，海流基本上是稳定和可预测的。相比之下，风的变化是无规律、瞬息万变，所以利用海流能的设备在技术的要求上比风能低一些。根据计算结果，世界海洋中可资利用的海流潜在能量可达 5×10^{9} kW，比波浪、潮汐可资利用的潜在能量大 1 倍多。

在诸如风力、温差、盐差和地球自转偏向力等因素影响下，海洋水体在夜以继日地快速运动。距佛罗里达州海岸大约 8 km、距海面 60.96 m 的海底，平均海流速度保持在每小时 5.59 km 左右。世界大洋中有 12 股大海流，其中最大的两支海流，即黑潮和湾流的海流，能量开发和利用为世界所瞩目。黑潮的流量为 8×10^{7} m^3/s，相当于亚马孙河流量的 800 倍，流速一般在 0.5～1 m/s。

中国沿岸海流资源的理论平均功率为 13 948.52 万千瓦，这些海流资源分布在全国沿岸。以浙江省沿岸为最多，有 37 个水道，理论平均功率为 7 090 MW，约占全国的 1/2 以上。浙江省的海流能源居全国首位，尤其是岛屿众多的舟山地区，可建成天然水下海流发电厂。

(1) 海流发电　海流能发电可能是世界上对环境最为安全的大规模发电能源之一。发电的海流从性质上可分为两种，一种是指大规模的海水沿水平方向或垂直方向的非周期性流动，具有相对定常流动的性质。接近海底深层的海流主要由热盐强迫而形成，具有明显的斜压性质，流速较慢，但其流量巨大。如流经中国东南沿海的黑潮，平均日流速 30～80 海里，流量相当于全

世界所有河流总流量的20倍。另一种是具有周期性质的海流，在全球海洋广泛分布，尤其是在与人类生活相关的近岸海域，其能量较大，对于海流发电具有重要意义。

海流能发电比陆地上的河流发电优越得多，既不受洪水的威胁，又不受枯水季节的影响，水量和流速常年变化不大，是一种非常可靠的能源。海流能发电原理与风能发电、水力发电原理相似，是利用流动的介质推动水轮机发电。与传统潮汐发电相比，无需建设拦海堤坝，大大缩短了建设周期，降低建设投资，经济性更好，是一种非常有发展潜力的可再生能源。1973年，美国的莫顿教授提出了“科里奥利”方案，将一组巨型涡轮发电机安装在一种能大量聚集海流能量的导管内，当海流通过导管时带动涡轮机转动发电，通过水下电缆将电能输入佛罗里达电网。“科里奥利”方案中的发电机机组长为110 m，管道口直径为170 m，安装在海面下30 m处。在海流流速为2.3 m/s条件下，该装置的发电功率为8.3×10^4 kW。2008年4月，世界上第一个商业化规模的海流发电系统投入使用(图3-3-16)。

图3-3-16　世界上第一台兆瓦级海流能发电装置

(2) 海流能发电系统　海流能发电系统由海上支撑载体、获能装置(水轮机)、发电机、电能变换与控制系统、电力传输与负载系统等组成。获能装置按工作原理的不同，可分为水平轴叶轮式、垂直轴叶轮式、振荡式和其他形式。水平轴(轴流)水轮机的叶轮旋转轴与水流方向平行,叶片在海流的作用下产生的升力和转矩推动叶轮绕主轴旋转,将海流的动能转化为旋转的机械能,然后通过轮毂、主轴和传动系统(齿轮箱)驱动发电机发电。垂直轴叶轮的叶轮旋转轴与海流方向垂直,叶片在海流的作用下,产生升力、阻力及其转矩推动叶轮绕主轴旋转,主轴再驱动齿轮箱等传动机构,带动发电机发电。

支撑载体按固定形式的不同,可分为桩基式、坐底式、悬浮式和漂浮式等。海流发电大部分设备浸没在海底,主要采用重力固定、桩基固定、浮动安装和舵板动力固定等。重力固定是利用装置本身的重力,直接固定在海底上的安装方式。桩基固定是在海底上打桩,将海流发电装置与桩基相连的安装方式。浮动安装有 3 种方式,第一种是柔性系泊,即通过一根缆绳(链条或硬杆)将漂浮的装置设备系泊在海底上,这种固定方式使设备可以在一定范围内随着海流的流向变化漂动,从而使设备在涨潮和落潮时均可以最佳工况投入运行。第二种是刚性系泊,通过一组缆绳(链条或硬杆)将漂浮的设备系泊在海底上,仅允许设备在固定点附近轻微移动。第三种是浮动框架,将多个涡轮设备集中安装在一个漂浮的框架平台上,整个框架可随水位的变化而浮动。舵板动力固定是通过在设备框架上安装多个舵板,使海流对舵板产生向下的压力,抵消装置受海流的倾覆力矩,从而固定装置。

(3) 海流发电站类型　目前的海流发电站通常是浮在海面上,用钢索和锚加以固定,其构造形式有多种,主要有如下几种。

① 花环式海流发电站。由一串螺旋桨组成,两端固定在浮筒上,浮筒里装有发电机。之所以用一串螺旋桨,主要是因为海流的速度小,单位体积内所具有的能量小。发电能力通常较小,一般只能为灯塔和灯船提供电力,至多不过是为潜水艇上的蓄电池充电。

② 驳船式海流发电站。实际上是一艘船,所以叫发电船更合适。该船舷两侧装着巨大的水轮,在海流推动下不断地转动,进而带动发电机发电。目前的发电能力约为 4 万千瓦,通过海底电缆送到岸上。当有狂风巨浪袭击时,可以驶到附近港口避风,以保证发电设备的安全。

③ 伞式海流发电站。这种电站也建在船上。将许多个降落伞串在一根长绳子上,用来集聚海流能量。绳子的两端相连,形成一环形,然后,将绳子

套在锚泊于海流中的船尾，并置于海流中，串连起来的这些“伞”被强大的海流推动着。在环形绳子的一侧，海流就像大风把伞吹胀撑开，顺着海流方向运动；在环形绳子的另一侧，绳子牵引着伞顶向船运动，伞不张开。于是，拴着降落伞的绳子在海流的作用下周而复始运动，带动船上两个轮子旋转，连接着轮子的发电机也就跟着转动而发电。

6. 开发生物质能

生物质能是指从生物质取得的能量，是人类最早利用的能源。古人钻木取火、伐薪烧炭，实际上就是在使用生物质能。

生物质是包括一切微生物、动植物在内的各种有机体。这些生物质的有机体将太阳能转化为化学能，并储存到自身有机体中，构成清洁的可再生的能源。既然煤炭、石油和天然气都是远古时代的植物以化学能形式把太阳能储存在生物，直接或间接地来源于植物的光合作用，那么也有可能通过现今的绿色植物来产生这些能源矿产，这就是生物质能源。2018 年 10 月，国际能源署(IEA)发布的《2018 可再生能源年度报告》指出：2017 年，全球可再生能源的一半来自现代生物质能源；现代生物质能源提供的能量，是风能加太阳能之和的 4 倍，并列为今后重点开发利用的能源，其市场价值也越来越巨大。

(1) 生物质能主要特点　首先，生物质能蕴藏量巨大。生物质能源已经成为美国的主要能源之一，已经超过水力发电，成为美国最大的可再生能源资源，其提供的能量在美国能源总消费量的比例超过了 3%。中国的生物质能源开发利用潜力也很大，现有的森林、草原和耕地面积 41.4 亿公顷，理论上年产生物质能可达 650 亿吨以上（在每平方千米土地上，植物经过光合作用而产生的有机碳量每年约为 158 t)。以平均热值为 15 000 kJ/kg 计算，折合理论能量为 33 亿吨标准煤，相当于中国目前年总能耗的 3 倍以上。秸秆资源量已超过 7.2 亿吨，折合约 3.6 亿吨标准煤，除约 1.2 亿吨秸秆作为饲料、造纸、纺织和建材等用途外，其余 6 亿吨秸秆均可作为生物质能被利用。据有关专家估算，中国可开发的生物质能总量约 7 亿吨标准煤。国家发改委能源研究所与国际能源署联合发表的《中国可再生能源展望 2018》预测，到 2030 年，中国生物质能产业市场将达 2.5 万亿元以上的规模；生物天然气市场达每年 500 亿立方米规模，占国内天然气年消费总量的 10%，产值 1.5 万亿元。

其次,生物质能是清洁环保能源,利于改善生态环境。使用生物质能不会增加 CO_2 气体排放量,因为绿色植物在进行光合作用时已经吸收了大量 CO_2 气体;而且由于其对矿物燃料的替代作用,反而会大幅度地减少向大气排放 CO_2 气体。与能源矿产相比,生物质的炭活性高,含硫量和灰分都比煤低。因此,生物质能在利用过程中的 SO_2、NO_X 气体的排放量比较少,造成大气污染和酸雨程度会明显降低。此外,农牧废弃物是最重要的污染源之一,中国每年有 20～25 亿吨畜禽粪便,造成了严重的环境污染和疾病传播隐患。利用生物技术可使畜禽粪便、秸秆类木质纤维素转化为沼气、燃料乙醇或其他产品,既有利于根治畜牧公害和秸秆问题,又能缓解能源短缺问题。

第三,可以替代液体燃料。生物质是唯一可以替代液体燃料的可再生能源。光合作用不停止,生物质能就不会枯竭。生物质也可以像其他能源物质一样转化为电能,还可生成油料、醇类、燃气或固体燃料。

第四,资源丰富。生物质品种多、数量大、分布广,为发展生物质能源提供了坚实的物质基础。生物质资源可分为农业生物质资源、畜禽粪便生物质资源、森林生物质资源、有机污水以及城市固体垃圾废物生物质资源等。生物质森林资源包括森林产品收获过程中产生的废弃物、原始森林产品加工厂产生的废弃物和森林生物质资源。农业生物质资源包括用于生产生物燃料的谷物、动物粪便和废弃物,以及主要来源于玉米和谷类作物的废弃物(如麦秸),还有一系列具有重要地区性的作物,如棉花、甘蔗、水稻、水果和坚果果树等。生物质中所蕴藏的能量是相当惊人的,根据生物学家的估算,地球上每年生长的生物质能总量为 1 400 亿～1 800 亿吨标准煤,相当于目前总能耗的 10 倍。中国的生物质资源丰富,每年仅农作物秸秆和林业采伐加工剩余物就达 10 多亿吨,约合 5 亿吨标准煤;中国现有 900 多万公顷木本油料林和薪炭林,加上抚育间伐材等,每年可提供的生物质资源数量达 3 亿吨以上。另外,中国每年产生的畜禽粪便大约 30 亿吨,用作生物质能源的原料,变废为宝,又避免了水体的严重污染。

第五,开发推广应用潜力巨大。生物质与煤、石油内部结构和特性相

似，被喻为即时利用的绿色煤炭，因此可以采用与传统能源相同或相近的技术处理和利用，便于开发和推广。生物质除了可以转化为电力外，还可以转换生成油料、燃气或固体燃料，直接应用于汽车等运输工具或用于柴油机、燃气机、锅炉等常规热力设备，几乎可以运用于目前人类工业生产或社会生活的各个方面。在所有新能源中，生物质能源与现代的工业化技术和目前的现代化生活都有很好的兼容性，替代常规能源的潜力巨大。

(2) 生物质能转化技术　主要的转化技术有液化技术、生物质热化学转化技术、沼气技术、生物质压缩技术和工程微藻技术等。

① 生物质热化学转化技术。在一定的温度（300～1 200℃）和催化条件下，生物质原料所含的纤维素、半纤维素和木质素发生化学变化，改变物理和化学特性，转化形成新的能源物质，例如制得焦油、木炭、可燃气等。固体生物质通过热化学转化，直接和间接液化制油。这种技术可以利用几乎所有的有机物质作为原料，经进一步大规模地合成或精炼，生产多种高品位和高附加值的生物能源材料。

实现商业化的生物质热化学转化技术有4类：生物质多种方式热解得到生物粗油，经粗加工如脱硫后，可直接替代锅炉用石油基燃料油；热解生物粗油以及造纸黑液制取塔尔油，经多种加氢提质方法，如催化加氢脱氧、加氢裂解，以及与石油炼制的中间产物混合精炼等，制取生物柴油和石油；生物质气化后，制取生物合成柴油、航空煤油等；生物质气化后，经甲烷化合成后，制取生物天然气。

② 沼气技术。利用厌氧法处理禽畜粪便和高浓度有机废水，是发展较早的生物质能利用技术。20世纪80年代前，发展中国家主要发展沼气池技术，以农作物秸秆和禽畜粪便为原料生产沼气。

③ 生物质压缩技术。利用作物秸秆、园林废弃物等生物质原料，经过粉碎、干燥，在机械压力的作用下，挤压成特定的形状，制成可代替煤炭的压块、颗粒、棒状燃料，制成所谓成型燃料；进一步炭化加工制成木炭棒或木炭块，作为民用烧烤木炭或工业用木炭原料，或作为燃料直接燃烧，用于家庭或暖房取暖用的燃料。

④ 工程微藻技术。通过基因工程技术构建和培养富油的微藻，从藻类中提取油脂成分，再进行酯交换反应，制备生物柴油。工程微藻技术的优越性在于微藻比陆生植物的单产油脂高几十倍，生产能力高；培养基采用海水，可节省农业水资源。另外，生产的生物柴油不含硫，燃烧时不排放有毒有害气体，排放入大气环境中也可被微生物降解，不污染环境。

⑤ 液化技术。将木质原料液化，得到燃料乙醇、生物质液化油、生物柴油等生物质液体燃料，可以直接代替汽油、柴油等石化燃料。

(3) 生物燃料　目前生物质能源的主要形式有燃料乙醇、生物柴油、沼气、合成气，以及木材、木炭和木屑等固体生物燃料等（表 3－3－3）。随着技术的革新，生物燃料已经发展到了第四代，它是在生物质能源产品结构中的清洁、生物降解环保型燃料，是石油等化石燃料很好的替代品，一直都是生物质能源产品的研发重点。理想的生物燃料应该能够用非食品原料廉价生产，能够常年供应，且能方便地使用现有供应设施，其能量密度与汽油或柴油相当。

表 3－3－3　四代生物燃料简况

分类	原材料	代表产物
第一代	蔗糖、谷物、动植物油脂	生物乙醇、生物柴油
第二代	非粮食作物	呋喃类、生物醇类
第三代	海草、藻类	生物柴油
第四代	植物油脂	生物汽油

第一代生物燃料目前商业化比较成功，包括生物燃料乙醇和生物柴油，其原料是甘蔗、玉米、小麦、谷物、菜籽油、蔬菜油和提取的动物脂肪。起先是用粮油作物来生产生物燃料，这会引发“与人争粮”的矛盾。美国、欧盟以及巴西等国，曾经就因此而引发粮价上升、粮食和饲料供应短缺等问题；此外，种植这些农作物需要大量的土地和水资源，美国的研究结果表明，即使把他们全国所有玉米和大豆都用于生产生物燃料，也只不过能满足汽油需求量的12%，柴油需求量的6%，如要满足全部需求，还要开垦很多土地和耗费大量的水资源。因为种植用于生产生物燃料的农作物获利较多，农民就会改种与

生物燃料相关农作物，会破坏生态环境及生物物种之间的平衡。因此，生物燃料的进一步推广受到了限制。

第二代生物燃料的原料主要使用非粮作物及秸秆、枯草、甘蔗渣、稻壳、木屑等，以及用来生产生物柴油的动物脂肪、藻类等，包括木质纤维素、生物废弃物、固体废弃物等，它们基本上是农业废料的循环利用，这也就保证了生物燃料的可持续发展，而且发展潜力巨大。现在还找到了更多可供生产生物燃料使用的原料，例如亚麻荠和麻风树等。前者是一种野草，原产于欧洲和地中海一带，能在任何劣质的土地上生长，而其种子含油量高达 40%；后者原产于西非，可以生长在沙漠和极其贫瘠的土地。这些新的野生植物不与粮油作物争地生长。在环境保护方面第二代生物燃料也远比第一代的出色，有望减少最高达 96%的温室气体排放。而第一代以玉米为原料生产燃料乙醇，平均仅可减少约 20%的温室气体排放。

生物燃料成分中占比最多的是木质素、纤维素，它们存在于作物秸秆和林木草丛，这些原料易得而量大，利用热化学转化技术，能够通过非直燃方式转化，让它们所含的纤维素、半纤维素和木质素，在一定的温度（300～1 200℃）和催化条件下转化形成新的生物质能源。所以，木质纤维类生物质被国际能源界称为生物能源的“二代原料”。

第三代生物燃料使用的原料是基于藻类物质的新一代原料，利用它们产生的碳水化合物、蛋白质、蔬菜油等生产生物柴油和氢气。藻类和普通植物一样有叶绿体（含叶绿素），能够进行产氧光合作用，将水分子裂解放出氧气，同时放出的二氧化碳气体，通过反应转变成有机物（如碳水化合物、蛋白质、类脂等）。在显微镜下观察含油的藻类就像一个个小油葫芦，其含油量比油菜籽、花生等还要高许多倍。微藻类特别是小球藻细胞内脂类的积累能够达到其生物质的 50%。产生的生物油通常酸值较低，有利于生物柴油的合成。藻类分布广泛，环境适应能力强，且是具有光合作用的特殊物种，可以在不宜农耕的土地上生长，不占用耕地，不会影响粮食生产。微藻类是最大的自养类微生物植物，具有比传统农作物更高的光合作用。

第四代生物质燃料主要是利用代谢工程技术改造藻类的代谢途径，使其直接利用光合作用吸收 CO_2 气体合成乙醇、柴油和其他高碳醇等，这是当前最新的生物燃料制造技术。

① 生物柴油。美国主要发展以大豆油为原料的生物柴油产业，主要原料来源于高产的转基因大豆；德国采用菜籽油生产生物柴油，主要原料来源于大规模种植油菜；东南亚地区各国利用棕榈油作为生物柴油生产原料。工程微藻等水生植物油脂以及动物油脂、餐饮垃圾油等与醇类进行酯交换反应也能制得生物柴油。海藻中也含丰富的脂类，微藻在生物质能源生产方面具有巨大的潜力，用微藻生产的生物柴油产量是油料作物的8～24倍。

生物柴油成分很复杂，通常由链长为12～18个碳原子的饱和和不饱和脂肪酸烷基酯（例如甲酯、乙酯等）组成。生物柴油与传统的石化能源相比，硫及芳烃含量低，排烟量也随之降低，燃烧排放的二氧化硫等硫化物比石化柴油低90%以上；闪点高、十六烷值高、润滑性良好。也可部分地添加到化石柴油中，混合后其烃类排放量和一氧化碳排放量比石化柴油低60%以上，能够有效地减少机动车尾气中总颗粒物及有害物质的排放量。目前市场上的柴油燃料有纯态形式的生物柴油燃料和混合生物柴油燃料，纯态形式的生物柴油又称为净生物柴油，已被美国能源政策法正式列为一种汽车替代燃料。世界各国大多使用20%生物柴油与80%石油柴油混配，可用于任何柴油发动机。混入20%生物柴油的车，柴油颗粒物排放降低14%，总碳氧化物排放降低13%，硫化物排放降低70%以上。使用这种混合柴油，不需要过多改动现有柴油机。

制备生物柴油的方法主要可分为物理法和化学法两大类。物理法主要包括直接使用法、混合法和微乳液法。直接混合法是将动植物油脂与柴油直接混合。化学法主要包括高温裂解法、酯化法、酯交换法。高温裂解法是将动植物油脂直接置于高温下快速裂解，其裂解产物主要是烷烃、烯烃、二烯烃、芳香烃和羧酸等，反应复杂，产物结构也比较复杂，得到的裂解油黏度有所降低，但是残炭、灰分等相对较高。酯化法是采用脂肪酸与甲醇在酸性催化剂存在下进行酯化反应，生成脂肪酸甲酯。但是其原料之一的脂肪酸价格较高。价格较低的油脂加工过程中产生酸化油，制备得到生物柴油的过程中涉及酯化、酯交换两步转化过程，工艺冗长。酯交换法是目前工业生产生物柴油普遍采用的方法，即以各种动植物油脂为原料，利用甲醇等低碳醇类物

质在催化剂或无催化剂作用下与油脂中的脂肪酸甘油三酯进行交换，将甘油三酯中的甘油取代下来，形成短链的脂肪酸甲酯等，以达到降低碳链长度、增加流动性和降低黏度的目的，从而使其达到生物柴油要求的标准。

② 生物燃料乙醇。生物乙醇以一定比例掺入汽油，可作为汽车的燃料，能替代部分汽油，尾气更清洁。美国和欧洲各国均选择了生物乙醇燃料作为主要的替代燃料。目前巴西是世界燃料乙醇发展的先驱，第一个推出国家生物乙醇计划，并第一个大规模生产生物燃料乙醇动力汽车，也是世界上唯一不使用纯汽油作汽车燃料的国家。美国是世界第二个生物燃料乙醇生产大国，年产生物燃料乙醇 5 000 千吨。中国在 2000 年开始进行生物燃料乙醇研发，主要以玉米为原料，同时也积极开发甜高粱、薯类、秸秆等其他原料生产生物燃料乙醇，目前产量居世界第三位。

第一代生物燃料乙醇，使用玉米、小麦和高粱等粮食作物作为原料；第 1.5 代生物燃料乙醇，使用木薯、甘蔗等非粮经济作物作为原料；第二代纤维素生物燃料乙醇，使用玉米芯、秸秆或木屑等纤维素物质为原料；第三代微藻生物燃料乙醇，以微藻为原料。第一代生物燃料乙醇在世界范围内已经被广泛应用，中国和美国主要使用玉米作为燃料乙醇的原料。

糖类作物、淀粉类谷物和纤维类植物经过发酵、蒸馏制得乙醇，脱水后再添加变性剂，成为专门用于燃料的乙醇。其中糖类作物主要有甘蔗、甜菜和甜高粱，利用甘蔗和热带能源草本植物杂交，选育出的能源甘蔗，其生物质产量比甘蔗高 1 倍左右；淀粉类谷物的植物主要有玉米、木薯、马铃薯、甘薯和小麦等粮食作物，目前以玉米等谷物为原料的占 33%，欧洲则使用较多的是马铃薯。纤维素类植物是地球上最丰富的，在植物生物量中纤维素类占 60%～80%。棉花、亚麻、苎麻、黄麻等植物含有大量优质的纤维素，棉花的纤维素含量接近 100%，为天然的最纯纤维素来源。一般木材中，纤维素含量占 40%～50%，还有 10%～30%含量为半纤维素和 20%～30%含量为木质素。此外，麻、麦秆、稻甘蔗渣等也都是纤维素的丰富来源，美国橡树桥实验室已筛选出产生纤维素类物质潜力大的 34 种草本植物和 125 种木本植物。所以，利用纤维素原料制造生物燃料乙醇的发展前景将十分广阔。

中国目前相关技术基本上已经达到世界先进水平，推广使用也成熟可靠，安全可行。这有助于大幅地减少原油进口，促进能源结构优化；能解决中国面临的粮食结构性过剩，特别是玉米库存过剩及其存储财政补贴成本大等问题，使该产业成为粮食生产的“推进器”、粮食安全的“稳压阀”；从总体上看，生物燃料乙醇的使用有助于减少温室气体和污染物的排放，特别是相较于含甲基叔丁基醚的汽油，可以一次性减少 PM2.5 浓度达到 20%～40%。

③ 生物制氢。氢气燃烧时只生成水，不产生任何污染物，是一种高效、清洁、可再生的能源。生物制氢以碳水化合物为供氢体，利用纯的光合细菌或厌氧细菌制备氢气。20 世纪 90 年代后期，人们直接以厌氧活性污泥作为天然产气微生物，以碳水化合物为供氢体，通过厌氧发酵成功制备生物氢气，成本大大降低，为走向实用性方面有了实质性进展。

④ 沼气。沼气是以甲烷为主体的混合可燃气体（甲烷含量 50%～70%），继而提纯为与常规天然气完全同质的生物天然气（甲烷含量大于 90%）。每个日产数万至数十万立方米的生物天然气厂，可视为一口“气井”，由数百个生物气井群构成“气田”。沼气燃烧后生成 CO_2 和 H_2O，不污染大气；沼气还具有很高的热值，1 m^3 的沼气大约相当于 1.2 kg 标准煤。生物燃料沼气又称生物天然气，是以畜禽粪便与农作物秸秆为主，辅以城镇有机废弃物和垃圾，在一定温度、湿度、酸度和缺氧的条件下，经厌氧性微生物的发酵作用，产出沼气。中国拥有丰富的能生长能源林草的边际性土地，又是农业大国，拥有丰富的农作物秸秆和畜禽粪便等有机废弃物资源，发展生物燃料沼气技术有很大潜力。

7. 开发核聚合反应能

上述各种新能源各有特色，都有实用价值。但是它们的“能力”有限，还不可能作为整个社会生产和人类生活所需的基本动力来源。核电站以铀-235 为燃料，在中子的轰击下裂变，释放能量，驱动发电机产生电能。这种核电站显示出了巨大的威力，只需要极少量的燃料便可获得巨额的能量。如一座 50 万千瓦的火力发电站每年耗煤量为 150 万吨，而发电量规模相当的核电站，每年只需要 0.6 t 核燃料。不过，核电站产生的废物中有放射性物质，处理比较困难，而且主要的核燃料铀在地球上的储量并不多，尤其是从贫铀矿中开采和将其提炼成核燃料的技术比较复杂，生产成本比较高。另外一种

核能，即基于原子核聚合反应释放能量的能源，即核聚变电站，将更具吸引力。获得100万千瓦的电，铀核裂变发电厂需要30 t铀燃料，相当于1节货车车厢的运量；而核聚合反应发电厂则仅需600 kg核燃料，相当于1辆轻便客货车的运量。所以，核能虽然不可再生，但是总能量巨大，核聚合反应可以供人类以目前的能源消耗速度生活上百亿年。

(1) 原子核聚合反应　核聚变合反应是指轻元素原子核聚合在一起形成较重元素原子核并释放巨大能量的核反应。两个氘原子核的核聚合反应，释放能量为5.12×10^{-12} J、6.21×10^{-13} J；由1个氘原子核和1个氚原子核的核聚合反应，释放的能量是2.82×10^{-12} J。第一种反应，1克氘原子核将产生3 500亿焦耳能量，相当于12 000吨标准煤燃烧产生的能量。未来能建成一座1 000 MW的核聚合反应变电站，每年只需要从海水中提取304 kg氘，就可以生产1 000 MW的电量。

在宇宙中，核聚合反应是星体发光的主要能源，比如太阳能够长期发光和发热靠的就是核聚合反应。

(2) 维持原子核聚合反应的基本条件　可控核聚合反应的条件是很苛刻的。氘、氚原子核带正电荷，要使它们发生聚合反应，首先必须克服它们之间的库仑斥力，让它们彼此接近到原子核内的核子与核子之间的距离，即10^{-13} cm，它们才从库仑斥力转变为库仑吸引力，从而发生聚合反应。这就要求氘核必须具有10 keV以上的动能。

① 高温条件。粒子的动能与其温度有直接关系。要氘原子核具有足够动能以克服库仑斥力，温度就必须达到比较高的数值。经计算，氘-氘温度需要达到约为5千万摄氏度。在这样高的温度下所有原子的电子和原子核都彼此分离，形成等离子体。所以，核聚合反应电站的核燃料应该是高温氘、氚等离子体。

② 点火条件。要维持氘-氘核等离子体在高温状态，需要原子核密度达到一定数量。原子核密度高，彼此发生碰撞的次数才高，发生聚合反应的概率也就大，聚合反应释放的能量也就大，等离子体也就能够被加热到很高温度。高温状态的等离子体还发生强烈热辐射，向周围空间散发能量。显然，只有在等离子体内发生的聚合反应释放的能量能够超过或者等于因为辐射

损失的能量，才能维持等离子体的温度。此外，还需要等离子体密度维持一定时间，才能保障核反应释放的能量维持高温。

③ 约束条件。温度升高，等离子体体积也必然膨胀，等离子体密度减小。而且不加约束的核等离子体聚合反应在能量上是亏损的，温度也会受到影响，难以保持5千万摄氏度的高温。因此需要对高温核等离子体进行约束，最好还能压缩。然而，实际的容器都无法承受这样高温，因此必须采用特殊的方法将这种高温等离子体约束住。

(3) 磁约束受控核聚合反应技术　在真空容器中，将氘燃料加热到发生聚核反应的温度，并利用“磁笼子”将这种高温等离子体稳定地约束在该真空容器内。

① 约束原理。磁场对等离子体的约束是通过磁场对等离子体的作用力实施的。这些作用力包括3个：磁场对等离子体中每个带电粒子的洛仑兹力；由此产生的宏观效果即磁应力；当等离子体中有电流通过时，电流自身产生的磁场还会产生箍缩力(即自收缩力)。这些作用力的一个共同点就是，作用力的方向都和磁场垂直。在洛仑兹力作用下，等离子体中的带电粒子绕着磁力线旋转。半径跟磁场强度成反比。当磁场足够强时半径就很小。在热核点火条件下的温度(T) = 10 keV、磁场为2T(特斯拉，磁感强度)时，电子的回旋半径大约是1.7×10^{-2} cm，离子回旋半径大约是0.7 cm。目前估计，核聚合反应堆中的磁场强度以5T为宜，此时带电粒子回旋半径更小。带电粒子好像是被黏在磁力线上，它的活动范围不超过回旋半径，由此等离子体在磁场的垂直方向就被约束住了。带电粒子在沿磁力线的方向上也具有速度分量。再通过带电粒子间的相互作用，使等离子体整体感受到磁场提供的宏观作用力，即磁应力。在磁场和等离子体之间有一个明显的界面，在界面上存在指向等离子体内部的磁张力，造成相应的磁压强，它跟从等离子体内部指向磁场的等离子体热压强相平衡，即磁压抵消了等离子体的热膨胀力，而约束了等离子体。

② 约束装置。在核聚合反应研究和历史发展过程中，曾经提出各种各样具有不同磁场位形的磁约束装置，如磁镜装置、仿星器、箍缩装置，以及在以上装置的基础上发展起来的托卡马克装置。

托卡马克装置是一种环形的磁约束聚合反应装置(图3-3-17),主要由不锈钢波纹管真空室、空芯或铁芯变压器、内极向场线圈(变压器的初级线圈)、纵场线圈和外极向场线圈组成。变压器的初级线圈在真空室内感应产生环向等离子体电流,等离子体电流产生沿环截面圆周的极向磁场(简称极向场)。纵场线圈中的电流沿环的轴向(称为纵向)产生纵向磁场(简称纵场),这两个场合成围绕环轴的螺旋磁场。外极向场线圈产生的极向磁场控制等离子体电流环的位置与截面形状,等离子体就是被这种复杂的磁场位形约束着的。

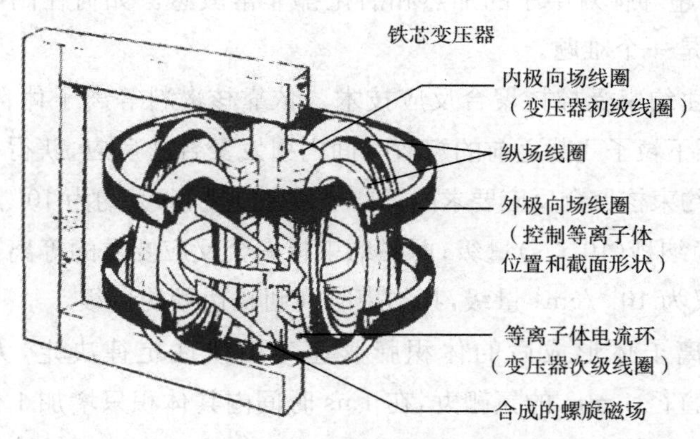

图3-3-17　托卡马克装置结构

等离子体具有电阻,因而在等离子体电流形成和维持期间,等离子体被自身的电流加热(称为欧姆加热),这是托卡马克等离子体加热的主要方法。等离子体的电阻率随温度的上升而变小,因而欧姆加热效率也随之降低。为了达到持续聚合反应要求的温度,还要借助其他的辅助加热手段,例如高能中性粒子束注入加热、电子回旋共振加热、离子回旋共振加热等。

目前运行的托卡马克装置至少有数十台,但等离子体电流超过1 MA的大型托卡马克装置只有JET(欧盟)、TFTR(美国)、JT-60(日本)、TF15(苏联)、TORE(法国)和DⅢ-D(美国)。

③ 遇到的问题。磁约束受控核聚合反应还存在技术问题。

磁约束目前只能在秒量级的时间内将等离子体约束住,时间长的话,等离子体密度和温度都要很低才行。

等离子体温度高，内能很高，将出现各种能量丧失机制，即需要解决各种各样的不稳定性问题。

高温离子会从容器壁上打下一些碎片，如果有一两毫克大小的碎片进入等离子体中心就会完全破坏等离子体。根据估计，ITER 的装置一年内会打下几百千克容器壁材料，足以产生几亿次破坏。

正常运行的聚合反应装置运行中将会产生很多中子，这些中子将活化和嬗变部分材料。产生约束磁场的线圈是超导的，其温度必须冷却到热力学温度 4K 左右，超导体对中子的加热和活化都非常敏感。如何在高中子通量中保护超导体是一个难题。

(4) 惯性约束受控核聚合反应技术　依靠核燃料等离子体自身的惯性，在高温、高压下粒子飞散之前的短暂时间内引发聚合核反应，获得核聚合反应能量。惯性约束核聚合反应要求的等离子体密度更高(大约为 $10^{26}/cm^3$)，约束时间更短，为纳秒(10^{-9} s)量级；而磁约束核聚合反应要求的等离子体密度可以低得多，仅为 $10^{15}/cm^3$ 量级，其约束时间则长达秒的量级。

高温等离子体形成后的体积膨胀速率由惯性定律决定，大约为每秒 10^6 m，对于直径 1 mm 的氘靶丸，在 1 ns 时间内其体积只增加 1 倍。如果设法在这短暂的时间里提高等离子体粒子密度，能保证满足核聚合反应条件。当然，要想核燃料在 5 千万摄氏度高温时密度高达 300 g/cm^3 绝非易事，其内部的压强将是大气压的 10^{12} 倍(即 1 万亿个大气压)，这个压强比激光直接辐照靶丸表面所产生的最大压强(光压)还大 4 个数量级。

极高压强这个困难问题可以通过对核材料靶丸特殊精细设计来解决，最简单的办法就是设计氘核燃料装在空心靶丸内(图 3 - 3 - 18)，高功率激光束辐照靶丸外表面，靶丸表面吸收激光能量被加热，快速升温并形成冲击波，消融表面产生的高温、高压等离子体快速向外膨胀，同时产生对靶面的反冲压强。这个压强数值比作用在靶丸表面的光压还大 1 万倍以上。巨大的压强对核聚合反应等离子体进行高度压缩，并使其达到核聚合反应所需要的高温和高密度。理论计算的结果显示，可以将燃料等离子体密度压缩到液体密度的 1 000 倍。这种压缩方法称为直接驱动压缩。

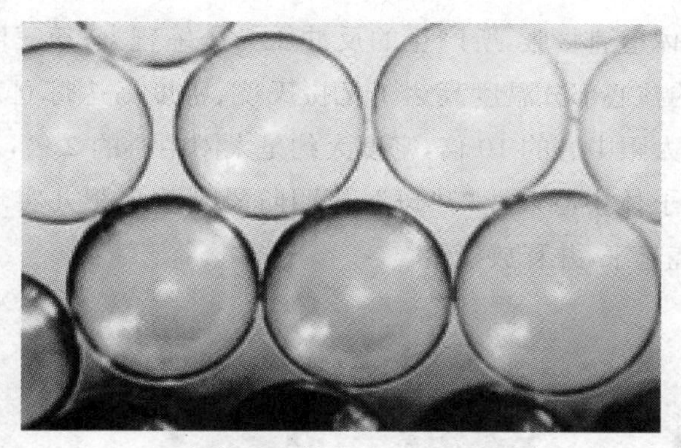

图 3-3-18　惯性约束核聚合反应用的玻璃空心靶丸

间接驱动压缩是先用一种高原子序数材料（比如金）做成一只空腔，将激光束注入这只腔内，在腔的壁面上产生 X 射线，利用 X 射线加热和压缩核靶丸（图 3-3-19）。这种压缩方式的好处是可以降低对激光束辐照均匀性要求。但其物理过程多而复杂，激光束与靶的能量耦合效率低。

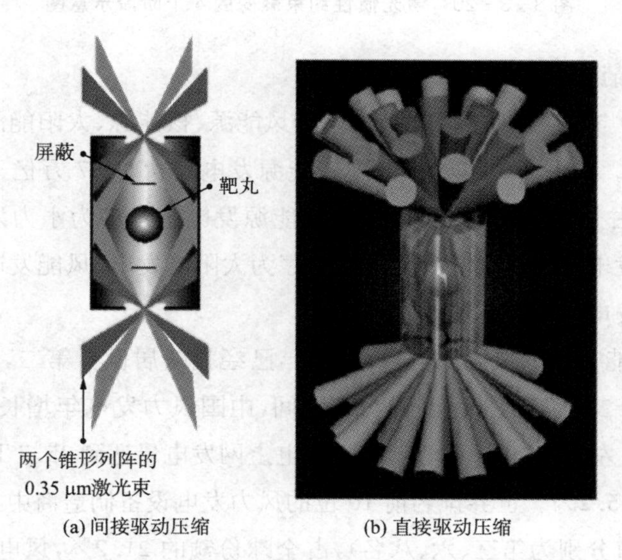

图 3-3-19　激光直接驱动压缩和间接驱动压缩

惯性约束核聚合反应过程分为 4 个阶段（图 3-3-20）：第一阶段是含核燃料的靶丸在激光束均匀辐照下，表面物质迅速离化形成等离子体；第二阶段是等离子体迅速膨胀，所产生的反冲压力压缩靶丸；第三阶段是在压缩的后期，靶丸的核心部分温度高达1亿摄氏度、密度高达每立方厘米300 g，即温度大约是太阳中心的10倍，密度大约是太阳中心的2倍，从而在被压缩的核燃料等离子体中心产生“热斑”；第四阶段是整个靶丸实现热核聚合反应，核燃料燃烧起来，并释放能量。

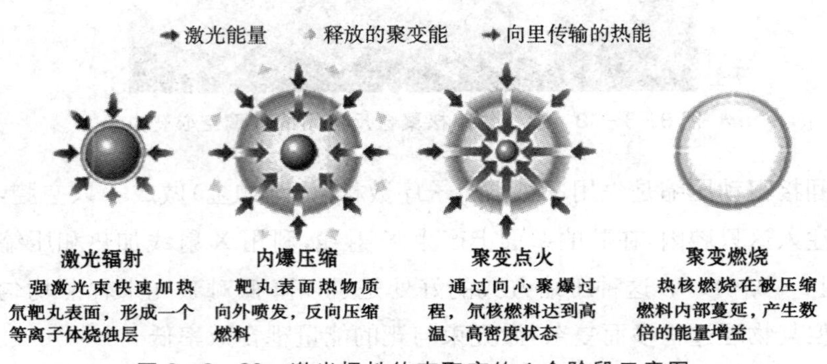

图 3-3-20　激光惯性约束聚变的4个阶段示意图

8. 中国的应对措施

到2030年，中国新能源发展序列为风能源、核能源、太阳能源、水能源生物质能源等。截止2018年底，中国新能源发电量达1.87万亿千瓦时，同比增长10%，占全国总发电量26.7%；新能源发电量排序为水力发电、风能发电、太阳能发电、生物质能发电，增速排序为太阳能发电、风能发电、生物质能发电、水力发电。

(1) 风能　中国风能发电量2010年已经就跃居世界第二，2016年跃居第一。从“十二五”到“十三五”的10年间，中国风力发电年增长规模持续保持在20 GW左右。2018年全年风力发电上网发电量达到35.7 TWh，占国家总发电量的5.2%。世界排名前10位的风力发电设备制造商中，中国企业占据3席(产值分别为第三、六、八名)，占全球份额的21.2%，风电机组整机及零部件国产化率达到85%以上。到2030年，风力发电机组可满足8.4%左右的用电需求；到2050年，风电产生的电量能满足约17%的电力需求。

(2) 核能　2007年我国核能产业开始迈向第三代核电技术的自主化目

标，无论是核工业体系建设还是产业发展，都取得了令世界瞩目的成绩。截至2019年12月底，在运核电机组47台，装机容量4 875万千瓦，位居全球第三；在建核电机组13台，装机容量1 387万千瓦，在建规模保持全球领先。在近年世界核电运营者协会（WANO）同类机组综合排名中，中国核电85%以上的指标优于世界中值水平，74%以上指标达到世界先进值。中国大陆20台运行机组WANO综合指数满分，世界领先。

在核聚变方面，中国先后建成中国环流器一号/新一号（HL－1/1M，见图3－3－20）、中国环流器二号A（HL－2A）及其改进型HL－2M等托卡马克装置。在2006年又建成了世界上首台先进超导托卡马克装置EAST，并在2017年7月首次实现了101.2s稳态长脉冲高约束模式等离子体运行试验，创造了新的世界纪录。

图3－3－20　HL－1装置

（3）太阳能　2007年，中国第一座70 kW太阳能热发电站在南京通过验收；2010年，亚洲第一座塔式太阳能热发电站在北京延庆开工建设，于2012年8月发电；2013年7月，青海中控德令哈10 MW太阳能热发电项目成功并网发电，标志着中国首个太阳能热发电站投入商业运行。到2020年，太阳能热发电装机规模要达到5 GW。2017年的光伏发电量大约占全球光伏发电量的 1/4，2018 年全年，中国新增太阳能光伏装机容量为 43 GW；截至 2018 年底，累计光伏装机量已超过 170 GW。2018 年 12 月，在重庆市璧山区启动建设中国首个空间太阳能电站实验基地，在 36 000 km 外的太空建兆瓦级太阳能发电站，为空间太阳能电站最终进入商业化迈出了重大一步。中国计划在 2021～2025 年建设中小规模平流层太阳能电站并发电，并于 2025 年后开始开展大规模空间太阳能电站系统相关工作。

（4）水能　中国把小型水力发电列为开发利用水能资源的重要选择。有关资料显示，在中国的 2 166 个县（市）中有 1 573 个县存在可开发利用的小水电资源。1998 年，联合国开发计划署（UNDP）正式把国际小水电中心设在中国，这一成就表明了中国的小水电站已从国内走向了世界。

（5）生物质能源　2017 年，中国生物质发电量达到了 794 亿千瓦时。中国海藻资源储备相对丰富，不论是在海洋微藻养殖规模上，还是在海洋大型藻生产和加工上，都处于世界先进水平。中国的螺旋藻生产企业已有 40 余家，年产量在 3 000～4 000 t。

2004 年，经国务院批准由国家发改委出台了《节能中长期专项规划》。围绕着“节能”这一主题，积极倡导“全民动员，共建节能型社会”，尽可能节约和高效利用能源资源。2005 年 5 月底，国家发改委提出了节约和替代石油等十大重点节能工程。1978～2017 年，中国一次能源消费增长了 6 倍，支撑 GDP 增长了 27 倍，能效提升速度是全球平均水平两倍以上，能源消耗强度上升的趋势得到根本扭转，经济增长对能源消耗的依赖不断下降。有效推动全社会技术进步和能源利用效率的提升，能源利用技术水平实现跨越式进步，主要工业产品单位产品能耗水平持续下降，电解铝、燃煤发电、水泥等行业能效水平已经达到世界先进水平，部分企业甚至达到世界领先水平。1990～2017 年，中国通过节能和提高能效相当于减少一次能源消费约 22 亿吨标准煤当量，占同时期全世界节能量的 46%。

四　人口资源危机

人是最重要的生产力。在一定范围内，人口与自然、社会和经济有着十

分密切的联系。人口增长将带来技术进步，人类文明每前进一步都伴随着人口的增长，丰富的人口资源是支撑经济和社会发展的重要因素。然而，世界人口出生率在降低，欧、美、日等发达国家的人口出现了零增长或负增长；由于医疗技术进步，死亡率下降，人的寿命延长，世界整体人口结构趋向老龄化。发达国家人口老化更加严重，形成高龄社会，这将导致社会发展和经济发展动力下降，随之引发各种社会问题和经济问题。人口危机已经引起世界各国严重关注，并认为这不仅仅是一个普通的社会问题，已经发展成为事关民族存亡和国家兴衰的重大政治问题。

（一） 世界人口变化

世界人口大会后，有关人口问题愈来愈受到世界各国的关注，世界人口调查也受到了重视。有关调查研究结果显示，近代世界人口是在变化着，一是人口数量变化，二是人口结构变化。

1. 人口数量变化

从人类历史发展来看，世界人口有增长的时段也有减少的时段，而现在世界人口总量的主要趋势是减少。

（1）世界人口总数量起伏变化 受社会环境和经济发展状况的影响，现代世界人口有过增长时段，也有下降时段，18 世纪欧洲产业革命爆发，商品经济空前发展，刺激了对劳动力的需求，促进了人口增长。其中在欧洲和北美洲最为显著。但是，进入 20 世纪 20 年代末和 30 年代初，在一场席卷世界经济危机的冲击下，欧美地区人口出生率锐减，人口增长速率不断下降。英国从 1915～1919 年的年平均人口增长率 20.2‰下降到 1933 年的 14.9‰，美国从 22.3‰降到 16.6‰，在学术界出现了“人口危机”的舆论，担心人口增长率下降将影响到资本主义的巩固乃至生存。

在世界经济危机过去之后，世界人口增长速率又恢复上升，在 20 世纪 50～80 年代，世界人口以年平均 2％的速率递增，从 1950 年的 25 亿增加到 1985 年 48 亿，几乎增加了 1 倍。其中亚洲占 61％，非洲和拉丁美洲占 25％，而欧洲、北美（加拿大和美国）、日本以及大洋洲合占 14％。1950 年亚洲（不包括日本）人口占世界人口总数的 51％，非洲和拉丁美洲占 15％；到了 1985

年，这3个地区的人口数量已占世界总人口的76%，另两个比较发达地区的人口只占24%。同时，人口出生率仍然很高。到了50年代后期，许多欠发达国家的年人口增长率超过3%，即两倍于任何欧洲国家在人口增长转变阶段的最高点；拉丁美洲国家的人口出生率在很长一段时间内仍然很高，在50年代和60年代其总的人口增长位居欠发达地区的首位。

于是有关专家预计，在2013年世界人口的总规模将达到70亿，到2028年将达到80亿，到2035年达到160亿，到2070年人口总量将为320亿，而到2105年则是640亿，人口似乎真的要爆炸了。不过，后来情况发生了变化，人口数量肯定达不到预计的数量了。

(2) 世界人口总数量趋向减少　人口总量增长速度这般高引起了一些社会科学家担忧，这随之会产生一系列经济、社会问题。比如对诸如粮食资源、水资源、能源资源等需求产生压力，甚至会引发各种危机，造成社会不稳定；人口增长需要的住房、职业、食物和公共健康设施，政府可能缺乏解决能力，也缺乏能力建造足够的学校以适应新增学龄人口的需要。人口增长所需要的粮食能否多于或仅等于由农业现代化所带来的粮食增加，不然就会引起粮食危机。美国有人甚至认为，“美国的头号敌人是孩子，孩子一生下来就将降低国家的经济指标和生活水平”。过度的人口增长与环境破坏之间有着密切联系。人口增长需要更多土地，开垦坡地和热带森林，破坏环境和土壤，并引起气候变化。有迹象表明，人口增长将会加速非洲气候的变化。

鉴于此，一些国家希望采取一些措施，让世界人口达到静止状态。如日本厚生省便公开提出争取人口静止的目标；中国政府则提出到2000年把总人口控制在12亿以内，到2040年左右总人口数量限制在15.5亿左右。联合国和其他国际人口组织也着手预测世界范围内静止人口到来的年份，初步设想是在2110年，届时人口规模将是100.52亿。但各国达到静止人口的时间有先有后，人口极限也各不相同。预计欧洲将是最先实现人口静止的地区，到2030年人口达到5.4亿时可望静止。而最晚到达静止人口的将是非洲大陆，估计到2110年，人口达到21.9亿时将实现静止。显然，世界人口总量将不会是原先预期的那个100亿以上数量。

事实上，由于种种原因，20世纪70年代末和80年代初，世界人口增长率

真的是在下降了，由2%的增长率下降到了1.8%，接着又下降到1.7%。北美和大洋洲发达国家以及日本等国家，人口增长率则接近0.7%，欧洲发达国家普遍降到0.5%左右。之后，一些发达国家的人口增长率甚至接近零，其中德国、俄罗斯、日本、瑞士等国家的人口数量甚至开始持续减少。

根据俄罗斯联邦国家统计委员会公布的最新数据，俄罗斯的人口自1960年起一直呈下降趋势。从1992年起，俄罗斯人口总量已经连续多年持续负增长，其境内常住人口从1991年的1.49亿人下降到2010年的1.411 8亿人，平均每年减少30万～80万人。1999年俄罗斯在世界人口大国中的位次从第6位下滑到第7位(巴基斯坦超过了俄罗斯)。另据联合国人口基金会的统计数据，在2004年中期，俄罗斯联邦人口总数为1.423亿，占世界同期63.776亿人口总数的2.23%，在世界各国人口总数的排名中又下降了一个位次，由第7位降为第8位。目前俄罗斯人口数量占世界人口数量的比例不超过2.4%，到2050年预计将下降至1.1%。照这样的发展情况下去，到2050年，俄罗斯人口至少将减少1/3。俄罗斯国家杜马在2006年3月公布的一项人口问题决议案中指出，人口正以惊人的速度递减：每分钟出生近3人，而每分钟死亡的人数却为5人，也就是说，俄罗斯人口每年将近减少百万。联合国专家认为，按现在俄罗斯人口的出生和死亡速度，再过50年，俄人口数量将减少到1.15亿；到21世纪末，俄罗斯将仅存5 000万人。

日本综合研究开发机构做的人口统计表明，自2005年首次出现人口负增长以来，总人口数开始减少，到2011年自然增加数已为负20.2万人，预计到2080年，日本的人口总数将返回到1.24亿的水平。之后迅速减少，到2050年人口总量将下降到8 900万。如果不采取任何制止下降或提升增长人口措施，500年后的日本将剩下15万人口。

中国人口占世界人口的比例在不断下降。在19世纪初，中国人口曾占世界的1/3，到20世纪初便减少到1/4，现在已减少到1/5，而且这种趋势还在进一步加剧。到21世纪中期，世界人口可能超过90亿，而中国人口将不到世界人口的1/6。其实，北京、天津、上海、辽宁4个省市已经呈现人口负增长惯性。科学家预计，如果继续现在的人口政策，100年后中国的人口将少于5亿，200年后将只有1亿人。

尽管一些国家，尤其是欠发达国家的人口增长率也在下降，但这种增长率是以过去几十年来积累起的巨大人口基数为基础的，所以世界人口的绝对数还是会增加。根据联合国 1984 年的中期预测，2000 年的世界人口是 61 亿，2025 年为 82 亿，然后到 22 世纪开始逐渐下降。1985～2025 年间世界人口将增加 34 亿中，有 31 亿（或 95％）属于非洲、亚洲和拉美的人口，即它们的人口占世界总人口的 83％，而北美、欧洲、苏联、日本、大洋洲的人口将从 1985 年所占的 24％减少到 2025 年的 17％，亚洲人口所占比例将从 56％降到 54％。

人口科学家指出，人口负增长将对社会产生多方面的影响，不仅会有隐蔽性的影响，还有渐进累积性、爆发性的影响；不仅会对社会经济产生影响，也会对文化、科技、地缘政治等产生影响；不仅有短期的显在影响，也有长期的潜在风险。劳动力总量决定社会总供给，人口总量决定社会总需求，新出生人口的数量决定经济的长期可持续发展。人口负增长趋势，导致人口增长越来越慢，甚至快速转入负增长，直接引发的便是社会劳动力紧缺问题，增加企业的用工成本，并且会降低中青年群体和老年群体之间的代际社会福利平衡度，供给与需求的失衡程度会逐步被拉大。人口负增长趋势也会引发人口年龄结构、老龄化动力机制的变化，加速社会老龄化和超级老龄化趋势，随之引起一系列的经济问题和社会问题。

2. 人口出生率下降

导致世界人口总量减少的原因是多方面的，比如社会稳定性、经济状况、战争、经济危机等也会导致世界人口减少。但社会科学家认为，最主要原因可能是人口出生率的下降。从 1975 年开始，越来越多的国家进入低生育率行列，其中以欧洲的国家最多，北美洲的次之，非洲、南美洲的国家最少（表 3－4－1）。虽然有些地区的人口总数表现在增加，其实出生率是在下降的。有些拉丁美洲国家的人口出生率在迅速下降，但在拉丁美洲国家的预测人口是在增长。其中许多人不会生活在拉丁美洲，所增加的人口中有部分人外流到了北美。亚非国家的移民也改变了 2026 年预测的地区人口分布。世界人口出生率下降的因素也是多方面的，归结起来主要可以分为被动因素和主动因素。在 20 世纪 70 年代前，可以说被动因素占主导，此后则主动因素占主导。

表 3-4-1　1975～2005 年进入低生育水平的国家数量

年份	地区						总计
	非洲	亚洲	欧洲	南美洲	北美洲	大洋洲	
1975	0	2	13	0	2	0	17
1985	0	4	30	0	9	2	45
1995	0	11	40	0	13	2	66
2005	3	14	43	3	23	5	91
总计	3	31	126	3	47	9	219

(1) 被动因素　在 1965 年贝尔格莱德第三届世界人口大会会议上，科学家、专家们呼吁要警惕过快的全球人口增长率，担心世界人口增长过快对经济发展带来负面影响，提出降低人口出生率的主张。1974 年，世界人口大会通过了“世界人口活动计划”。要通过家庭规划和有关的人口出生率控制计划，控制人口增长。而发展中国家的政府代表表示反对，并指出：“发展经济就是最好的禁孕方法”。于是，有关人口增长率与经济发展间平衡的争论此后持续了一段时间，两种观点都广为传播。不过，在 1984 年的世界人口大会上，发展中国家政府的立场有了很大转变，147 国的代表一致认为，不仅要注重人口增长率，还要注重计划生育在社会经济发展过程中的作用。导致他们态度大转变的原因有多方面，首先是一些国家，大多数是非洲国家，正经历着超过 3%的年人口增长率，引起这些国家的总人口每 20～25 年翻一番，多数发展中国家无力迅速扩大食物生产以保证或提高最基本的营养水平。于是一些国家，多数为亚洲的国家制定了一系列计划，企图缩小家庭规模，如新加坡、中国、印度尼西亚广泛推行“两子女家庭”政策。接着又为想少生孩子的人们提供包括安全、合法堕胎以及提高妇女地位和经济收入在内等一系列措施，降低人们的生育欲望。中国政府还在 1979 年提出了众所周知的“独生子女家庭”政策，这项综合性的广泛实施的计划十分有效。1982 年，中国人口普查及有关精确的出生率调查，以及百万人口避孕抽样调查结果都表明，出生人数在连续下降，其下降幅度之大在历史上是空前的，总和生育率由 1970 年的 5.9%降低到 1983 年的 2.6%，在城市的下降更大，降到 1.4%。显然，

这时候人口出生率的下降是被动式的，是外来形势推动下产生的。

(2) 主动因素　到20世纪80年代后，人们自觉自愿少生孩子。一些社会科学家指出，如果每个家庭生育两个孩子，且两个孩子都能长大结婚，那么孩子这一代的数量就与父辈的数量相等，人口的总数就不会有显著变化；如果一个家庭的孩子数量少于两个，就可能造成人口总数量减少。然而，有关社会调查的资料显示，进入21世纪后，不少国家如俄罗斯、日本、瑞典、中国等，一个家庭生育的孩子数就不足2个。

由于受到各种因素的影响，许多俄罗斯妇女不愿生孩子，或者不愿多生孩子。1991年俄罗斯卡耐基研究中心进行的调查结果表明，100个被调查的家庭中平均每个家庭想生育孩子的数量为1.36个；1994年进行的小型人口普查统计数字显示，无子女家庭中24%的不想改变无子女状况，41%的家庭愿意生育一个孩子，31%的家庭愿意生育2个孩子，3.4%的家庭愿意生育3个孩子。2006年4月29日，俄罗斯国家杜马妇女、儿童和青年事务委员会主席叶卡捷琳娜·拉霍娃指出，近半数的俄罗斯家庭中没有子女，只有一个孩子的家庭占家庭总数的34%，有两个子女的家庭占15%，而多子女家庭则少于3%。同时，在生育过一个孩子的家庭中，有96%的家庭不想再生育孩子。在整个20世纪，俄罗斯在生育过一个孩子的家庭中，有96%的家庭不想再生育孩子，所以，俄罗斯妇女平均生育的孩子数量的确是在不断下降：1901～1905年平均数为7.12个，1951～1955年平均数为2.86个，1981～1985年平均为2.02个，1996～2000年则仅为1.23个，在百年时间里下降了82.72%。

同样地，日本的人口出生率自1973年便开始进入下滑通道，从1973年的19.4‰一路下滑至2016年的7.8‰(图3-4-1)；台湾2003年的人口出生率为10.6%，到2004年便下降到10%以下，个别地区的出生率还更低，如台中市中区的出生率仅6%。

瑞典妇女平均每人一生中只生1.6个孩子，瑞典法律虽然规定，对生育孩子采取了许多保护和鼓励措施，孩子数越多，补助费也越多。但尽管如此，绝大多数瑞典夫妇仍不愿多生孩子。

1972年开始进行了一项世界人口出生调查，旨在通过有代表性国家的

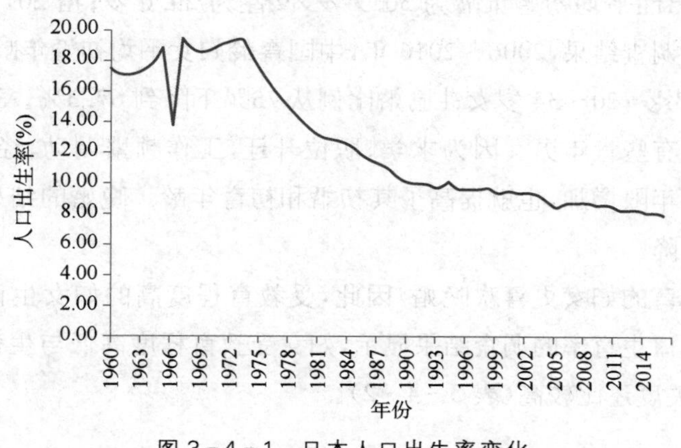

图 3-4-1 日本人口出生率变化

以及国际间的比较及科学抽样分析调查，获得可靠的人口出生率资料。这项调查虽主要是与某些特定国家相关，但从中也发现许多国家的大多数（在若干国家有 50%～70%）育龄妇女不想再生孩子，甚至希望目前已有的孩子数量能再少一些。其中主要原因如下。

① 婚姻观念变化。生儿育女、养儿防老、传宗接代向来被看作婚姻家庭的基本目的。然而，在经济迅速发展、社会保障事业逐步健全和社会就业竞争愈加激烈的大背景下，一些人的婚育观念发生了很大变化，传宗接代的价值观不再受重视，不结婚的单身贵族日渐增多。妇女受教育的时间延长并增强了经济上的独立性，妇女已不再愿意被禁锢在家庭的圈子内生儿育女。她们在拥有学识和职业后，积极参与到国家生活中去，因而婚事一拖再拖，普遍晚婚，并不重视甚至忽视生儿育女的事。1993 年，美国有 6 180 万个家庭，其中有 3 480 万个家庭无子女，即丁克家庭已超过家庭总数的一半以上。中国在实行改革开放政策以后，丁克家庭也开始在一些大、中城市出现，尤其是知识分子相对集中和处在改革开放前沿的城市更为明显，数量还不断扩大。在 1989～1994 年上海市区丁克家庭占家庭总数的 3%～4%，到 2002 年已经占到上海家庭总数的 12.4%；在 1989 广州市只婚不育的人数有 10 万人，到 1992 年年底则猛增至 13 万人。

另外一个现象是晚婚。日本厚生劳动省的人口动态统计资料显示，日本在2011年男性平均初婚年龄为30.7岁，女性为29.0岁；据2017年中国生育状况抽样调查结果，2006～2016年，中国育龄妇女平均初婚年龄从23.6岁上升到26.3岁；20～34岁女性已婚比例从75%下降到67.3%。选择晚婚的原因之一是有些青年男女因为求学、职位升迁、工作频繁调动、经济拮据等。个人受教育年限增加，也就提高了其初婚和初育年龄。晚婚的结果也必将导致出生率下降。

受过教育的妇女更喜欢晚婚，因此，受教育程度高的妇女生育率更低一些。有关人口生育率的调查结果显示，妇女受教育程度高低与生育率呈负相关，而且相关度还比较高（表3-4-2）。

表3-4-2 不同受教育程度妇女的生育率

妇女受教育程度	文盲	小学	初中	高中	大专
平均生育子女数	4.74	3.81	3.08	2.41	1.94

近些年，奉行独身主义的年轻人数也越来越多，他们认为，结婚和养育子女剥夺了他们的个人自由。

② 生儿育女的愿望降低。生育意愿一向是人口学和社会学领域的一个研究话题，尤其是在政府希望提高或降低生育水平的时候，生育意愿更是制定国家公共政策的重要依据之一。有关调查资料显示，随着经济发展，社会保障系统的逐步完善，对孩子的工作和养老问题的担心变得越来越小，养儿防老的概念也变淡薄，人们喜欢要数量较少、但更为健康、受到更好教育的孩子，人们也期望孩子数减少，更倾向于少生子女以使生活质量进一步提高。此外，随着医疗技术水平不断提高，婴儿和儿童死亡率降低，让人们认识到其子女存活有保障，不必担忧幼儿夭折带来的问题，没有必要生育多个子女以做防备。非洲一些国家降低人口快速增长的一条主要战略就是减小婴儿死亡率，以此降低人们对多生子女的欲望。

在现代，妇女受教育程度提高，广泛参与社会经济生活，有了更多发展的机会。妇女工作必然会与她们从事的家务劳动及生儿育女发生冲突。在这种情况下，她们要么放弃工作，要么少生育儿女。而受教育程度高的妇女往往是利用年轻精力充沛的时候，学习科学技术，以便能在社会生产中承担更

多的责任,这也不可避免减少了生儿育女的数量。同时,具有较高科学水平文化的妇女能以科学的态度对待生育行为,她们容易接受和掌握新的科学避孕方法和节育措施,随着避孕和人工流产手段的普及,更加促使了没有生育意愿的妇女生育率的下降。

调查结果显示,中国大部分育龄妇女认为的理想子女数是1个或2个,只有极少数妇女认为3个孩子最理想;在城市中约有55%的妇女认为理想子女数是1个,约43%认为2个孩子最理想。在经济发展较快、社会保障体制相对完善、城市化进程较快的东部地区,农民的生育意愿与城市非常接近;即使在生育意愿最高的西部农村地区,也仅有不到13%的妇女有多子女的偏好。

③ 受经济因素制约。影响和制约生育率的主要经济因素渗透于生产、分配、流通消费等各个经济领域,其中最为明显的因素是收入、消费水平和育儿成本。各国人口转变与收入水平变化的规律大致是:当经济不景气时部分居民生活贫困,特别是大多数年轻人因失业、紧张和恐惧等生活压力或心理压力,对建立家庭不感兴趣,未婚的年轻人不急于结婚,已经建立家庭的年轻夫妻则考虑离婚,因而人口出生率下降。在1991年苏联解体后,俄罗斯实行"休克疗法",导致国内经济衰退,人口出生率随之下降。当人均收入刚刚开始提高时,往往出现生育率上升倾向,但收入达到一定水平之后,生育率又随着收入的再提高而逐步下降。这是因为前期处于贫困型向温饱型过渡阶段,人均收入的提高并不能带来消费结构和生活方式的改变,而后期则伴随着消费变化,人的消费领域扩展,必然带来需求的广泛化、多样化,对精神产品的需求增加尤其迅速。精神产品需求在总需求中比例逐步上升阶段,消费的选择性便大大强化,多数倾向于把收入主要投放于精神产品(包括提高子女素质)消费上,而对物质产品(包括子女数量)的需求相对减弱,即消费范围扩大、层次提高将促使生育率下降。

广义的生育成本包括孩子出生到成家为止的一切开销。有人估计过,一个孩子从出生到大学毕业,抚养和教育支出的费用高昂,因此育儿的经济压力大。而且儿童的抚养成本还逐年升高,社会的高学历化、高教育化使得相当一部分已婚人群因子女高额教育费支出,而产生少生甚至放弃生育的念头。超过4成的单身人士表示，育儿的经济成本是不愿意结婚生育的首要因素。在发达国家，劳动力市场增大增加了女性就业机会，性别工资差距缩小，导致无子女的群体增多。无子女群体在女性群体中占的比例高达30%左右。

日本女性因为生孩子辞职，在经济上比同时参加工作而没有辞职的女性(按照工作30年计算)少收入近5 000万日元。把一个孩子养大成人至少花费1 800万日元。根据日本《国民生活白皮书》报道，夫妻年龄在30岁以上、孩子年龄在6岁以下的家庭中，有32%年收入低于400万日元(约3.4万美元)；但养育一个1～3岁的儿童平均每年支出是50万日元(约4 300美元)，4～6岁儿童每年的抚养费则达到65万日(约5 600美元)。因此，收入较低的家庭，养育孩子的经济负担十分沉重。国家虽然在财政上有所补助，但数量极为有限。而且，社会的高学历化、高教育化使得相当一部分已婚人群因子女高额教育费支出而产生少生孩子甚至放弃生育。

此外，社会生产对劳动者素质的要求不断提高，优胜劣汰是竞争中的不变法则。高质量的劳动者能获得更高的收入和更好的工作，社会地位也更高。为了能够实现就业，或者获得更好的就业机会，人们不得不努力提高自身素质，关注自身发展。这一方面相应地会减少父母花费在养育孩子方面的时间、精力和资金；另一方面也使父母更加重视孩子的质量，从而增加父母养育孩子的即期成本和预期成本。孩子太多，势必造成家庭经济负担加重。在父母的时间、精力和资金有限的条件下，人们必然选择少生优生，甚至不生孩子的决策。

据中国国家卫计委2015年生育意愿调查的结果，因为经济负担、太费精力和无人看护而不愿生育第二个子女的人数分别占到74.5%、61.1%和60.5%，显示出第一位因素是抚养成本太高。育儿成本已经占到中国家庭平均收入接近50%，教育支出也是最主要的一项负担。2017年中国生育状况抽样调查数据显示，58.9%育龄妇女选择不打算再生育的第一位原因也是“经济负担重”。育儿成本也需要考虑生命历程因素，一般要到孩子结婚成家为止这段时间的付出成本，甚至他们在小家庭建立之后还有一个次的生育儿成本。生育与养育是一个较长时间过程，“孩奴”的说法得到了大多数家庭的认同。

育龄女性人口在减少，这意味着人口出生量的减少有某种必然性。根据中国发布的有关资料显示，“十三五”期间，中国15～49岁的育龄女性人口每年递减500万以上。如在2018年，中国20～29岁生育旺盛期的育龄妇女数量就比2017年减少500万余人；2015～2020年，估计中国20～29岁的适龄生育女性数量将减少2 876万人。

④ 生育能力下降。环境污染、社会压力等综合因素影响了人们的生育能力。生育能力下降是发达国家面临的普遍问题。在1965年每个发达国家妇女一生平均怀孕2.65次，在1987年已降为1.29次。怀孕率下降不仅是因为不少夫妇不想要孩子，而是因为想要孩子的夫妇无法怀孕。世界各国已婚人群中患不孕不育症的比例在8%～30%之间，大多数国家为10%～15%。中国在部分区域的调查数据显示，已婚人群中不孕不育的比例为7%～10%。从生理因素来说，妇女分泌的卵子减少，男人的精子也在减少是主要因素。在100个提供精液的18～25岁青年中，仅有20个青年的精液完全符合标准。世界卫生组织在25个国家的33个研究中心的调查结果表明，发达国家有5%～8%的夫妇受到不孕症的影响，发展中国家一些地区不孕症的患病率高达30%。

至于夫妇的生育能力下降原因，一些科学家认为，环境污染和社会生活压力大是造成生育能力下降的重要因素。环境污染导致人类精子质量下降、引发女性卵巢功能障碍等可能是导致人群生育力下降及发生不孕症的重要因素。人类精子质量正在全球范围内不断下降。与70年前相比，目前男性精子数目降低40%以上，精子密度几乎下降了一半，而且平均每年下降1%。现西方男性每次排放精液中的精子数量在最近50年里平均减少了50%，估计成年男性中起码有5%的人就是因精液中精子数量不足而丧失生育能力。1989～2002年，对7 500名男性进行了精子数量的调查研究，结果显示，在2002年，男性精子在精液中浓度的平均值与1989年相比下降了29%。

中国不少地方的生殖医学专家也发现，与三四十年前相比，男性每毫升精液所含精子数量已经从1亿个左右已降至目前的2 000万～4 000万个。

有关专家指出，再过几十年，人类甚至会出现“无精危机”。美国一位化学教授预言，到2040年，美国男性将有一半没有生育能力。

接触重金属者（研磨、抛光、切割、焊接、油漆工）的精液发生异常的可能性是非接触者的5.4倍。环境中的有机污染物也影响人类生殖能力。有学者通过测量产妇在产后1～3天其血多氯联苯水平以及28～31年后其女儿的妊娠时间发现，母亲血多氯联苯水平越高的，其女儿等待妊娠的时间(TTP)越长，不孕率越高。有学者通过对1976年意大利某化工厂爆炸引发二噁英污染地区妇女的研究发现，血清二噁英水平与TTP及不孕之间存在着剂量-效应关系，也就是说二噁英污染物对生育能力存在影响。常用有机溶剂如正乙烷、乙烷异构体混合物，甲乙酮，丙酮，乙酸乙酯，二氯甲烷等也可能损伤女性的生殖能力，接触这些有机溶的TTP≥7个月的可能性是非接触者的1.8倍；有些有机溶剂如溴丙烷、二硫化碳等则是对男性生殖系统产生危害，影响生育能力。此外，塑料制品中含有的有害有机物如双酚A(bisphenol A, BPA)及邻苯二甲酸酯类(phthalate esters, PAE)等物质也会影响男性精子密度、精子数量、精子活力及动力，邻苯二甲酸酯还会损伤女性生殖系统。

其次，环境污染严重也相应影响食品安全，食品安全问题已经成为破坏男女生育能力的祸首，由于食品安全问题的影响，男性的精子浓度大幅下降。

⑤ 竞争因素。人类的生存空间、生活和活动空间对其心理和生理都会产生影响，这两个空间变小、变狭窄会造成心理不平衡，而为了获得需要的空间，彼此之间将进行激烈竞争，甚至是生死之争，并由此而出现各种不健康心理反应，其中一种反应就是生育能力下降。一些社会科学家担心，人类社会如果不能提供每个人有适度的生存空间、生活和活动空间，解除他们的争斗，让人人都有宽松的心情生活和工作，那么世界人口出生率会下降，世界人口总量会随之减少。由于社会竞争激烈、就业压力大及生活空间狭小，不孕症的病人确实在增多。这显示，现代社会节奏加快，社会竞争加剧，住房紧张，增大了人们的生理和心理压力，对不孕产生影响。

有关研究结果也提示，人口本身存在着调节机制，是这一机制以竞争形式在调节着人口数量与资源环境之间的动态平衡。在一定的空间范围和一

定的生产力水平下，人类所能获得的资源有限，决定了人口总量的有限。当人口不断增长对资源环境形成压力，或者接近极限的时候，调整机制必然随之起作用，限制人口数量增长。人口会对其所遇到的扩张可能性作出反应和调整，即人类的出生率会有自我限定。当然，我们通过某种力量，随着人口数量增多，人类生活空间总量也相应增大，保证人类有适度的生存空间和生产、活动空间，人类的人口出生率起码会保持不变。

（二） 人口老龄化严重

世界老龄大会把60岁以上人口占总人口的10%，或65岁以上人口占总人口数量7%的国家或地区称为老龄型国家或地区。伴随着经济的高速发展和现代人口类型的迅速转变，许多发达国家和发展中国家已经或正在进入老龄化社会。据统计，世界60岁以上的人口在1950年约为2.1亿，到2000年已增加到6亿，预测到2050年将要超过11亿。如果把60岁以上的老年人口在100万以上的国家视为老人大国，那么这种国家在1975年时只有6个，而在2000年已经增加到8个。

人口老龄化是一个世界范围内的议题，这个议题不仅仅涉及如日本这样的发达国家，也包括中国这样的新兴大国。人口老龄化将给社会稳定、经济发展带来一系列负面影响，是世界各国严重关注的大事。

1. 老龄化日趋严重

联合国的统计和预测结果显示，就全世界而言，2005年人类就已经进入了人口老龄化社会，而且老龄化趋势将越来越严重。人口老龄化是指老年人口在总人口中所占的比例不断上升的趋势。1865年，法国65岁及以上老年人口比例就超过了7%，成为世界上第一个进入老龄化社会的国家。截至2018年1月，法国60岁及以上人口比例为25.7%，因此法国已成为“超老年型”国家。继其后，1890年瑞典成为第二个进入人口老年型的国家。根据联合国人口署的报告，在2011年全球所有人口超过100万的国家中，年龄60岁以上(含60岁)人口比例最高的10个国家分别是：日本(占31%)、意大利(占27%)、德国(占26%)、芬兰(占25%)、瑞典(占25%)、保加利亚(占25%)、希腊(占25%)、葡萄牙(占25%)、比利时(占24%)、克罗地亚(占 24%)。欧盟到 2060 年,预计人口的 1/3 将超过 60 岁,80 岁以上的老龄人口所占比例将达到 21.1%。到 2050 年 60 岁以上(含 60 岁)人口比例最高的国家分别是:阿联酋(占 36%)、巴林(占 32%)、伊朗(占 33%)、阿曼(占 29%)、新加坡(占 38%)、韩国(占 39%)、古巴(占 39%)、中国(占 34%)。

根据联合国发布的有关资料,全球 65 岁及其以上的老年人口在 21 世纪开始便以每月 75 万、每年 900 万的数量急速增长。全球老年人口系数(≥65 岁)从 2000 年的 6.9%上升到 2005 年的 7.3%,到 2025 年将达到 10.4%,2050 年将达到 16.4%。到那时全球 60 岁及以上的老年人口将达到 20 亿。其中发达国家 60 岁及以上的老年人口将占到总人口的 1/3。

在人口老龄化的同时,老龄人口自身也在不断"老化",高龄老人数量不断增多。全球 80 岁及以上的老年人口从 2000 年占总人口的 0.98%,上升到 2025 年的 1.35%。虽然存在地区间的不平衡,但全球人口老龄化的总趋势已不可逆转。

日本在亚洲各国中是人口老龄化最快的国家,1970 年日本总人口数量为 10 467 万人,65 岁以上人口数量达到 773 万,占总人口的 7.1%,成为老年型国家;而在 1992 年 65 岁以上人口数量增大到 1 625 万人,占总人口 13.1%;预计到 2021 年达到高峰时为 3 187 万,占总人口的 23.6%,成为人口老龄化程度最高的国家。

截至 2005 年 1 月,俄罗斯 60 岁以上人口数量已占总人口的 17.33%,65 岁以上人口数量已占总人口的 13.72%。这种老龄化的进程在未来的 10~15 年将会进一步加剧。

而经济最发达的美国,虽然其人口老龄化速度显著慢于日本,但同样也开始面临日趋严重的老龄化问题。2017 年美国 65 岁以上老年人口数量占总人口数量的比例已经超过了 15%,预测到了 2030 年,该比例将会达到 25.6%。

中国人口老龄化的速度将大大超过世界发达国家,老龄人口的总数也将长期居于世界的首位。以 60 岁为标准,在 1982 年第三次人口普查时,中国老年人口数量为 7 663 万,占人口总数的 7.64%;到 1990 年第四次人口普查

时，老年人口数量达到9 783万，占总人口的8.59%；2000年进行的第五次人口普查中，60岁和60岁以上的老年人口数量增加到1.3亿，占总人口的比例达到10.41%，占世界老年人口数量的25%，标志着中国进入老龄化社会。在21世纪，中国的人口老龄化的进程还将进一步加快，在2018年，中国60及以上老年人口数量达到2.4亿人（表3-4-3），人口老龄化率为17.68%；预计到2050年，将达到4.79亿，接近深度老龄化社会。其中有6省（市）65岁以上老人占比超过14%，跨进深度老龄化社会。

表3-4-3　2018年末中国及部分省市老龄和出生人口数量（单位：万人）

项目	山东	四川	辽宁	上海	重庆	江苏	全国
总人口	10 047.00	8 341.00	4 359.00	2 423.00	3 101.00	8 050.00	139 538.00
65岁以上老人	1 511.00	1 181.00	661.00	346.00	653.00	1 129.00	16 658.00
占人口比例（%）	15.04	14.17	15.17	14.30	14.10	14.03	11.90
出生人口	132.95	92.00	27.90	17.40	34.18	75.30	1 523.00
人口出生率（‰）	13.26	11.05	6.39	7.20	11.02	9.32	10.94

2. 人口老龄化产生的因素

引起人口老龄化主要来自两个方面的因素：其一是死亡率降低，平均预期寿命提高，使得老年人口数量增多，老年人口在总人口中的比例不断扩大；其二是生育率下降，使得少儿人口数量减少，导致老年人口的比例相对增大，从而产生人口老龄化的趋势。就某一地区而言，影响人口老龄化的另一个不应忽视的因素是人口迁移。一般说来，人口流动主要发生在青壮年人群中，这类人群是人口生育的主体。在他们的迁入地，少儿人口和青壮年人口数量相对增多，老年人口数量比例便相应减少；而在迁出地，由于人口生育主力减少，少儿人口比例不断降低，导致人口老龄化程度加深。这也是中国目前不少地区农村老龄化程度高于城镇的主要原因。

战争、饥荒、传染病（如霍乱、天花、疟疾等）是造成人类死亡的主要因素。

世界基本上处于和平时代，没有发生大规模战争，没有造成大面积人口死亡因素。其次，世界经济在不断发展，基本上消除了饥荒，这又排除了导致大面积人口死亡的另一个因素。第三，各国大力完善和提高了医疗、卫生设施和保健服务水平，造成大面积人口死亡的瘟疫等流行病有了很好的治疗手段。还有，许多过去不能治愈的疾病，如心脑血管疾病和恶性肿瘤等方面的医疗技术获得突破，使得现在因病死亡的概率大为降低。如自1968年以来，美国心脏病死亡率下降30%以上；日本的脑血管病、心脏病死亡率下降，使平均预期寿命增加的作用占60%。

人类生活水平获得不断提高，健康水平也不断提高，因病死亡的人口，特别是婴儿死亡率下降。人口科学家的研究结果显示，人口平均预期寿命与人口的死亡率有关，死亡率尤其是婴儿死亡率水平越低，人口平均预期寿命也越长。

综合上面这些因素，人口平均预期寿命越来越长，老年人口数量便不断增多。自20世纪50年代以来，人口平均预期寿命迅速增加，增长速度在50年代最快，平均每年递增0.5岁，在70年代递增0.3岁。世界人口平均预期寿命总体增长情况是：1950～1993年，世界人口平均预期寿命由46岁延长至65岁，延长了19岁。其中，日本的人平均预期寿命由64岁延长至79岁，延长了15岁；美国的人平均预期寿命由69岁延长至74岁，延长了5岁；发展中国家的人平均预期寿命由41岁延长至63岁，延长了22岁。

在亚洲，人口平均预期寿命增加最快的是东亚地区国家，由1950～1955年的42.7岁增加到1980～1985年的68.4岁，在30年中年平均增加0.86岁，中国、日本、朝鲜和香港地区的人口平均预期寿命相对亚洲其他国家或地区提高更为迅速。日本劳动省的统计数据显示，1947年日本人口的平均预期寿命只有52岁左右，而在2016年，日本人口的平均预期寿命已经达到了84岁，未来还会进一步提高。中国国家统计局统计公报显示，1981年中国的平均预期寿命是67.77岁，2000年提高到71.4岁，2010年为74.8岁，2018年为77.0岁，1953～2018年中国的人口平均预期寿命增高了36.7岁。

表 3-3-4 发达国家和发展中国家的人口预期平均寿命

年代	世界平均		发达国家		发展中国家	
	男	女	男	女	男	女
1950～1955	46.0	48.4	63.0	68.7	41.6	43.2
1955～1960	48.6	50.9	65.4	71.2	44.6	46.2
1960～1965	50.9	53.4	66.6	72.8	47.5	49.2
1965～1970	52.8	55.3	67.2	73.8	50.2	51.9
1970～1975	54.6	57.1	67.9	74.7	52.3	54.0
1975～1980	56.3	58.8	68.4	75.7	54.2	56.6
1980～1985	57.9	60.5	68.8	76.2	56.0	58.0
1990～1995	60.8	63.9	69.8	77.0	59.5	61.9
2000～2005	63.8	67.2	70.7	77.9	62.8	65.7

3. 人口老龄化产生的影响

老龄化程度逐渐加深，老龄问题将会更加严峻。许多人口学家认为，高龄化社会不仅仅是老年人的问题，它是一个人口年龄结构变化过程中出现的一种新的社会现象，将成为影响社会发展的重要因素。它不仅会对老年人个人及其直系家庭产生影响，而且会触及更广泛的社会层面和国际社会，涉及全社会中的各个方面，关系到社会的投资、生产、流通、分配、储蓄、消费等各个领域，关系到不同世代人之间的收入与负担的分配问题，关系到医疗、年金制度、家庭结构变化等，涉及经济结构、社会发展方面的根本性问题。

(1) 影响经济持续发展　社会经济的发展是以一定数量的人口为前提的，生产、流通、分配、消费等各个环节都离不开一定规模的人口数量。经济增长率随着劳动投入增长而增长，老龄化减少了劳动人口，即劳动投入增长率下降，直接影响经济增长率。

从投资需求视角看，劳动力供给数量持续降低，将会导致劳动人口数量和储蓄人群的比例下降；而非劳动人口比例上升，会造成储蓄率降低，消费率攀升，共同作用的结果将导致投资率下降和投资增速率降低。从劳动力成本视角看，劳动力有效供给数量降低将会引发劳动力要素价格上升，导致企业部门的生产成本增加，使企业部门采用资本替代劳动力的形式，这会造成全社会资本劳动力比例不断上升，经济增速放缓。从1985年开始，全世界的劳动年龄人口增长率已经出现了缓慢下降趋势，到2010年后，这种变化趋势加快发展，对世界经济增长率的影响也逐渐显现出来，其中以韩国、新加坡、日本和中国最为明显。

日本适龄劳动力人口规模持续降低，适龄劳动力人口数量在总人口数量中的比例也在逐年下降，2017与1997年相比，减少了约1 000万人。日本适龄劳动力的人口结构也开始发生变化，日本劳动省统计数据显示，1968年日本适龄劳动力人口中年龄在30岁以下的比例为36.33%，50岁以上的比例为17.86%；而到2017年30岁以下的劳动力比例下降至18.65%，50岁以上劳动力比例攀升则至31.59%，对经济增长率产生了不利影响。有关资料已经显示，当前日本的人口老龄化问题已经严重拖累了该国经济的长期增长。事实上，自20世纪90年代至今，日本经济长期处于萧条状态，人口老龄化问题也是造成日本经济萎靡不振的重要原因之一。

① 劳动力资源供给下降。国际上通常把年龄在15～64岁的视为劳动年龄，伴随着人口老龄化进程必然出现劳动年龄人口比例下降，从而影响到劳动力的有效供给。在人口老龄化过程中，适龄劳动力资源总量不断收缩，在一些高度老龄化的国家和地区，甚至已经发生劳动力危机。欧盟人口老龄化明显，其80%以上的地区出现劳动力人口数量减少，劳动力严重短缺，以致欧盟25国2010～2025年的就业人口减少约1 800万人，成为制约经济发展的一个重要因素。

俄罗斯目前劳动力相对短缺，但很快就会转变成绝对短缺。劳动力全面短缺将导致工矿企业压缩生产规模，农村耕地大量荒废，俄罗斯人重新崛起的梦想有可能将因此而受到巨大打击。

② 劳动生产效率变化。经济繁荣在很大程度上是依赖于国内劳动力的规模和质量，当年龄超过50岁的时候，他们参与劳动的积极性将会下降，劳动参与率普遍较低。越是老龄化严重的国家，其老年人口劳动参与率越低。老年人适应新技术和新方法的能力减退，空间上和职位之间的流动不如年轻人，工作效率比较低。尤其在经济增长速度缓慢而产业结构升级和技术创新

较快的时期，这种情况更为明显，这将加剧劳动力缺乏的局面。因此，老龄化将导致经济增长率下降，甚至会出现经济产量锐减。

不同年龄段劳动力的生产率水平变化受到经济发展、产业结构、劳动力教育水平和人口流动因素的影响。受教育时间多、学历高、技术水平高的劳动者，劳动生产率基本上不受年龄影响。因此提高劳动者人力资本水平可以降低老龄化对劳动生产率的影响，老龄化社会的经济也会持续发展。提高劳动者人力资本水平，劳动者的退休年龄可以延长。

(2) 产生社会新问题 人口是生产力的组成部分，社会是生产关系的物化形式。生产力变化必然要求生产关系变革。老龄化社会的年龄结构发生了变化，社会生产结构、社会行为结构、消费结构、社会财政支出、家庭结构都出现新问题，原有的社会关系(生产关系)已不适应，需要形成适应人口老龄化的社会观念、文化氛围、群体结构、制度和政策体系等，相应地就会出现各种各样的社会问题和社会矛盾。

① 政府的财政支出加重。老年人口大量增多必然加重国家用于养老和医疗等方面的财政负担。养老金的财政压力增大，一方面是老年人口数量增加且预期寿命延长，意味着领取养老金的人数增加，时间延长；另一方面缴纳养老金的人口数量在减少。养老和社会保障支出有增无减，最终将导致养老金入不敷出，加剧了政府的财政困难。此外，越来越多的年轻人可能对政府当前的养老金制度提出质疑，他们觉得自身在未来无法从年金体系中获益，有些人不愿再继续缴纳养老保险金和为上一代人做贡献，使得养老金的资金来源更困难。政府的医疗保险和养老护理支出随着老龄人口比例不断攀升也在不断增长，进一步加重了政府的财政负担。

老龄化的这个经济问题是在许多国家普遍面临的共性难题。希腊面临严峻的人口老龄化形势，2010 年该国养老金支出占 GDP 的比例约为 12%，到 2015 年养老金的缺口更是占用了希腊政府整个预算的 22.7%来弥补。受制于老龄化保障的财政支出快速飙升，劳动人口与纳税人口规模持续萎缩，希腊国民经济和政府财政收入不断下降，不得不通过举债来弥补缺口，进一步加剧了政府债务危机。

老年人口赡养比例一般是指一国年龄 65 岁以上人口数量占总劳动人口

(15～64 岁)数量的比例。老年人口赡养比例快速提高,养老金支出会以同样的速度增加。2000～2040 年的预测表明,欧洲若干国家(包括比利时、丹麦、德国、希腊、爱沙尼亚、法国、爱尔兰、意大利、卢森堡、荷兰、奥地利、葡萄牙、芬兰、瑞典、英国)老年人口赡养比例均呈现上升趋势,到 2040 年高达 40%左右,这意味着 2.5 个劳动力要赡养一位老年人。当然,各国具体情况不同,存在一定差距。在国家财力有限的情况下,只能以降低人均社会保障金的办法来维持社保金运转,其结果必然损害老年人的切身利益,乃至一些家庭利益,随之会带来一些社会问题,甚至给社会稳定带来不确定因素。

② 社会正常运行和安全保障问题。维持社会安定,维持社会生活、生产稳定,是社会稳定的基本条件,这需要一定数量、质量符合要求的人口数量。如果年轻人口数量过于少,老龄化过于严重,不可能有足够数量的合格农民,也不可能有足够数量的合格工人和科技人员,更不可能有足够数量的合格执法人员和军人,国家和社会的正常功能就无法发挥,社会稳定性也就得不到保证,社会经济必然萧条,没有能力抵御外敌入侵。由于社会老龄化引发经济不景气,将产生大量贫困人口,高失业率和人民日益贫困化,导致社会生活失控,黑社会势力迅速膨胀,各种犯罪活动尤其是青少年犯罪层出不穷,社会正常运行和安全得不到保障。

③ 老年人生活质量下降引发社会问题。老年人为了生存问题,保障生活水平不下降,对社会养老保障和社会养老服务体系、老龄工作体制机制以及其他方面会提出更多更高的要求,这显然与国家财政负担加重存在矛盾。老年人对生活质量有追求并提出新要求,这也必然推动文化教育作出相应变革,政府在文化建设上需要适应这种变革。近些年中国有关赡养、婚姻和房产案件数量增多,正是反映了老年人维护自身利益意识增强。据中国北京市顺义区人民法院统计,该院老年人民事诉讼案件以每年大约 100 件的数量递增,2009 年是 1 000 件左右,2010 年 1 100 件有余,2011 年接近 1 200 件,而且高龄老年人参与量也在增加。

由于老年人口的比例逐步扩大,家庭赡养照料老人的资源相对减少,家庭的功能逐渐弱化,这将影响到老年人的生活照料和精神慰藉,老年人口的孤独问题突出,各种心理问题接踵而至,并引起老年人口总体健康水平下降。

痴呆、卧床老人大量增加，其生活质量也在下降，需要更多人投入护理，造成家庭乃至社会的负担加重，并出现各种心理不平衡现象，将逐渐演化成为社会问题。

鉴于此，为了能够更好地在解决人口问题上，的确需要重新评价先前认为人口越多越不利于经济发展的概念。其实人口增长有推动技术进步和发展生产的一面，人是最重要的生产力，同时人也是人类知识的源泉，人类知识的发展是经济发展的关键，人口越多，所创造的知识也就越多。至于人口增多对各种资源产生的压力，有社会科学家指出，随着资源的日益短缺和昂贵，人类有智慧找到所需资源的代用品，自然资源短缺将不是问题。至于人们最关心的粮食危机问题，联合国粮食与农业组织(FAO)曾组织过一次对粮食的专门研究，对新增人口将有怎样的粮食需求和是否能有足够的土地以供养他们的问题，有了一个较为全面的回答。主要各国能够采取相应合适措施，粮农组织通过计算生产率，给出了 117 个发展中国家土地对人口负担能力的理论预测值，发现发展中国家总的说来可生产足够的粮食以满足现有人口数量。

(三) 应对人口危机

1. 转变观念

人口价值观决定了人口发展观，人口问题观决定了人口治理观。将人口视为资源，它就能带来财富；将人口视为包袱，它就会带来负担。历史经验告诉我们，人口价值需要重视，人口规律需要敬畏，人口生态需要保护，人口发展需要优化，人口问题需要统筹。

(1) 尊重人口规律，敬畏生命生产　人口发展规律的基本特点是平衡性。内平衡是指人口代际均衡、年龄平衡和性别平衡，人口储备性和消耗性的平衡；外平衡是指人口与经济社会和资源环境的协调性，还有民族人口发展的社会平衡。

(2) 人口问题是社会福利供给问题　需要重新认识人口基本国策的历史定位，全方位促进人口和谐、持续、积极的发展。正是家庭政策真正到位，以人为本和体贴入微，才能提升过低的生育率，恢复了部分人口生机和可持续发展能力。需要控制死亡率、延长人均寿命，提高养老待遇，优先安排社会养老资金。

2. 提高出生率，鼓励育龄夫妇生育更多子女

实行经济补偿，有助于育龄夫妇生育更多子女，包括提高对新生儿家庭的补贴，发放儿童学前教育补贴；对孕妇、产妇进行补贴，鼓励并资助收养孤儿。

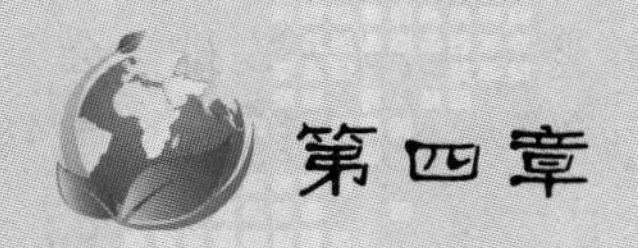

第四章

小天体撞击

在前面的各种危机中，人的因素占主要，而小天体（包括陨石和小行星）撞击危机则基本上是自然因素，是威胁性最大的危机。美国《发现》杂志曾经评出“威胁人类生存的21世纪20大危险”，其中小天体撞击地球位于首位；美国《外交政策》杂志曾列出可能导致世界末日的5种情况，小天体撞击地球也居于首位。在联合国认定的世界四大突发灾难中，小天体撞击地球还是位居第一。

2012年5月，英国南安普顿大学发布研究成果，列出了10个最有可能遭遇近地小天体撞击的国家和地区：中国、印尼、印度、日本、美国、菲律宾、意大利、英国、巴西、尼日利亚。

一 危机的存在

依据太阳系中行星和卫星的卫星照片分析，在无大气和液体的行星和卫星上都存在大量的陨石坑，可知陨石和小行星撞击事件在太阳系中普遍存在。从月球卫星照片可以清楚地看到保留完好的大量陨石坑，直径超过1 km的陨石坑有30万个，直径大于220 km的陨石坑有43个。小行星撞击地球的事件也是完全有可能的。

（一）小行星撞击事件

1. 近地小行星

在太阳系火星和木星之间存在规模庞大的小行星带，它们沿着椭圆轨道绕太阳运行。至今已发现了 70 多万颗小行星，正常情况下小行星的运行轨道和地球不相交，不会对地球造成危害。但是，小行星体积小，重量轻，在运行过程中容易受到外界的干扰，导致轨道发生变化，不再位于火星和木星之间，而是距离地球轨道较近，并发生与地球相遇的可能性，称为近地小行星。其中，与地球轨道的最近距离在 0.05 AU 以内，且绝对星等小于 22 等（相当于直径大于 140 m）的近地小行星又称为潜在威胁小行星，这是对地球威胁较高的一类近地小行星。具有潜在威胁的小行星有 1 974 颗。1994 年休梅克-列维 9 号彗星与木星发生大规模碰撞，是人们所能看到的最壮观、最惨烈，也是最为恐怖的一次天体撞击事件。它曾经在 1992 年 7 月 7 日运行经过木星附近，巨大的引力把休梅克-列维 9 号撕裂成 21 片碎片，这些碎片当时并没有坠落。1994 年，当这些碎片再次运行到木星附近时，如同一列高速行驶的火车，从 7 月 16 日开始，以每秒 60 km 的速度递次撞进木星背向地球的一面，每次撞击间隔 8 小时左右，总共释放出相当于 5 亿颗广岛原子弹的巨大能量。木星的碎片扩散到了距离木星表面 3 000 km 的空中。

如果类似的撞击发生在地球上，后果难以设想。太空危机四伏，杞人所忧虑的天外灾祸，从来就不是一个虚无的笑话，而是人类共同面临的严峻现实。

2. 小天体撞击地球频发

事实上，小天体撞击地球的事件并非罕见，从地球形成至今，46 亿年时间里，便发生过无数次小天体撞击地球事件。据统计，近 1 亿年来，直径大于 1 km 的陨石坑就有 1 万处之多。由于地球大气层的保护，那些体积小、质量小的小天体往往在坠落地面之前就已燃烧殆尽，没有殃及地球；但体积大、质量重的就会给地球造成灭顶之灾。

有关资料显示，地球上曾经发生过多次极为严重的小天体撞击事件，甚至导致生物灭绝。一次是在距今大约 4.35 亿年晚奥陶纪时期。一次在距今

大约2.3亿年前二叠纪末至三叠纪初，有89%的菊石、84%的双壳类生物、几乎全部的珊瑚以及90%的海洋生物灭绝，总生物灭绝率达60%。第三次是在6 600万年前，一颗直径达10 km的小行星正以每小时7.2万千米的速度直接冲向地球，通过大气层时炸出一个大洞；进而产生强烈的超音速冲击波，巨大冲击力导致空气强烈压缩和迅速加热，60小时后小行星撞击了今天墨西哥尤卡坦半岛北部的切克苏罗布沿海，炸出了一个大约29 km深、直径为180～200 km的陨石坑，撞击释放出相当于10亿多倍广岛原子弹爆炸的能量，并从地壳喷涌巨大的熔融物质射流，奔入大气层。然后它们从大气层中落下，其中一些在北美从天而降。这些物质相当可怕，它们中的大部分温度是太阳表面温度的几倍，因此点燃了1 000 km内的一切可燃物。另外，被液化的过热的岩石还形成倒立的锥状突起，向外扩散，形成无数被称为熔融石的炽热玻璃团，覆盖了整个西半球。对最终覆盖地球的火山灰和煤烟层的测量表明，大火吞噬了全球约70%的森林。撞击引发的巨大海啸席卷了墨西哥湾，撕裂了海岸线，数百米的岩石层被剥离，碎片被推到内陆，然后再被吸回深海。这就是今天深海钻探过程中遇到杂乱沉积物的原因。撞击产生的灰尘和油烟以及大火导致阳光无法照射到地球表面长达数月之久，光合作用几乎停止，大气中的氧气含量骤降，毁灭了大部分植物，消灭了海洋中的浮游植物。大火熄灭后，地球陷入了寒冷时期。地球上的两大食物链，海洋的和陆地的都崩溃了，大约75%的物种灭绝，包括生活了近1.8亿年的恐龙和其他大型爬行动物。

其他较小规模的小天体撞击在近代也发生过多起。1490年4月4日中午，一颗直径约5 m的流星体撞到我国甘肃庆阳地区。当时正逢清明时节，不少上坟的人被陨石碎块击中，据地方志记载，“击死人以万数”。

1908年6月30日，位于俄罗斯西伯利亚的通古斯地区，一颗直径60～100 m、质量为百万吨的小天体，以每秒大约30 km的速度闯进地球大气层，在距离地面上空大约6 km的地方爆炸（见图4-1-1）。这一次爆炸所释放的能量相当于1 000万～1 500万吨TNT烈性炸药，是广岛原子弹的1 000倍！产生的强烈热冲击波将西伯利亚一片2 188 km^2 的森林夷为平地，冲击波刮倒了大约200 km外的人和马，并使河面卷起一堵水墙。

图 4-1-1　发生爆炸后 45 年该地的情景

20 世纪 70 年代，美国加州大学的多名科学家在北达科他州的白垩纪末期地质层中发现了大量古代鲟鱼、植物、昆虫、三角龙等化石，经过数十余年的研究，终于发现这些化石是这次小行星撞击地球的有力证据。鲟鱼和白鲟化石里还残留着直径大约 1 mm 的玻璃球，里面含有较高含量的铱元素。这些玻璃球是小行星撞击的高温形成的，并在撞击后 1 小时内散落全球，被它们击中的动物可能死亡，落入水中的小玻璃球可能进入鱼的体内。铱在地球的正常地质中含量极低，但是在小行星中广泛存在。这也是小行星和恐龙灭绝有密切关系的重要证据。

2010 年 11 月 8 日，一颗直径约 10 m、运行速度为 20 km/s 的小行星在印度尼西亚苏拉西岛南部大气层中爆炸，发出轰天巨响，一条巨大弯曲状烟尘横过天际，引起大批居民恐慌。这一爆炸释放出的能量有 3 颗广岛原子弹爆炸的威力。所幸的是，由于爆炸的高度在离地面 20 km 以上，没有造成破坏。

2013 年 2 月 15 日，在俄罗斯车里雅宾斯克州发生陨石坠落事件。该陨石直径为 17 m，重达 1 万吨，以约 18 km/s 的速度、小于 20°的倾角撞向地面，导致 1 200 多人受伤，大约 3 000 座建筑物受损，造成 10 亿卢布(约 2.07 亿元人民币)的损失。

2019 年 7 月 25 日，一颗名为 2019 OK 的小行星，以 24.5 km/s 的速度，从距离地球仅 7.2×10^{4} km 的地方“擦肩而过”，这个距离约为地球和月球之

间距离的 1/5。这颗小行星的直径为 57～130 m，直到抵达近地点的前一天才被发现。假如它撞上地球，产生的爆炸威力相当于 1×10^{11} kg TNT 当量，约是广岛原子弹的 5 000 倍，虽然不足以造成全球性灾难，但足以摧毁一座大城市。

在中国也发生过类似的小天体撞击事件，1976 年 3 月 8 日 15 时 1 分 50 秒左右，一颗陨石在吉林市上空发生了一次主爆裂，碎片散布在吉林市、永吉县及蛟河市近郊附近方圆 500 km^2 的范围内，这是当时世界上目击到的最大石陨石雨。收集到陨石标本 138 块，碎块 3 000 余块，总重 2 616 kg。其中最大的一块陨石"吉林 1 号"陨石重达 1 770 kg，冲击地面造成蘑菇云状烟尘，并且击穿冻土层，形成一个 6.5 m 深、直径 2 m 的坑，这也是当时世界最重的石陨石。2014 年 11 月 5 日，内蒙古锡林郭勒盟也发生了小规模的小行星撞击地球事件

据统计，地球表面保存有 180 个由小行星撞击形成的巨大撞击坑，分布在 33 个国家(图 4－1－2)。

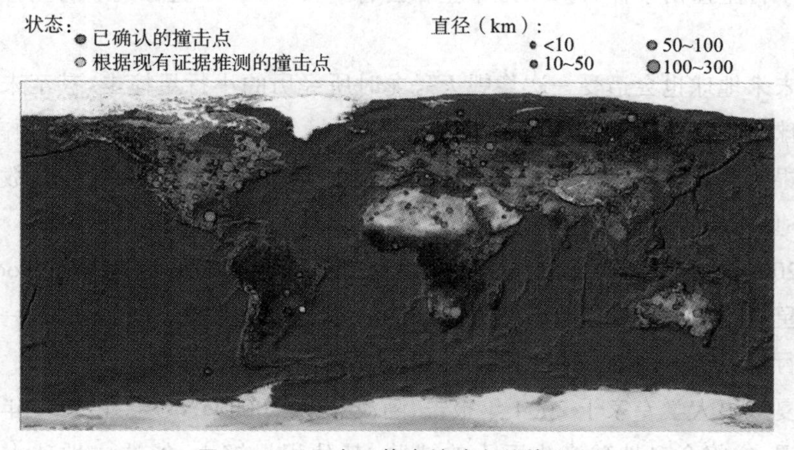

图 4－1－2　小天体在地球上的撞击点

(二)　撞击地球危险性从未解除

在茫茫太阳系中，直径上百米的小行星有成百上千颗，直径超过 1 km 的小行星不计其数。大部分小行星轨道位于火星和木星的轨道之间，远在地球

公转轨道之外，并没有撞击地球的危险。根据其轨道的不同特点，把近地小行星分成3类：椭圆轨道半长径小于1天文单位（日地平均距离，约1.5亿千米）的称为阿坦（Aten）型小行星；轨道近日距小于1.0天文单位的称为阿波罗（Apollo）型小行星；轨道近日距小于1.3天文单位的称为阿莫尔（Amor）型小行星。截至2017年6月，在已发现的近地小行星中，阿波罗型的有8 083颗、阿莫尔型的有6 900颗、阿登型的有1 206颗。直径大于1 km的近地小行星约800颗，直径大于140 m的约8 000颗。对地球有潜在威胁的是运行轨道有可能接近地球的小行星，其中至少有150颗的运行轨道与地球相交，1/3较大的行星将对地球构成威胁。近年闻名的阿波菲斯（Apophis）就是其中之一。

据美国1992年解密的国防支持项目DSP卫星资料，1975～1992年，DSP卫星观测到了136次小行星在地球大气中爆炸事件，其TNT当量在500～1.5×10^4 t之间，平均每年8次。此外，推断平均每年都有一个1.5×10^4 t当量的小行星进入地球事件。另据估计，大约每两三千年可能有一次通古斯小行星撞击事件，每50万年左右会有一次1 000 m直径的小行星撞击地球。

未来地球也会遭受一次像毁灭恐龙时所经历的小行星撞击，甚至未来撞击地球的小行星要比毁灭恐龙的那颗更大。之所以会得出这么一个预言，是因为银河系和仙女座星系正在缓慢地靠近。两个星系中都有数不胜数的天体，一旦两个星系发生碰撞，这些天体绝无幸免的可能，地球也不例外。

2003年，美国宇航局根据跟踪数据发布报告，一颗被称为Didymoon的小行星抵达距离地球只有500万千米的地方，它的直径约为5.9 m，是一个二元小行星系统，并将于2022年10月再次回到地球附近。

夏威夷大学专家于2004年报告，阿波菲斯（2004MN4）会在2036年与地球相遇，它将会对地球产生巨大的威胁，其体积足够大，能造成地球上生命灭亡。

这颗称为阿波菲斯的小行星在2036年有2.07%的概率撞击地球。阿波菲斯是埃及神话中的毁灭之神，以此命名也反映了其对于地球威胁之大。这个小行星的直径为390 m，如果和地球相撞，将释放出比广岛原子弹爆炸高

10 万倍的能量，数千平方千米的地区将受直接影响，而释放到大气中的灰尘可能将影响整个地球的生态。人类或许会和 6 500 万年前的恐龙一样遭遇毁灭性的打击。目前，天文学家正在密切关注小行星阿波菲斯的运行轨迹，该小行星被认为是在未来撞击地球概率最大的近地天体之一。

2029 年，地球将迎来一位“不速之客”，太阳系中一颗小行星的运行轨道和地球有着非常高的重合性，很可能碰撞，称为毁神星。毁神星在 2029 年时，运行轨道将会到达和地球轨道最近的距离，瞬间冲击地球产生的能量可能达到 4 000 万吨 TNT 当量。一颗编号为 1950 DA 的小行星正受到美国国家航空航天局（NASA）的严密监视，预计它在 2880 年 3 月 16 日有可能与地球相撞。这颗小天体直径约 1 km，相对地球的运动速度为 15 km/s。按照目前的速度和方向，它将有可能以 6 万千米/小时的速度撞入大西洋海域。如果撞击事件真的发生，1950DA 将释放出超过 4.48 万兆吨 TNT 当量的能量，可以想象对地球将是毁灭性的伤害。但是，我们也不用担心太多，撞击只是可能性，在这么长的时间内科学家很可能找到了破除危机的方法。

二 威胁评估

（一） 威胁大

直径 1 km 的小行星撞击地球可产生 80 000 MT（1 MT = 10^6 吨 TNT 炸药的爆炸能量）的撞击能量，并引发全球性灾难；一颗直径 100 m 量级的小行星撞击地球可产生 80 MT 的撞击能量，威力强于最强氢弹，可造成区域性的毁灭。即便直径为 30 m 的小行星撞击产生的能量亦可达 2 MT，而 1945 年广岛核弹的爆炸能量也仅约 0.02 MT。不同直径近地小行星撞击地球的概率和破坏力见表 4－2－1。

根据美国国家航空航天局（NASA）的报告，直径百米量级的近地天体目前已发现的数量仍不足理论预测数目的 20%，这就构成很高的未知风险（图 4－1－2）。

表 4-2-1　不同直径近地小行星撞击地球的概率和破坏力

直径(m)	21 世纪概率	破坏力
10 000	百万分之一	恐龙灭绝,500 亿颗广岛原子弹爆炸
1 000	2/10 000	所有核武器爆炸,气候发生灾难性改变
300	2/1 000	11 万颗广岛原子弹爆炸,摧毁纽约规模的城市
100	1%	1 万颗广岛原子弹爆炸
30	40%	100 颗广岛原子弹爆炸

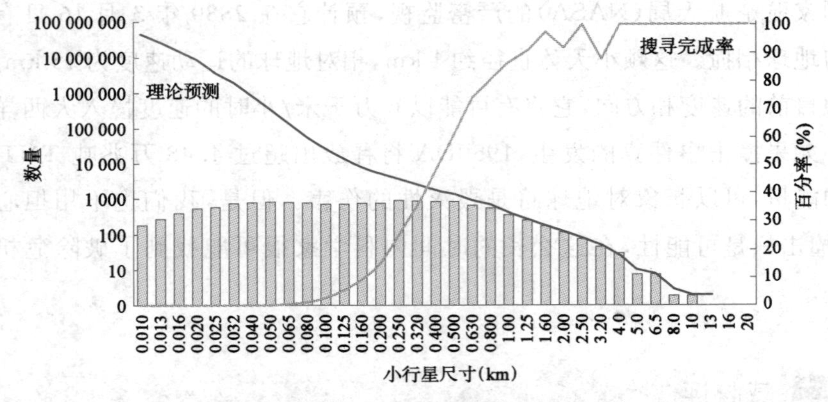

图 4-2-1　近地小行星的搜寻观测现状

(二) 危害大

近地小行星一旦突破地球大气层的保护和地球相撞,产生的作用有两种,即空中爆炸和地表撞击。破坏的范围和撞击能量密切相关,随着撞击能量的增加,撞击产生的破坏范围可以从局部破坏扩大至全球的物种大灭绝。除了撞击产生的冲击波外,还有其他的破坏形式。如果撞击是发生在海洋,可能会引发大规模海啸,并且撞击产生的高温会催生大量的水蒸气,带来严重的温室效应。若撞击发生在地面,则可能产生剧烈的地震,所产生的抛射物在空气中的剧烈运动而燃烧可能带来大范围的火灾,尘埃可能会一直弥散在大气层上空,影响大气的透光率,引起全球气温骤变,进入大气层时产生的高温会产生大量一氧化氮气体。如果撞击的小行星富含硫酸盐或碳酸盐则

可能产生大量的一氧化硫和一氧化碳，它们会直接对生物功能产生影响，其次可能会产生酸雨。破坏范围很大时甚至会严重破坏臭氧层，诱发地球气候环境灾变、生态体系彻底溃散和地球生物物种大灭绝。小行星碰击地球诱发的巨大劫难，触及地球上悉数生物物种和人类社会的持续发展，也是人类命运共同体怎么能够得以有序健康发展的一个科学问题。

1. 诱发严重自然灾害

海洋水体是小行星撞击地球表面最可能的靶标。当小行星撞击海洋时，将迅速挤压海水并产生冲击波，它在水体内传播时可引起海啸，产生一定高度的"海墙"。海啸造成的危害是巨大的。

直径 1 km 的小行星撞击海洋时，在离开碰撞点 1 000 km 以外的海域仍能形成高 100 m 的海啸。如 Eltain 的直径为 4 km，撞击到南太平洋底部，在距离碰撞点 1 200～1 500 km 的海域，便引起高度达到 200～300 m 的海啸。

小行星撞击地球表面后产生极强烈的冲击波，它在地球内传播时会诱发地震。小行星撞击过程中，大部分能量用于成坑，小部分能量诱发地震。

2. 诱发地球气候环境灾变

小行星进入地球大气与撞击地球表面的过程中，将会发生非常复杂的物理、化学和力学现象。高速度冲进地球的大气层，压缩前端的大气，形成超高温超高压的冲击波，强大的冲击波将使一切可燃烧的物质燃烧，引起森林大火，甚至全球大火。燃烧形成的灰烬、二氧化碳、撞击岩石溅射的尘埃、气溶胶粒子和熔融的岩石细小球粒弥漫在高层大气；超高温超高压的冲击波使大气中的氮气形成氧化氮，产生的二氧化硫烟雾破坏地球臭氧层，撞击产生的一氧化碳等将引起硝酸雨，形成强酸雨沉降，导致生物圈受到严重影响。

碰撞产生的强冲击波还将引起小行星和地表物质气化(图 4 - 2 - 2)，甚至导致小行星完全蒸发，地表物质气化质量可达到小行星质量的数倍，并可能抛射到较高大气层。小行星体积 60～100 倍的地表物质被崛起，以反溅碎片的形式连同挥发性物质一起抛向天空，其高度可达 100 km 以上，这将严重影响气候。

在撞击海洋后的数十秒内，大量海水被排开，小行星甚至可能撞击海底并进一步接触地幔。大量的海水反溅或热蒸发进入大气层，大幅度增加大气的水汽含量。有关研究资料显示，当半径 5 km 的小行星撞击海洋时，会蒸发小行星质量 4 倍的海洋水汽。在气压 1 bar 条件下，0℃的海水等压蒸发 1 kg 需要的能量为 2.6×10^6 J，在临界压力下需 2.1×10^6 J 的能量。要使 200 m 厚的海洋透光层蒸发所需的能量约为 4×10^{20} J，使整个海洋（海水总重 1.4×10^{21} kg）蒸发并将其水蒸气的温度升高到临界点以上，需要的能量大约为 5×10^{27} J。一个直径为 440 km、质量为 1.3×10^{20} kg 的天体大致与小行星灶神星（V 朗）和智神星（Pallas）大小相当，当它以 17 km/s 的速度撞击地球时所产生的能量，能使海洋蒸发；而一个直径为 190 km、质量为 1.1×10^{19} kg 的天体，就能够使海洋透光层蒸发。

图 4－2－2　小行星与地球发生撞击时产生的巨大能量

水汽在平流层长期漂浮会屏蔽太阳光和热辐射，地球表面接受的太阳光辐射将大幅度减少，可高达 90%，引起全球大气温度急剧下降，冰雪覆盖面扩大，这会将导致全球生物食物链中断，地球的热平衡也受到严重影响。

抛向大气的物质中还包含有地表、地幔和小行星物质，这些排放物也都将使地球环境造成严重污染，也使地球气候发生重大变化。这些事件显然会导致人类生活环境恶化。

3. 摧毁地球生态系统

小行星高速冲进地球的大气层，形成的超高温、超高压将摧毁前进方向上的一切生命物质。6 500 万年前，100 多万种生物物种在地球上滋生繁衍，

“万类霜天竞自由”，一派欣欣向荣的景象。恐龙是当时地球上形体最大的物种，是地球生物界的霸主。但是，一个直径约 10 km 的小行星突然冲进地球的大气层，形成的高温高压强大的冲击波撞击地球，导致地球的生态系统彻底崩溃，以恐龙为代表的地球全部生物物种中，大约 70%在这场劫难中灭绝。

在中国西藏拉萨附近岗巴地区的地层中找到了白垩系-第三系界面的海相沉积的界面层。6 500 万年前，西藏还没有喜马拉雅山脉，属于特提斯海，后期的喜马拉雅运动将海底的沉积层抬升，使白垩系-第三系界面层露出。根据对 3 处界面层的精细对比研究，确证发生了一个 10 km 大小的小行星撞击地球，导致气候环境灾变与生物物种灭绝事件。

小行星(尤其是石质小行星)进入地球大气后显著现象之一是发生空中爆炸。爆炸波向地面传播，在地面形成超高压，且在爆炸波前后面的低压区因周围空气的补充形成强风，摧毁了地面设施、树木、建筑；空中爆炸产生的高温流场将产生强光辐射和热辐射，会导致地面生物热灼伤以及引发火灾，烧毁森林。

更为严峻的是，因巨大的碰撞产生的巨额能量，将使岩石热融化，使海水汽化，这又是摧毁地球生态系统的明显因素。

此外，如果撞击地球的小行星直径足够大，其对地球的动力学影响将是巨大的，对地幔-地壳体系以及地幔对流格局和地表热流分布也产生明显的影响，导致地球上的生命遭受灭顶之灾。

三 居安思危

为了有效地应对近地小行星的撞击威胁，尽量避免或减缓此类撞击事件造成的危害，首先需对近地天体进行搜索和跟踪监测，获得其轨道测量和特征测量数据；其次基于监测数据对近地小行星的撞击风险进行评估，对危险事件发出预警；最后是建立主动防御或被动应对措施。

(一) 小行星碰撞地球的概率

最小轨道交会距离(MOID)，即两个天体轨道间的最小交会距离，可作为小行星与行星之间碰撞的早期指示。如果交会距离比较大，则近期不会碰

撞;如果最小轨道交会距离比较小,则应密切关注小行星轨道的变化。几颗小行星的基本参数和与地球最小轨道交会距离详见表4-3-1。

表4-3-1 几颗小行星的基本参数和与地球最小轨道交会距离

阿波菲斯的基本参数						
直径	自旋周期	偏心率	半主轴	轨道倾角	Δv	最小轨道交会距离
325 m	30.4 h	0.191 0	0.922 2 AU	3.331°	5.687 km/s	0.000 66 AU
2009号FD的主要参数						
直径	自旋周期	偏心率	半主轴	轨道倾角	Δv	最小轨道交会距离
470 m	4 h	0.493	1.16 AU	3.1°	7.666 km/s	0.002 291 AU
涅柔斯的基本参数						
直径	自旋周期	偏心率	半主轴	轨道倾角	Δv	最小轨道交会距离
350 m	15.1 h	0.360 1	1.488 6 AU	1.432°	5.63 km/s	0.003 17 AU
1950号DA的主要参数						
直径	自旋周期	偏心率	半主轴	轨道倾角	Δv	最小轨道交会距离
1 100 m	2.1 h	0.507	1.70 AU	12.2°	6.866 km/s	0.039 951 AU

注:Δv是速度增量,即从近地轨道(如400 km高度)转移至与目标小行星交会轨道所需要的速度变量。

尽管有些小行星轨道并不与地球轨道完全重合,有一定的倾角,但在大行星的摄动下,轨道会和地球轨道相交,与地球相撞也就很有可能了。虽然发生这种事的概率不高,但毕竟在21世纪内已发生过多次(表4-3-2)。

表4-3-2 20世纪发生的小行星与地球近距交会的纪录

小行星名称	与地球最近的距离(天文单位)	与地球最近的距离(万千米)	日期(年.月.日)
(433) 爱神星 (Eros)	0.17	2 500	1931.1.30

续表

小行星名称	与地球最近的距离		日期
	（天文单位）	（万千米）	（年.月.日）
(1221) 阿摩尔 (Amor)	0.15	2 200	1932.3.22
(1862) 阿波罗 (Apollo)	0.076	1 140	1932.5.5
(2101) 阿冬尼斯 (Adonis)	0.015	220	1936.2.7
赫米斯 (Hermes)	0.004 7	70	1937.10.30
1950DA	0.06	894	1950.3.12
(1915) 昆扎考特 (Quetzalcoatl)	0.05	745	1953.3.4
(2061) 安扎 (Anza)	0.06	894	1960.10.7
(1566) 伊卡鲁斯 (Icarus)	0.04	596	1968.6.14
(1620) 地理星 (Geographos)	0.06	894	1969.8.27
(2102) 汤塔鲁斯 (Tantalus)	0.04	596	1975.12.26
(2340) 哈瑟 (Hathor)	0.008	89	1976.10.20
1988EG	0.042	628	1988.2.26
1989FC	0.004 6	70	1989.3.22
1991BA	0.001 1	17	1991.1.18

意大利的米拉尼和瑞典的汉恩等人执行一项名为“太空警戒”的科学计划，利用大型电子计算机对410颗与火星、地球和金星近交的小行星作数字积分计算，考察它们轨道的演变及其在空间的位置。结果表明，在未来以万年计的年代中，近地小行星与地球相撞的可能性是存在的。英国开放大学陨星专家莫尼卡·格拉迪也说:“近地小行星和地球相撞只是时间问题，而不是会不会的问题”。1993年4月，在意大利埃里斯召开了一次专门的国际会议，有包括中国在内的10多个国家的60位科学家参加，主要探讨近地小天体可能撞击地球的问题。会议最后通过并发表了著名的《埃里斯宣言》，以唤起世界人民关注近地小天体对地球造成的潜在威胁。

（二） 具威胁性小行星

根据监测结果，认为撞击地球的概率比较大、列为最具威胁性的小行星，典型的有如下几个。

1. 贝努（Bennu）

这是在1999年9月11日发现的小行星，像一个菱形四方体（图4-3-1）。其赤道的直径约为500 m，重量7 900万吨。被发现的时候运行在某条椭圆的轨道上，围绕着太阳运动，轨道的大小与地球相仿，运行一周大约为14个月，运行速度大致为每小时10.14万千米，每6年接近地球一次。有时候与地球极为接近，甚至能在地球上裸眼看到它。美国宇航局目前的监测显

图4-3-1 贝努小行星的形态

示，它正在以 10.1 万千米的时速冲向地球，大约在 2135 年会从地球与月亮之间穿插而过。不过这一次并不会对地球造成实质性的威胁，真正的威胁是在 2175 年以后，在经过的时候会来到距离地球更近的位置。预计在 2135 年 9 月 25 日将有 1/2 700 的概率撞上地球。在宇宙中，1/2 700 概率已经是超高的概率，几乎可以肯定这是个即将面临的毁灭性危险。如此巨大的一颗小行星如果与地球发生碰撞，完全有可能给地球造成毁灭性的灾难，地球可能会在 8 万枚广岛原子弹能量下毁灭。

这颗小行星的运行轨道存在变化的可能性。根据目前的监测数据，这颗小行星上存在大量的含水土壤，未来随着水分的蒸发逃逸，其质量会变化，轨道也将会随之改变，所以撞击地球的概率和预计时间也在变化，需要严密监测。

2. 2003 SD220

美国 NASA 宣布：2003 SD220 是 500 年内离地球最近的一颗小行星。它的轮廓呈扁长状，外表像是在河里游水的河马，长度大约是 1.7 km（图 4－3－2）。长度超过 1 km 的都被认为可以威胁地球，其运行的轨道也接近地球运行轨道。

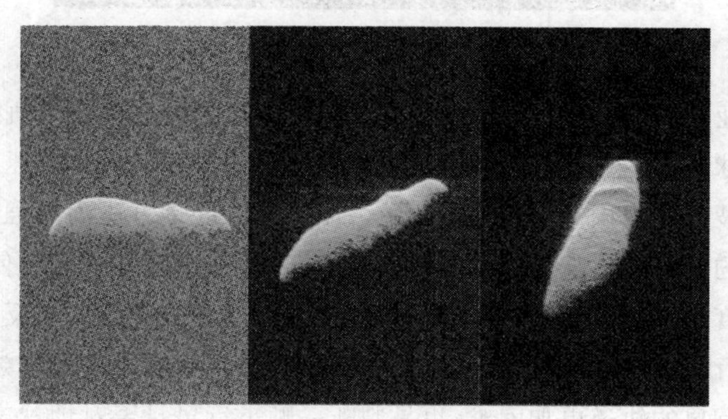

图 4－3－2　2003 SD220 小行星的形态

这颗小行星在 2016 年 12 月靠近了地球之后，又朝着地球相反的方向飞去，解除了撞击地球的警报。但 50 年后它还会卷土重来，并且下一次会更加靠近地球轨道，很可能就会受到地球的吸引而碰撞。

3. 1999 RQ36

这颗直径 510～560 m 的小行星(图 4－3－3)，预计在 2135 年穿过地球轨道，届时距离地球大约 22 万英里，即 35 万千米左右，与月球到地球的距离相当。如此近距离穿过地月系统可能带来不确定的影响，而且未来的轨道位置无法精确定位，只能通过统计学方法估算。使用亚尔科夫斯基效应对小行星轨道研究后发现，许多小行星将在 2170～2190 年对地球产生影响。

图 4－3－3　1999 RQ36 小行星

由于亚尔科夫斯基效应产生的推力作用，会使其偏离正常轨道，飘出或者进入地球轨道。亚尔科夫斯基效应是指小行星受到的太阳光压不均匀，光辐射会对被照射的物体产生压力。受太阳光照射的地方压力增强后，会产生一个很小的推进力。当自转方向和公转方向相同时，该推进力会使得小行星的运动速度加快，运行轨道半径增大；当自转方向和公转方向相反时，该推进力使得小行星运动速度减慢，运行轨道半径减小。亚尔科夫斯基效应会使预报近地小行星的轨道更加困难，也是判断一颗小行星是否对地球产生威胁的关键因素。

4. 阿波菲斯

这是在 2004 年 6 月 19 日发现的(图 4－3－4)，其直径为 325 m，质量大约为 4.6×10^{10} kg。一旦它撞上地球，将释放出比广岛原子弹高 10 万倍的能

量。这颗小行星围绕太阳运行的轨道周期大约是 323 天，每当其接近和离开太阳时，其运行轨道会与地球轨道相交。2004 年 12 月，天文学家们曾预测这颗小行星的托里诺撞击危险等级为 4 级。托里诺撞击危险等级是 1999 年才被天文学界使用的评价天体对地球潜在威胁的标准，它类似于评判地球上地震强度的里氏等级。4 级是迄今为止的最高危险级别。

图 4-3-4　阿波菲斯

阿波菲斯在最近数十年中第一次与地球“擦肩而过”的是 2013 年 1 月 9 日，与地球的距离约 1 500 万千米。目前这颗小行星正朝着地球的方向飞驰。阿波菲斯围绕太阳运转一周至少需要 8 年。目前，只能通过观测来计算它的运行轨道，并根据数据的不断更新，修正运行轨道。如果运行轨道不发生偏差，将在北京时间 2029 年 4 月 14 日 4 时 50 分迎来它与地球史上最近距离 3.5 万千米，撞击地球的概率高达 2.7%。但后来根据最新的计算方法和监测数据，对这个结果作了修正，它在 2029 年将擦肩而过，而后的运行轨道受地球引力的作用而改变，将于2036年重新"光临"。目前在密切跟踪研究这颗小行星，预计它撞击地球的概率大约为二十五万分之一，这个概率可以忽略不计。撞击概率变小，是因为阿波菲斯"若想"进入与地球相撞的轨道，须穿越近地空间的"重力锁眼"区域，而后才有可能在地球引力作用下撞向地球。但这颗小行星的直径有300多米，与之相比"重力锁眼"区域则小得多，高速飞行的阿波菲斯坠入"重力锁眼"的可能性便极其微小。

5. 2004 VD17

这颗小行星的直径达580 m(图4-3-5)。2004年12月，预测这颗小行星的托里诺撞击危险等级为4级，不过在接下来的跟踪研究中，已经将它的危险等级降到了1级，目前危险等级为2级。预告有可能于2102年5月4日与地球相撞。那时它将正以18 000 m/s的速度迎面而来，与地球大气摩擦产生的巨大热量，使周围空气的温度高达20 000℃，一瞬间地球的表面变成了一个火焰的喷泉，大爆炸把天空由蓝色变成炽红色。

图4-3-5　2004 VD17小行星

6. 1950号DA

这是在1950年2月23日发现的小行星(图4-3-6)，在观测了17天后从视野中消失了半个世纪，在2000年12月31日重新被辨别出。它的直径

为 1 100 m，自转周期约为 2.1 小时，相对地球的运动速度为 15 km/s。按照它现在的速度和方向，预计这颗小行星在 2880 年 3 月 16 日可能飞临地球，受地球引力的影响将有可能以每小时 6 万千米的速度撞入美国东海岸约 600 km 的大西洋海域。撞击地球的概率是 0.3%左右，已经是目前已知约 1 400 颗有威胁的小行星中最高的之一，比其他小行星风险高出 50%以上。如果这一撞击事件真的发生，它将释放出超过 448 亿吨 TNT 当量的能量。撞击将引起美国大西洋海岸高达 120 m 的海啸，巨大海啸将在 2 小时内达到海岸，整个东海岸也将在 4 小时内承受高达 60 m 海浪的洗礼；撞击发生 8 小时后，海啸还将传播到欧洲海岸，海浪高度达 10～15 m。

图 4-3-6　1950 号 DA 小行星

目前的观测结果依然无法精确预测 1950 DA 小行星的运动终点，比如亚尔科夫斯基效应就会对小行星的轨道构成影响。

7. 2009 号 FD

它是目前最有可能撞击地球的小行星，是在 2009 年 3 月发现的一对小行星。主星直径为 120～180 m，伴星直径为 60～120 m。该小行星在 2185～

2196 年撞击地球的概率是 0.29%。在 22 世纪晚期会两度非常靠近地球，在 2185 年 3 月 29 日那一次的接近，与地球表面距离是 1 300 000 km，与地球碰撞的概率是 1/385。另外一次靠近是在 2190 年 3 月 30 日，会比 2185 年更接近地球。2009 FD 的撞击会对一片广大的区域造成严重的破坏，或是引发巨大规模的海啸。

（三） 监测

预防小行星撞击地球的第一步是探测。使用雷达、光学望远镜等对近地小行星进行“人口”普查，掌握其数量、轨道、物理特性以及尺寸等，登记造册，持续监测其轨道，对可能发生的潜在威胁发出预警，并想办法规避撞击事件。其中确定小天体的直径是判断其是否是威胁目标的前提。国际天文协会授权的小行星中心(MPC)是观测网络的神经中心，收集、处理和发布所有小行星和彗星的测量数据、轨道信息和其他新发现信息资料，协调全世界的观测点，为即将到来的碰撞事件提供预警。

人类历史上第一次观测到撞地小行星是在 2008 年 10 月，国际小行星中心提前一天发布预测，一颗名为 2008T3C 的小行星有 99.8%～100%的概率，将于北京时间 2008 年 10 月 7 日上午 10:46 与地球相撞。事后的观测表明，撞击时间误差只有 15 s。2007 年，美国国会采纳了 NASA 提出的新目标，在 2020 年前对 90%直径大于 140 m 的近地天体进行搜索、跟踪、编目和参数测量。编目要素主要包括目标大小、精确轨道、目标成分和自转状态等。

为了加强国际间近地天体观测领域的合作和数据共享，共同应对来自小行星撞击的威胁，2013 年 12 月联合国成立了专门机构——国际小行星预警网(International Asteroid Warning Network，IAWN)。IAWN 目前有 15 个成员，其中心任务是：搜寻近地天体，协调各国努力，保护地球免受陨石、近地小行星、彗星等太空天体的撞击。为防范“大块头”小行星的突袭，IAWN 各成员之间共享 PHA 的相关信息。当 IAWN 成员的天文学家发现对地球造成威胁的近地小行星时，联合国空间任务咨询组(Space Mission Planning Advisory Group，SMPAG)将负责协调防御使命，确认防御计划。

1. 雷达监测

通过天线向小行星发射一定频率的电磁波并接收其回波，测量回波的时

延和多普勒频移，获得小行星表面各部分的距离和视向速度；通过定时测量目标的方位可判断目标移动方向和移动角度，从而初步推算目标的轨道参数；记录回波信号强度，估计下次与其相遇的时间和地点，一旦在估计的相遇时间和地点再次相遇，比较两次测量的误差并修正其轨道参数。

雷达观测的大规模应用始于20世纪80年代，实践结果显示，雷达观测可以很大程度上提高小行星的轨道计算精度，尤其是对于新发现的小行星，雷达数据往往决定了小行星再次飞越地球时能否被找到。截至2013年5月20日，地基雷达已经对522个太阳系小天体进行过观测，包括133颗主带小行星，373颗近地小行星，以及16颗彗星，其中20多颗小行星已由雷达观测反演出了形状模型。另外，雷达探测发现了不少双小行星，在已发现的32颗近地双小行星中，有19颗是通过雷达发现的。

(1) 监测特性　雷达观测精度高，测距精度可达10 m量级，测速精度可达1 mm/s量级，大幅度提高近地小行星的定轨精度。在较短观测弧段内就能得到近地小行星较精确的轨道。其次，利用雷达观测还可以更好地确定小行星大小、旋转速度、表面硬度等信息。有较高的分辨率，观测图像能给出小行星的凹陷结构。观测基本不受气象条件影响，无须考虑太阳位置因素，白天黑夜均可观测。但是因为雷达接收到的信号强度与小行星距雷达站距离的4次方成反比，因此雷达监测的作用距离有限，仅能观测距离0.3天文单位内的小行星。其次，需要提前知道小行星的方位，很难用于发现小行星。雷达成像存在南北模糊问题，可能生成错误的结果。为了减轻南北模糊在形状反演中的影响，需要有小行星各个角度的雷达观测数据。在雷达反演模型过程中，引入了大量的自由参数(例如补偿函数的权重)，这些参数的准确性也会影响反演结果。

(2) 监测原理　小行星与地球之间有一定距离，因而发射的电磁波与其回波之间在时间上出现一定时延(τ)；小行星相对地球的运动以及小行星的自转，能在回波上产生多普勒效应，表现为回波频率(ν)产生变化量($\Delta\nu$)。测量时延(τ)和频率变化量($\Delta\nu$)，便可以得到小行星表面各部分相对雷达站的距离(D)及视向速度(V)。

(3) 监测设备　主要包括两部分：产生雷达信号的发射机和发射并接收

雷达波的大口径天线。根据发射天线和接收天线是否为同一天线，雷达系统分为单站和双站等。单站雷达由同一天线承担发射和接收工作；双站雷达则由一个天线发射信号后，另一天线接收，且发射和接收天线之间要有一定距离。

(4) 监测方法　根据发射电磁波形式的不同，分为两种：连续波监测和延迟多普勒探测。

① 连续波监测。雷达对目标小行星发射未经调制的单频偏振电磁波，并测量不同偏振情况下的回波信号强度等。小行星表面反射雷达波，反射率与表层物质的密度相关；而反射波的偏振情况又与波长同尺度的表层结构相关。因此，通过雷达探测可以得到小行星的表面性质。

② 延迟多普勒探测。对发射的电磁波进行调制(常见的做法是用二进制伪随机代码对发射波调相)，可以同时得到回波的时延和多普勒频移，生成小行星的图像(即延迟多普勒图像)，进而得到小行星的自转、形状等信息。

延迟多普勒图像是一种二维位图，两个维度分别为回波时延和回波的多普勒频移。图像的每个像元代表一定时延和一定多普勒频移范围，对应小行星表面的一小部分甚至多个部分区域；像元的亮度代表这些区域的雷达截面之和。对小行星表面某个面元，其回波时延代表面元距雷达站距离；多普勒频移代表面元相对雷达站的视向速度。

③ 地基和天基雷达探测。地基雷达监测的探测设备置于地面，这种监测小行星工作已有几十年的历史。1968 年，美国航空航天局利用该方法观测小行星(1566)Icarus，得到的半径为 490 m，表面赤道区域粗糙度低于高纬度区域。目前实施小行星探测的主要雷达站有两个：一个是美国位于加勒比海地区波多黎各的阿雷西博射电望远镜，另外一个是位于美国加州戈尔德斯顿的金石太阳系雷达(图 4-3-7)。前者具有 305 m 超大口径，工作在 S 频段，连续波发射功率达 450 kW，主反射面固定，可以探测 3.5×10^7 km 以外、直径 1 km 以上的小行星；后者口径 70 m，X 频段的连续波发射功率高达 500 kW，具有全方位指向能力，可以探测 1.5×10^7 km 以外、直径 1 km 以上的小行星。

天基雷达监测是在地球大气层之外的天基雷达系统，能够全天候监测，

图 4-3-7　金石太阳系雷达

具有大范围、高精度的探测能力。利用位于空间不同位置的多个接收天线以及接收信道接收回波的幅度和相位，由相位差反演得到小行星的空间位置。天基雷达可以采用的平台有卫星、飞船、空间站等；还可以采用小卫星组网，将多个卫星分布在期望观测的整个轨道中，同时得到大范围的观测结果。卫星等航天器在轨道运行时间是有限的，因此天基雷达监测小行星需要提高雷达的观测效率，使得雷达随着平台的运动可以得到更多的小行星信息。天基雷达也是空间碎片监视的重要手段。

2. 光学监测

光学观测是天文学中的传统和主流观测方法，在不同时间对同一片星空进行重复照相观测，得到小行星光变曲线，进而反演其各种信息。目前，光学观测的精度最高可以达到 1 角秒。如果小行星的距离在 1 000 万～3 000 万千米，则观测误差将达到 48～144 km。

小行星不发光，只靠反射太阳光被我们看到，而大多数小行星表面的光学反射率比较低。例如集中在离地球 2.8 天文单位附近的 C 类小行星，约占已知小行星的 75%，其反射率大约为 3%，极暗；较为明亮的 S 类小行星数量约占已知小行星的17%，反射率也只为10%～22%，当它们离我们较远时便不容易看到，需要观察特性好的光学仪器系统以及选好观测站地址。通常把观测站架设在人烟稀少的高山或海岛上，并使用大口径望远镜。如美国的泛星计划采取的是1.8 m口径的光学望远镜，地点位于太平洋上的夏威夷群岛；中国的国家天文台兴隆观测站的主要设备是一个2.16 m口径的光学望远镜（图4-3-8），地点位于燕山主峰（海拔高度960 m）。

图4-3-8　中科院紫金山天文台近地天体望远镜

(1) 地基光学监测　光学监测的优势在于其技术比较成熟，观察系统的建造、运作、维持和更新比较容易，成本也比较低。与雷达系统相比，光学监测具有探测距离远、搜索范围大、测角精度高等优势，是当前近地小行星监测的主流手段。当前大多近地小行星主要是由这种监测方法获得。光学观察系统也有了很大改观，开发制造了一些新型探测系统，性能获得了很大提高。典型的新式地基望远镜监测系统有卡特林那巡天系统、林肯近地小行星系统、全景巡天望远镜与快速反应系统。卡特林那巡天系统由口径1.5 m、0.5 m和0.7 m的3个望远镜组成，在2013年发现了超过600颗近地小天体；林肯近地小行星系统位于新墨西哥州的白沙，由麻省理工学院负责运行，主要观测和发现直径1 km以上的近地小行星；全景巡天望远镜与快速反应系统位于夏威夷毛伊岛的Haleakala山上，用1.8 m口径大视场望远镜，由夏威夷大学的天文研究所负责运行。中国紫金山天文台位于江苏盱眙的近地天体探测望远镜的主镜和改正镜口径分别为1.2 m和1.04 m，配备1亿像素

CCD(图4-3-8)。该望远镜观测数据量进入世界前8名,观测精度居于世界前列。迄今共发现太阳系小天体4 000多颗,其中近地小行星21颗,包括3颗潜在威胁小行星(分别是2016VC1、2017BL3、2018DH1),并更新了1 000多颗近地小行星的轨道参数。

要对所有的潜在威胁小行星提供长期监测和及时预报,还需要在目前的基础上建造多台中大口径(2 m级及以上)的大视场近地天体普查望远镜,通过全球合理布站,形成系统的近地天体监测网络,开展持续快速巡天。

(2) 天基光学监测　天基光学检测是在太空轨道放置光学探测器进行监测。天基监测系统由深空探测卫星系统和近地空间探测卫星系统组成。近地小行星天基系统的轨道有多种,包括绕地太阳同步轨道、类金星轨道、拉格朗日轨道。目前,世界上已发射多个深空探测器对小行星天体进行探测编目。

① 近地小行星宽视场巡天探测系统。基于小行星热辐射特性进行探测的系统,主要用于探测、跟踪和识别近地小行星和彗星。该监测系统的轨道为高度500 km的太阳同步圆形轨道,轨道倾角为97°,包含4个谱段,分别是2.8～3.8 μm、4.1～5.2 μm、7.5～16.5 μm,和20～28 μm。它在入轨1年内便发现了34个近地小行星,最大直径为750 m,最小为40 m,其中有5个潜在威胁目标。

② 空间探测小卫星,主要应用是发现新的近地小行星,以及对观测结果进行天文和光度数据的处理,通过处理快速确定位置以便后续的重访。该卫星重量57 kg,有一个潜望反射镜,用于正确定位卫星帧列的视轴线;有两个1 024×1 024的帧转移CCD探测器。一个用于光度测量,另一个用于搜集运动小行星的跟踪图像。在主镜前有一个孔径盖,用于保护发射过程中光学设备不被尘埃污染,并在翻转的过程能够控制其关闭,防止焦平面阵列被太阳光损坏;CCD采用制冷单元使得工作温度保持在-40℃。

③ 近地小行星监视卫星。主要用于搜索跟踪半长轴在天文单位以内的近地小行星,它的重量为75 kg,口径为15 cm,视场为0.85°×0.85°。为提高平台稳定性,采用了更优的星敏感器质心定位算法和ACS算法。平台指向精度为1.2’,稳定度为0.5”/100 s;采用高性能的遮光罩抑制杂散光,遮光罩

为非对称形式。采用相机与星敏一体化设计，焦面上放置两块 CCD：一块用于星敏感单元焦面接收，帧频为 1 Hz；另一块用于小行星科学探测，通常需要较长的积分时间。采用背照式 CCD 探测器提高量子效率，提升对暗弱目标的响应能力。在主镜后面加两个场镜，进行场曲等像差的校正。在两个场镜之间增加了一个快门，在姿态失去控制的情况下保护成像仪免遭太阳直射光的损伤，同时用于暗图像的校准。

④ 小行星发现者。完成对太阳角距处于 30°～60°范围内、远日距 0.718～0.983 等类型的小行星的搜索、发现与探测。该卫星重量为 130 kg，采用三轴稳定，平台指向精度为 5'，稳定度为 7.5"/s；信息处理单元实现对成像数据的在轨预处理，主要包括图像非均匀性校正、导航星识别与计算、质心化、图像叠加、数据压缩等，可将数据量降至原始数据量的 1/100 以下。采用片 EMCCD 拼接作为像面接收器，其峰值量子效率可以达到 90%以上，同时具备较低的噪声，信噪比受限于黄道光背景，提高对暗弱目标的响应。

⑤ 类金星轨道天基监视系统。采用类金星轨道，其半长轴约为 0.7 天文单位，轨道周期 206 天，会合周期为 514 天，该系统对于发现近地轨道目标具有重要意义。相对地球轨道，类金星轨道对近地目标带的覆盖区域更大，监视效能更高。系统搭载 0.5 m 口径的红外望远镜，运行在类金星轨道。红外波段相对于可见光观测有很多优点，例如观测相同目标可使用较小口径望远镜；红外波段观测到天体直径误差 50%，而可见光观测可达 230%。

⑥ 大型多用途光学监测计划。如美国在夏威夷建造的由 4 台 1.8 m 望远镜构成的 Pan-Starrs 巡天计划，在智利建造的 8 m 口径大视场的巡天望远镜 LSST 等。这些望远镜将以极快速度巡天，找出几乎所有的近地天体。现在这些计划已发现近万颗近地天体。

面对来自近地小行星的威胁，虽然各国纷纷采取密切的监视与追踪措施，但还是有小行星漏网。例如，2002 年 6 月 6 日，一颗直径约 10 m 的天体撞击地中海，该天体在大气层中引爆燃烧，释放出的能量大约相当于 2.6 万吨 TNT 当量，与中型核武器爆炸释放的能量相当。如果不是在空中爆炸，而是撞击在该区域，后果不堪设想。所以，我们需要保持警惕，不断提高监测技术水平。

3. 监测预警难点

近地天体探测的主力是地基光学望远镜，面临的探测难点如下：①近地天体大多时间距离地球遥远，且尺寸越小所占比例越高，多数近地天体亮度很低难以探测。②地基望远镜受天光背景的影响，只能在晚上观测，故无法观测从昼半球方向靠近的天体，尤其对于地球轨道内的天体，因始终在昼半球而难以探测。③近地天体运动的特殊性也给地面观测带来更多的技术挑战，例如近距离交会时其角速度可能与高轨空间碎片相近，因此难以甄别。新发现天体监测数据少，预警误差大。近地天体新发现时监测数据只覆盖其轨道周期的很小一段，且望远镜观测只能定向无法定位，即使测角精度可以达到很高的水平，在缺少距离约束的情况下轨道确定精度仍然有限。此外，由于近地天体的物理特征信息比轨道信息更难获得，对于已有轨道编目的近地天体，仍有较高比例并未获得准确的特征信息。因此，有很多（尤其是新发现）近地天体的预警风险分析结果误差偏大。

（四）　防御近地小行星威胁地球的手段

1973 年在美国成立了第一个近地小天体监测项目，1995 年美国国会通过法案，支持开展近地天体监测、预警和防卫，1996 年设立了专门基金支持各国搜寻和监测近地小行星。1928 年中国科学院紫金山天文台张钰哲先生在国内第一个发现小行星，开创了中国小行星观测研究的先河。现在，紫金山天文台已成为国际小行星联测网中有影响的台站之一，截至目前已观察了超过 1 300 个近地小行星，发现了 17 个新近地小行星，其中 2 个是威胁小行星（2016VC1，2017BL3）。2018 年，中国政府加入联合国下设的国际小行星监测网，紫金山天文台的近地天体望远镜作为主干设备。中国目前还有多个台站具备小行星观测能力，均可探测 20 等的天体。中国空间技术研究院霍卓玺提出国际首创的构建天基异构星座的近地小天体普查与定位系统，与地面观测系统协同，对有潜在威胁的目标开展监测与撞击预警。

联合国在 1995 年举行了“预防近地天体撞击地防御技术途径球”国际研讨会，这是第一次关于应对小行星碰撞地球的国际会议；1999 年，联合国第一次外空会议通过了“维也纳空间与人类发展宣言”，阐述了“解决、改善与近地天体有关活动的国际协调的必要性”。2001 年,联合国和平利用外层空间委员会设立了近地天体行动小组(行动小组 14)。2004 年,联合该委员会在科技小组委员会上设立了近地天体议题。

1. 用外力改变小行星运行轨道

对小行星施加作用力,改变其轨道(图 4－3－9)。具体措施又可分为瞬时脉冲变轨方法(如动能撞击、核爆等)和连续推力变轨方法(如引力牵引、改变太阳光压、激光剥蚀等)两类。脉冲变轨方法是使天体在瞬时受外力作用而产生速度变化,同时改变轨道。连续推力变轨相当于近地天体在一段时间内始终受到一个摄动力的影响,因而轨道发生缓慢变化。

图 4－3－9　利用天基拖拉机拖拉小行星的概念示意图

(1) 引力牵引小行星离开轨道　将向太空发射航天器,并让它驻留在距离目标小行星一定的距离上,利用该航天器与小行星之间的万有引力作为“拖绳”,对小行星施加一个稳定的力,使小行星产生持续的速度变化量,改变运行轨道。事实上,如果发现某个小行星运行在与地球碰撞的轨道上,通过监测会提前几十年知道,所以只需要对该小行星的运行速度稍微改变一点,随着时间的推移其运行轨道将会演变和发生极大的变化。

航天器的质量越大,发射成本越高。飞行器的质量可能只有几十吨,而

小行星大多数为几万吨到上万吨，因此，飞行器对小行星的引力是很有限的。需要精确计算小行星的飞行轨道，提前发射飞行器，并让飞行器尽量靠近小行星，这样引力会更大一些，才能发挥牵引的作用。此外，为了使作用效果最大化，航天器的驻留点可以选在小行星的速度方向上，调整航天器的高度，使由于形状不规则所引起的引力变化最小。这不需要考虑小行星的物质组成、自转运动、形貌等特征，只需要知道其质量特性，使问题更加简化。

(2) 用飞行器碰撞小行星推其偏离原来飞行轨道　使用相对速度很高的航天器直接撞击近地小行星，以改变其运动的动量与运动速度，使其轨道发生变化。美国宇航局还计划在 2022 年 10 月左右，发射第一个撞击飞行器，以每小时 21 700 km 的速度撞向第一颗测试小行星。尽管这个撞击飞行器只有家用冰箱那么大，但是它以超高速飞行，将变成一个巨大的超级子弹，瞬间将一颗迎面而来的小行星推离原来的飞行轨道，甚至有可能直接将其粉碎。由欧洲领导的“小行星撞击与偏转评估任务”，探索对地球安全具有潜在威胁的巨大小行星，并通过撞击的方式，研究小行星的内部性质与结构。这两艘飞船的一艘负责撞击，由美国约翰-霍普金斯应用物理实验室建造，另一艘负责观测纪录，交由欧洲航天局建造。

理想状态下，撞击方向应同近地小行星的运动速度方向一致(同向)或者相反(逆向)。虽然同向撞击和逆向撞击可以提供相同的动量传递，但是由于近地小行星绕太阳的运行方向与地球一致，所以同向撞击方案所需的运载发射能量更小。

(3) 用强大激光光压改变小行星飞行轨道　利用太空飞船产生的强大激光束照射小行星，将小行星表面物质气化，飞离其表面，使小行星的动量发生变化，从而导致轨道变化。利用激光产生的压力也可以直接推动小行星，并改变它的运行轨道。

激光束能够对被照射的物体产生很强推动力，有能力推动火箭、飞船等以很高飞行速度飞行。同样也能够推动小行星运动，让它离开原来的飞行轨道。激光器可以放置在地面上，也可以放置在太空站，只要激光器能够正常运转，就可以连续持久地给小行星施加推动力。

(4) 利用核爆炸推动小行星偏离飞行轨道　核爆炸本身是成熟的技术，

是目前人类产生大能量的主要手段。在小行星附近爆炸,所产生的巨大冲击波可以改变小行星的飞行轨道。

核爆炸可分为非接触式爆炸和接触式爆炸,具体方式的选择主要由危险小行星的尺寸和组成决定。非接触式爆炸是指核装置在危险小行星上空引爆,并不与其接触,爆炸释放的能量在星体表面产生高温,星体表面物质被高温蒸发并喷射出来,基于动量守恒原理,将小行星推向喷射物运动的反方向,偏离原有的轨道。接触式爆炸是指核装置在近地小行星的表面或内部引爆,使危险小行星碎裂。

小行星 2000SG344 直径为 40 m 左右,重约 110 万吨,飞行时速达到 4.5×10^4 km。科学家一度认为,这颗近地小行星有可能在 2030 年 9 月撞击地球,其与地球相撞的可能性为 1/500,相撞地球相当于同时引爆 84 颗广岛原子弹。NASA 希望掌握小行星的更多信息,从而设法将它"推"离运行轨道。

接触式爆炸的能量使用率高,但同时难度也高,如引爆条件要求高,需要提前撞击危险小行星或着陆后打洞,准确安置核装置后再依计划引爆;爆炸后的碎裂效果难以控制,爆炸产生的碎片撞击地球同样有可能造成危害。

2. 利用动能撞击摧毁小行星

使用一颗或多颗航天器以很高的相对速度直接撞击,摧毁小行星。相对而言,动能撞击是目前可行性最高的方案之一,优点在于:技术成熟度高,在美国的"深度撞击"任务中已有初步验证;灵活性好,在深空或近地空间均可开展,可适用于不同的预警时长,甚至在紧急情况下也有望实施。

以小行星 1/5 大小的球体高速碰撞小行星,可以把小行星完全摧毁,撞击成大量碎石,它们将以每秒数百米量级的速度散开。例如,小行星 101955 Bennu 受到其 1/5 直径大小的球体碰撞以后在坐标轴 x 方向的碎石颗粒最大速度分量为 449.191 929 2 m/s,最小速度分量为 −368.694 478 2 m/s;在坐标轴 y 方向的碎石颗粒最大速度分量为 385.155 740 3 m/s,最小速度分量为 −328.650 189 7 m/s;在坐标轴 z 方向的碎石颗粒最大速度分量为 384.660 715 9 m/s,最小速度分量为 −348.184 552 8 m/s。碰撞后碎石颗粒的速度模的最大值为 610.867 m/s,最小值为 21.775 49 m/s(图 4-3-10)。在这样的速度下,小行星碎片云无法在引力作用下重聚起来,因此可以认为该小行星已被完全摧毁瓦解，对地球的撞击威胁已基本降低到安全水平以下。

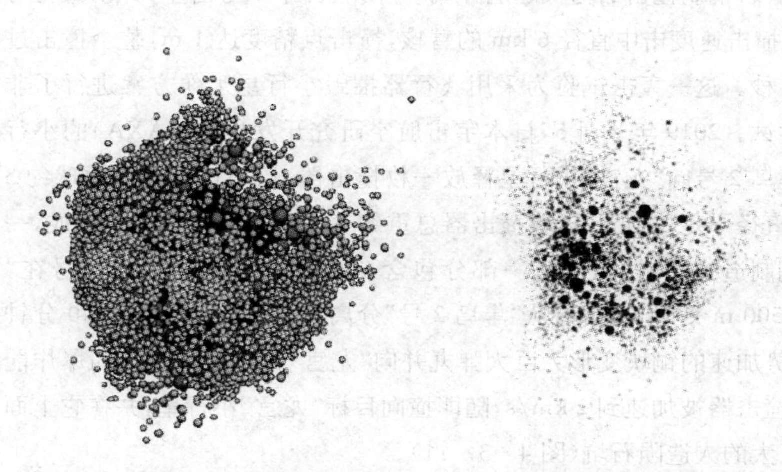

(a) 250 μs 后碎石颗粒位置分布　　(b) 最终碎石颗粒位置分布

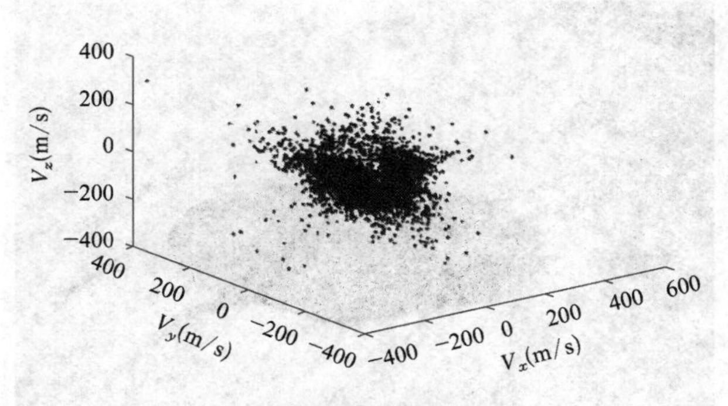

(c) 最终碎石颗粒速度分布

图 4-3-10　小行星 101955 Bennu 碰撞以后的碎石颗粒分布

至于用航天器撞击小行星的可行性，科学家做的分析结果显示，采用光学自主导航方法，用蒙特卡洛方法统计分析碰撞任务实施成功概率，其结果是，500 次采样，其中 497 次成功，成功率达 99.4%。如果提前在小行星上放置探测器发出引导信号，可使碰撞的成功率大大增加。撞击技术已在美国宇航局(NASA)2005 年 1 月 12 日发射的“深度撞击”任务中进行了验证。使用的飞行器由飞越舱和撞击器组成，总质量为 650 kg，尺寸为 3.2 m×1.7 m×2.3 m，铜制撞击器大约 370 kg。飞行器于 2005 年 7 月 4 日接近坦普尔 1 号彗星的彗核，铜制撞击器与飞越舱分离，冲向坦普尔 1 号彗星，并以大约每秒 10 km 的撞击速度击中直径 6 km 的彗核，撞击点精度达 1 m，整个撞击过程持续 3.7 秒。这一轰击试验为采用飞行器摧毁小行星工作方案进行了非常有益的尝试。2019 年 4 月 5，日本宇宙航空研究开发机构(JAXA)的小行星探测器隼鸟 2 号向“龙宫”小行星释放一枚撞击器，该小行星距离地球约 3×10^8 km，直径不足 1 km。这枚撞击器总重约 14 kg，主要由两部分组成，一部分是纯铜制造的撞击器，还有一部分包含 9.5 kg 的炸药。隼鸟 2 号在“龙宫”上空 500 m 处时，撞击器从“隼鸟 2 号”分离并通过定时装置于 40 分钟后爆炸，借势加速的铜块变形为巨大弹丸并向“龙宫”推进。在巨大的爆炸能量加速下，撞击器被加速到 2 km/s，随即撞向目标“龙宫”小行星，并在它上面形成一个巨大的人造陨石坑(图 4-3-11)。

图 4-3-11　隼鸟 2 号在“龙宫”小行星上撞击形成的陨石坑

美国宇航局表示将发射飞船撞向 Didymoon。不过，这个撞击方案引起了科学家们的争议。担心小行星被撞毁后，部分分散物会改变其运动轨迹，还有一部分就可能会更加准确地“瞄准”地球，这就有可能将低概率撞击地球的事件变成一个高概率的问题，变成更加危险的事件。

3. 核爆炸摧毁小行星

对于个头较大的小行星，例如数百千米量级，这是比较有效的方法。对

于事先并未发现的突然出现几十千米以下量级的小行星，也能快速有效地将其摧毁。

在较短的预警时间（远小于 10 年），利用核爆装置拦截，是阻止小行星撞击最为可行的方案。美国洛斯阿拉莫斯国家实验室（LANL）的天体物理学家 Robert P Weaver 及其科研小组采用“天空”超级计算机模拟，结果显示，用一颗 1.0×10^6 t 的氢弹可以阻止类似阿波菲斯的小行星。根据能量分析，对预警时间很短或质量很大的小行星威胁，目前采用这种核爆炸手段可以进行防御。

但是最新研究发现，小行星似乎要比我们想象的更加坚固，要想彻底粉碎它，需要更大的能量。用导弹射击似乎行不通，能量不足以将小行星粉碎。而且大量碎屑和粉尘具有强烈的放射性，这些碎屑和粉尘以及个头稍大的碎石会向四面八方散开，有可能会进入地球大气层。

参考资料

张金平,气候变化对农业的影响及其对策[J]。农药市场信息,2015,7(30):26-28.
刘德祥,董安祥,中国西北地区近43年气候变化及其对农业生产的影响[J],干旱地区农业研究,2005,23(2):195-201.
王雨茜,杨肖丽,长江上游气温、降水和干旱的变化趋势研究[J],人民长江,2017,48(20):39-44.
陈祖军,章文晟,海平面上升对城市水安全影响研究及展望[J],中国防汛抗旱,2015,25(6):43-47.
霍治国,李茂松,气候变暖对中国农作物病虫害的影响[J],中国农业科学,2012,45(10):1926-1934.
姜付仁,日本2018年7月特大洪灾及其应对[J],中国防汛抗旱,2018,28(8):9-12.
张强,韩兰英,论气候变暖背景下干旱和干旱灾害风险特征与管理策略[J],地球科学进展,2014,29(1):80-91.
张强,韩兰英,气候变化对中国农业旱灾损失率的影响及其南北区域差异性[J],气象学报,2015,73(6):109-1103.
高志勇,谢恒星,气候变化对湿地生态环境及生物多样性的影响[J],山地农业生物学报,2017,36(2):057-060.
伍秀莲,白先达,气候变化对漓江生态环境的影响[J],气象研究与应用,2017,38(1):97-101.
李晓东,傅华,气候变化对西北地区生态环境影响的若干进展[J],草业科学,2011,28(2):

286 - 295.

李伟，王秋华，气候变化对森林生态系统的影响及应对气候变化的森林可持续发展[J]. 林业调查规划，2014，39(1)：94 - 97.

王妲，李明诗，气候变化对森林生态系统的主要影响述评[J]，南京林业大学学报(自然科学版)，2016，46(6)：167 - 173.

孙玉莲，唐红英，临夏州气候变化及对干旱影响分析[J]，江西农业学报，2018，30(9)：117 - 121.

董世魁，朱晓霞，全球气候变化背景下草原畜牧业的危机及其人文——自然系统耦合的解决途径[J]，中国草地学报，2013，35(4)：1 - 6.

肖启华，黄硕琳，气候变化对海洋渔业资源的影响[J]，水产学报，2016，40(7)：1089 - 1098.

赵亮，徐影，太阳活动对近百年气候变化的影响研究进展[J]，气象科技进展，2011，1(4)：37 - 48.

胡德强，陆日宇，盛夏四川盆地西部地区降水年际变化及其对应的环流异常[J]，大气科学，2014，38(1)：13 - 20.

张佳琦，太阳辐射监测仪的太阳辐射数据预处理[D]，吉林大学，2011.

徐景晨，李可军，太阳辐照的观测研究进展[J]，天文学进展，2011，29(2)：132 - 146.

吴文斌，唐华俊，基于空间模型的全球粮食安全评价[J]，地理学报，2010，65(8)：907 - 918.

黄飞，徐玉波，世界粮食不安全现状、影响因素及趋势分析[J]，农学学报，2018，8(10)：97 - 100.

郭瑞琦，姜念念，江苏省耕地变化与经济发展关系的实证研究[J]，中国农学通报，2019，35(7)：97 - 104.

陈印军，杨俊彦等，我国耕地土壤环境质量状况分析[J]，中国农业科技导报，2014，16(2)：14 - 18.

陆泗进，王业耀，中国土壤环境调查、评价与监测[J]，中国环境监测，2014，30(6)：19 - 26.

程锋，王洪波，中国耕地质量等级调查与评定[J]，中国土地科学，2014，28(2)：75 - 81.

王庆锁，梅旭荣，中国农业水资源可持续利用方略[J]，农学学报，2017，7(10)：80 - 83.

王浩，汪林，我国农业水资源形势与高效利用战略举措[J]，中国工程科学，2018，20(5)：9 - 15.

陈璐玭，林移刚，粮食生产已成全球面临最大挑战[J]，生态经济，2016年，32(12)：6-9.

张婷婷，赵峰，美国切萨比克湾生态修复进展综述及其对长江河口海湾渔业生态修复的启示[J]，海洋渔业，2017，39(6)：713-721.

蒋志刚，能否避免物种灭绝？[J]科学通报，2916，61(18)：1978-1982.

杨曙辉，宋天庆，陈怀军，中国农业生物多样性：危机与诱因[J]，农业科技管理，2016，35(4)：5-8.

葛颂，什么决定了物种的多样性？[J]科学通报，2017，62(19)：2033-2041.

刘鹏，胡文友，大气沉降对土壤和作物中重金属富集的影响及其研究进展[J]，土壤学报，2019，5，网络出版时间：2019-02-21.

龚家国，唐克旺，王浩，中国水危机分区与应对策略[J]，资源科学，2015，37(7)：1314-1321.

莫杰，21世纪八类的水危机[J]，科学，2013，65(5)：44-47.

王春晓，全球水危机及水资源的生态利用[J]，生态经济，2014，30(3)：4-7.

韩静，美国面临严重饮用水危机[J]，生态经济，2017，33(7)：2-5.

王红武，张健，城镇生活用水新型节水“5R”技术体系[J]，中国给水排水，2019，35(2)：11-17.

肖业祥，杨凌波，海洋矿产资源分布及深海扬矿研究进展[J]，排灌机械工程学报，2014，32(4)：319-326.

孙振娟，全球海洋地质调查史[D]，中国地质大学(北京)，2010.

滕露露，外层空间天体资源开发的法律机制构建探究[D]，山东大学，2016.

鲁开开，外空自然资源开采的国际法问题研究[D]，西南政法大学，2018.

王登红，关键矿产的研究意义、矿种厘定、资源属性、找矿进展、存在问题及主攻方向[J]，地质学报，2019，93(6)：1189-1209.

李军军，吴政球等，风力发电及其技术发展综述[J]，电力建设，2011，32(6)：64-72.

石元春，程序，朱万斌，当前中国生物质能源发展的若干战略思考[J]，科技导报，2019，37(20)：6-11.

杨青巍，丁玄同等，受控热核聚变研究进展[J]，中国核电，2019，12(5)：507-513.

张国书，核聚变能源的开发现状及新进展[J]，中国核电，2018，11(1)：30-34.

雷奕安，聚变发电还有多远？[J]大学物理，2012，31(7)：47-56.

任路江，人口转变背景下的世界生育模式研究[D]，南京大学，2012.

孟琴琴，刘菊芬，不孕及低生育力的环境影响因素研究进展[J]，环境与健康杂志，2013，30

(11)：1026－1029.

宇姗，人口老龄化的成因、影响及解决对策[J]，中国经贸导刊，2019，(9)：111－113.

雷仕湛，刘德安，张艳丽编著，激光发展史概论[M]，北京：国防工业出版社，2013.

雷仕湛，陈刚主编，光子的魅力[M]，上海：上海交通大学出版社，2015.

应振华，圣冬冬，发展航天技术应对天体撞击[J]，卫星应用，2013，(2)：67－70.

杨志涛，刘静，近地天体预警防御综述[J]，天文研究与技术，2019，16(4)：508－516.

柳森、党雷宁，小行星撞击地球的超高速问题[J]，力学学报，2018，50(6)：1311－1327.

欧阳自远，小行星撞击地球的“祸”与“福”[J]，科技导报，2019，37(2)：92－97.

张翔，季江徽，近近地小行星地基雷达探测研究现状[J]，天文学进展，2014，32(1)：24－39.

李娜，科学家重申小行星撞击地球风险[J]，科技导报，2014，32(35)：9.

姜宇，程彬，潜在威胁小行星碰撞防御的计算与分析[J]，深空探测学报，2017，4(2)：190－195.

马鹏斌，宝音贺西，近地小行星威胁与防御研究现状[J]，深空探测学报，2016，3(1)：10－17.

于德龙，吴明，碳捕捉与封存技术研究[J]. 当代化工，2014，43(4)：544－546.

王浩，王建华，中国水资源与可持续发展，中国科学院院刊，2012，27(3)：352－358.

唐小娟，金彦兆，甘肃雨水集蓄利用技术发展综述[J]. 甘肃水利水电技术，2016，52

王寿兵，张元等，风电海水淡化技术环境经济效益及发展前景[J]. 环境科学与技术，2014，37(9)：159－162.

黄鹏飞，刘南希，环渤海地区海水淡化发展研究[J]. 环境科学与管理，2019，44(12)：40－44.

图书在版编目(CIP)数据

地球危机:中国的应对/雷仕湛,屈炜主编. 一上海: 复旦大学出版社, 2021.7
ISBN 978-7-309-15653-9

Ⅰ.①地… Ⅱ.①雷… ②屈… Ⅲ.①全球环境-对策-研究-中国 Ⅳ.①X21

中国版本图书馆 CIP 数据核字(2021)第 085408 号

地球危机:中国的应对
雷仕湛 屈 炜 主编
责任编辑/张志军

复旦大学出版社有限公司出版发行
上海市国权路 579 号 邮编: 200433
网址: fupnet@fudanpress.com http://www.fudanpress.com
门市零售: 86-21-65102580 团体订购: 86-21-65104505
出版部电话: 86-21-65642845
上海四维数字图文有限公司

开本 787×960 1/16 印张 20 字数 297 千
2021 年 7 月第 1 版第 1 次印刷

ISBN 978-7-309-15653-9/X·36
定价: 55.00 元